智能建造应用与实训系列

数字孪生驱动的智能建造
全生命周期管理与实践应用

主　编　钟　炜

副主编　朱颖杰　王　辰　马　杰

参　编　刘　妍　齐　园　李燕姚　姚福义　刘心男
　　　　刁　映　程正中　卢　斌　冯云鹏　张　闯
　　　　赵秀凤　张俊鹏　张召冉　步　兵　张黎明
　　　　颜沙沙　李子怡　武　力　訾　妍　刘　悦
　　　　佟文晶

机械工业出版社
CHINA MACHINE PRESS

随着智能制造的深入推进，贯穿于建设行业全生命周期的新一代智能建造体系正加速发展，旨在进一步融合先进制造技术和智能技术，减少浪费和环境与资源的约束，并提升建筑业的个性化与智能化水平，这已经成为建筑业的未来发展趋势。新一代智能建造的发展离不开新技术和管理模式的创新，数字孪生作为一种关注实现物理世界和虚拟世界交互融合的新技术，正在成为国内外智能制造领域研究的热点。目前数字孪生技术在工业 4.0 阶段快速发展并广泛应用，但大多应用于工业、制造业，对于智能建造与数字孪生结合的理论研究及实际应用内容较少。本书即在此大背景下，从建设工程项目的全生命周期出发，针对其规划、设计、施工、运维四个阶段，融合 BIM、物联网、AI、云计算、大数据等技术，探索了数字孪生技术在智能建造过程中的精益管理模式，从而实现多方协同、资源整合与动态跟踪，促进数字孪生技术在工程项目中落地实施。

本书作为一本数字孪生驱动的智能建造全生命周期管理与实践的应用性教材，适合开展智能建造专业的高等院校师生学习使用，同时对于从事该方面研究及应用的建设工程管理及技术人员，也有很好的借鉴参考意义。

图书在版编目（CIP）数据

数字孪生驱动的智能建造全生命周期管理与实践应用/钟炜主编 . —北京：机械工业出版社，2023.11

（智能建造应用与实训系列）

ISBN 978-7-111-73979-1

Ⅰ . ①数… Ⅱ . ①钟… Ⅲ . ①智能技术 – 应用 – 建筑工程 – 工程项目管理 – 研究 Ⅳ . ①TU-39

中国国家版本馆 CIP 数据核字（2023）第 186875 号

机械工业出版社（北京市百万庄大街 22 号 邮政编码 100037）
策划编辑：薛俊高 责任编辑：薛俊高 刘 晨
责任校对：樊钟英 薄萌钰 封面设计：张 静
责任印制：刘 媛
涿州市京南印刷厂印刷
2023 年 12 月第 1 版第 1 次印刷
184mm×260mm · 20 印张 · 495 千字
标准书号：ISBN 978-7-111-73979-1
定价：59.00 元

电话服务 网络服务
客服电话：010-88361066 机 工 官 网：www.cmpbook.com
　　　　　010-88379833 机 工 官 博：weibo.com/cmp1952
　　　　　010-68326294 金 书 网：www.golden-book.com
封底无防伪标均为盗版 机工教育服务网：www.cmpedu.com

前 言

工业 4.0 时代，智能化技术成为新一轮科技革命和产业变革的核心力量，正在推动传统产业升级换代。党的二十大报告指出，要加快建设网络强国、数字中国。习近平总书记强调指出，加快数字中国建设，就是要适应我国发展新的历史方位，全面贯彻新发展理念，以信息化培育新动能，用新动能推动新发展，以新发展创造新辉煌。《"十四五"住房和城乡建设科技发展规划》中强调，以推动建筑业供给侧结构性改革为导向，开展智能建造与新型建筑工业化政策体系、技术体系和标准体系研究。

在我国"智能+"国家战略的指引下，本书致力于构建贯穿于建筑行业全生命周期的新一代智能建造体系，旨在进一步融合先进建造技术和智能技术，形成资源节约、环境友好、管理高效的建筑管理模式，减少环境与资源的约束，并提升建筑业的个性化与智能化水平。

数字孪生作为一种关注实现物理世界和虚拟世界交互融合的新技术，已成为国内外智能制造领域研究的热点。数字孪生源于控制、感知、网络、大数据、人工智能等信息技术加速突破，尤其是物联网技术的发展，可对物理世界的人、物、事件等要素数字化，形成物理维度上的实体世界和信息维度上的虚拟世界同生共存、虚实交融的格局。运用物理实体与虚拟模型的精准映射、虚实交互、智能干预等智能化功能，实现"运筹帷幄之中，决胜千里之外。"

数字孪生技术在工业 4.0 阶段快速发展并广泛应用，但大多应用于工业和制造业，对于智能建造与数字孪生结合的理论研究及实际应用内容较少。本书旨在从建设工程项目的全生命周期出发，针对其规划、设计、施工、运维四个阶段，融合 BIM、物联网、AI、云计算、大数据等技术，探索数字孪生技术在智能建造过程中的精益管理模式，从而实现多方协同、资源整合与动态跟踪，促进数字孪生技术在工程项目中落地实施。

本书共分为十章，第一章介绍了数字孪生技术的发生发展历程、数字孪生优势和数字孪生在相关领域应用现状；第二章介绍了数字孪生的基本架构、核心支撑技术及实现流程；第三章介绍了智能建造全生命周期内涵、全生命周期研究的优势，分析了数字孪生与智能建造全生命周期的关系及应用价值，梳理了智能建造关键技术和实现内容；第四章介绍了 BIM 技术在智能建造中的应用，提出了 BIM 的动态智能管理机制创新；第五章介绍了物联网技术在智能建造中的设计与实施，提出了物联网技术的应用场景，阐述了全生命周期各阶段智慧应用；第六章介绍了数字孪生重要信息支撑平台搭建技术，构建数据融合底层逻辑，并详细剖析了平台交互模式和智能辅助决策的应用；第七、八章分别介绍了数字孪生平台的搭建和平台应用实例分析，将理论与实践有机结合；第九章介绍了数字孪生在智能建造全生命周期的创新应用，分析了装配式建筑、水利、铁路三个领域创新应用范式；第十章对全书进行总结，并对数字孪生在智能建造全生命周期应用提出未来构想。

　　本书编写过程中引用了国内外专家学者的数字孪生先验知识，并结合智能建造相关项目合作单位成果案例进行实例阐述，参考了国内大型建筑平台建设案例，在此一并感谢。由于经验有限，难免有疏漏和不当之处，恳请读者批评指正。

　　本书通过融合数字孪生技术讲解实现建设工程项目的智能化和高精度管理，为智能建造全生命周期管理提供参考和借鉴，可作为高校智能建造专业的教材使用。相信在未来该创新管理模式会在实践中得到丰富和发展，成为助力我国制造强国战略实现的新力量。

目　录

第一章　数字孪生的基础知识

随着数字经济产业的快速发展，互联网、大数据、人工智能等新技术与人们的日常生活交互越来越紧密。智慧物流、智能家居、智慧交通等无一不体现着数字技术为社会发展带来的便利，而实现这些场景的关键在于人与物、物与物之间的智能交互。数字孪生技术作为数字化、智能化技术融合的重要载体，在近几年得到了越来越强烈的关注。可以很确定地说，数字孪生技术为我们的生活与工作都提供了巨大的价值。

想象一下未来：我们很有可能搬入地下，或生活在树枝上，就像鸟儿一样；穿着五彩斑斓的衣服，而且衣服可以反映人类心中的所思所想；生活中任何地方都可以触摸到人机交互面板，满足每一刻的需求；或者开着飞行车随意遨游，再或者登上太空电梯去看看宇宙是什么样子。未来生活可以有序、高效地进行，也依赖于智能机器人的出现。在检修过程中，智能机器人智能、高效、配合默契，可以安全代替人类的工作。相应的，在未来，人类可以完全从琐碎的事务中抽离，来实现自身更高层次的需求。

图 1-1　电影《失控玩家》中出现的"数字孪生"桥段

其实，这些已不再遥远，科幻片中的"数字孪生"正快速地成为现实，如图 1-1 所示。听起来神一般的"数字孪生"到底是什么呢？目前有哪些应用？可以为各领域创造怎么样的价值？它当下发展到什么程度了？接下来，我们一一解释。

第一节　数字孪生概述

一、社会背景

新一轮科技革命和产业变革蓬勃兴起，数字技术随新的浪潮迅速发展。加快数字化建设步伐是推动现代化发展的必然要求，是贯彻落实新发展理念的题中应有之义。"十四五规划"和 2035 年远景目标纲要中，明确对加快数字化建设作出部署安排，以数字技术与实体经济深度融合为主线，加强数字基础设施建设，完善数字经济治理体系，协同推进数字产业化和产业数字化。

随着互联网、云计算、大数据等数字技术的推动，数字化建设在一些领域中已取得显著的成效。而产品的迭代升级和服务水平的提高，将推动这些技术向更广阔的层次上发展，由此衍生了数智化这一概念，即数字化和智能化的组合。它将数字技术与人工智能、机器学习算法等相关技术进行融合，实现企业的自动化决策和服务的进一步升级，真正达到万物的互联互通，如图 1-2 所示。数字孪生技术作为向数智化转型升级的创新性引领技术，有利于打造数字化基础设施建设，强化城市大脑运行能力，实现全域时空数据的整合。最近几年，数字孪生技术在推动数智化建设方面的作用已经越来越受到重视。2021 年 3 月，国家"十四五"规划纲要明确提出要"探索建设数字孪生城市"，为数字孪生城市建设提供了国家战略指引。此后，国家陆续印发了不同领域的"十四五"规划，为各领域如何利用数字孪生技术促进经济社会高质量发展做出了战略部署。中国信息通信研究院产业与规划研究所数字孪生团队系统梳理了涉及数字孪生相关政策的"十四五"系列规划 18 篇，领域涵盖总体规划、信息技术、工业生产、建筑工程、水利应急、综合交通、标准构建、能源安全、城市发展等领域，共同展望"十四五"数字孪生发展新蓝图。总而言之，数字孪生作为一项"虚实结合"的数智化转型技术，正在各个领域加速落地。产业互联网高速发展的时代浪潮，更是推动了它的价值爆发。

图 1-2　数智化构建场景

二、数字孪生的定义

1. 数字孪生的一般定义

"数字孪生"一词由迈克尔·格里夫斯于 2003 年首次提出，是指通过数据和信息交换连接的"真实空间"和"虚拟空间"。2012 年 NASA 给出了数字孪生的概念描述：数字孪生是指充分利用物理模型、传感器、运行历史等数据，集成多学科、多尺度的仿真过程。数字孪生较早应用于美国空军的战斗机维护方面，可以理解为物理实体在虚拟世界的"克隆"，该"克隆"体可以与物理实体关联，实现实时数据互联互通，借助历史数据、实时数据以及算法模型等，通过模拟、验证、预测、控制物理实体全生命周期过程，实现对物理实体的分析、控制和优化，达到增效降本的目的。

通俗来讲，数字孪生是指针对物理世界中的物体，通过数字手段构建一个数字世界中一模一样的实体，借此来实现对物理实体的控制、分析和优化。从专业的角度来讲，数字孪生集成了人工智能（AI）和机器学习（ML）等技术，将数据、算法和决策分析结合在一起，建立模拟，即物理对象的虚拟映射，在问题发生之前先发现问题，监控物理对象在虚拟模型中的变化，诊断基于人工智能的多维度数据复杂处理与异常分析，并预测潜在风险，合理有效地规划或对相关设备进行维护，如图 1-3 所示。

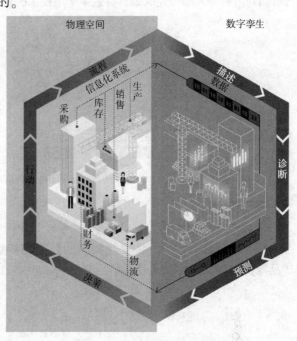

图 1-3　数字孪生的概念框架

2. 数字孪生的"工业 4.0"定义

"工业 4.0"术语编写组对数字孪生的定义是：利用先进建模和仿真工具构建的，覆盖产品全生命周期与价值链，从基础材料、设计、工艺、制造及使用维护全部环节，集成并驱动以统一的模型为核心的产品设计、制造和保障的数字化数据流。

综上所述，数字孪生是充分运用物理模型、传感器更新、运转历史等数据，集成多学科、多物理量、多尺度、多概率的模拟仿真全过程，在虚拟空间中完成映射，进而反映相应的实体装备的生命周期全过程。数字孪生实现了现实物理系统向赛博空间数字化模型的反馈，各种基于数字化模型进行的各类模拟仿真、分析、数据积累、发掘，甚至 AI 人工智能的应用，都能确保它与现实物理系统的适用性。在数字孪生中，数据是基础、模型是核心、软件是载体，如图 1-4 所示。

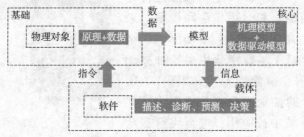

图 1-4　数字孪生基本构成原理

三、数字孪生的发展历程

自进入 21 世纪后，以云计算、大数据、人工智能等为代表的数字化技术演进，以及以 4G/5G、Wi-Fi 等为代表的联接力技术飞跃，数字孪生概念由此衍生出来。探究其发展历程，通过查阅刘占省等人的研究成果，将数字孪生技术的发展历程划分为三个阶段，如图 1-5 所示。

图 1-5　数字孪生技术的发展历程

1. 萌芽期

2003 年，美国密歇根大学的 Grieves 教授指出虚拟的数字模型能以仿真的形式对产品的状态及行为进行模拟，进而将物理实体的性能和特点完整地表现出来，并将其赋予"与物理产品等价的虚拟数字化表达形式（Conceptual Ideal for PLM）"概念，如图 1-6 所示。

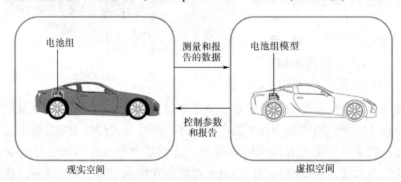

图 1-6　Michael Grieves PLM 概念模型

从这个概念被提出以后，数字孪生逐渐走入大众的视角，并逐步被应用于航空航天领域。在接下来的几年研究中，Grieves 将这一概念进行充实，用"信息镜像模型"和"镜像空间模型"来描述。并在《产品生命周期管理：驱动下一代精益思想》这篇文章里赋予了数字孪生另一种概念表达形式，叫作"信息镜像模型"，如图 1-7 所示。由此，数字孪生的抽象概念被首次提出，并最初在航天飞行器领域中被应用，进行飞行器状态评估和寿命预测。

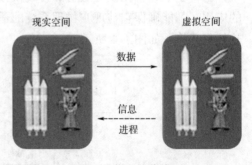

图 1-7　信息镜像模型

2. 起步期

2011 年，Grieves 教授在书中正式提出"数字孪生"的术语，并站在 IT 视角，将数字孪生描述成通过虚拟空间与现实空间中的通信和信息交换，完成二者间的虚拟映射、交互反馈。在 Grieves 教授所定义的数字孪生中，重点强调了虚实映射过程。而同期，美国空军研究实验室站在业务应用的视角，提出了数字孪生体的概念，并于 2012 年正式给出了明确的定义："数字孪生体，是一种集成了多种物理量、多种空间尺度的运载工具或系统的仿真。该仿真运用了目前最为有效的物理模型、传感器数据的更新、飞行的历史等，来镜像出其对应的飞行当中孪生对象的生存状态"。它所定义的数字孪生偏向在虚拟空间实现对物理实体的仿真，并将其引入飞行器工程。自此之后，数字孪生技术在应用上迎来了新的发展契机。

3. 成长期

2015 年至今，数字孪生技术的应用范围越来越广，从航空航天领域延展至其他领域。美国通用电器公司基于数字孪生体实现对发动机的实时监控和预测性维护；陶飞教授团队提出数字孪生车间的实现模式，将数字孪生技术拓展至车间；美国参数技术公司推出数字孪生用于物联网技术的解决方案；郭东升等人提出了在车间生产中由数字孪生技术驱动的建模。可见，数字孪生技术有了初步的发展，在更多的领域中开启了探索。未来，随着信息技术的进步，关于数字孪生的探索会越来越深入。数字孪生技术不仅会与新兴数字化技术有着越来越紧密的融合，还会在产业生态中实现更广泛的应用。

四、数字孪生的特点与概念辨析

（一）特点

数字孪生技术具有典型的跨技术领域、跨系统集成、跨行业融合等特点，不仅涉及的技术范围十分广泛，应用范畴也十分多样。基于此，梳理出数字孪生的五个典型技术特征。

1. 互操作性

数字孪生的物理实体与虚拟空间能够双向映射、动态交互和实时连接，不仅能实现以多样的数字模型映射出物理实体的功能，还能在物理实体的操作过程中完善数字模型构建，使二者之间建立"表达"的同等性。

2. 可扩展性

数字孪生技术具备集成、添加和替换数字模型的能力，能够针对多尺度、多物理、多层级的模型内容进行扩展。

3. 实时性

数字孪生技术要求数字化，即以一种计算机可识别和处理的方式管理数据，以对随时间轴变化的物理实体进行表征。表征的对象包括外观、状态、属性、内在机理，形成物理实体实时状态的数字虚体映射。

4. 保真性

数字孪生的保真性指描述数字虚体模型和物理实体的接近性。要求虚体和实体不仅要保持几何结构的高度仿真，在状态、相态和时态上也要仿真。值得一提的是，在不同的数字孪生场景下，同一数字虚体的仿真程度可能不同。例如工况场景中可能只要求描述虚体的物理性质，并不需要关注化学结构细节。

5. 闭环性

数字孪生中的数字虚体，用于描述物理实体的可视化模型和内在机理，以便于对物理实体的状态数据进行监视、分析推理、优化工艺参数和运行参数，实现决策功能，即赋予数字虚体和物理实体一个大脑。图1-8展示了数字孪生的整体技术特征。

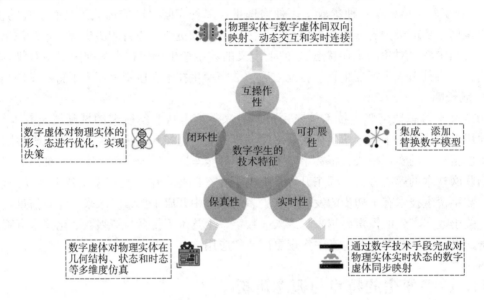

图1-8　数字孪生的技术特征

（二）概念辨析

1. 数字孪生与BIM

很多人把数字孪生与建筑信息模型（BIM）的概念混淆，认为二者是同义词，实际并非如此。BIM（Building Information Modeling，建筑信息模型）这一名词提出于2002年，指基于先进的三维数字建筑模型，为设计师、建筑师、水暖电工程师、开发师乃至最终用户等各环节人员提供"模拟和分析的科学协作平台，帮助他们利用三维数字模型对项目进行设计、建造及运营管理。"建筑信息模型（BIM）可以持续即时地提供项目设计范围、进度以及成本信息，这些信息完整可靠并且完全协调。BIM模型的应用不仅仅局限于设计阶段，而是贯穿于整个建筑的全生命周期的各个阶段——规划、设计、施工及运维。BIM电子文件，可在参与项目的各建筑行业间共享。不仅如此，它能够在综合数字环境中保持信息不断更新并可提供访问，使建筑师、施工人员以及业主可以清楚全面地了解项目。这些信息在建筑设计、施工和管理的过程中能促使加快决策进度、提高决策质量，从而使项目质量提高，收益增加，图1-9展示了BIM模型在项目实施过程中相较于传统模式的优势。随着BIM在建筑行业的发展，其本身产生了一定的局限性，BIM的3D数字化技术通过可视化方案、碰撞检测，能够描述设计师眼中的价值，但它本身对于材料、生产工艺、运输、施工过程的描述具有局限性，无法将生产设备、施工工艺、人员、工期、质量记录等各种信息包含进来，形成建造过程的完整记录，而运维管理人员在BIM模型中找不到他们所需的全部信息，影响了用户体验与价值层面，无法满足普遍性的行业需求。

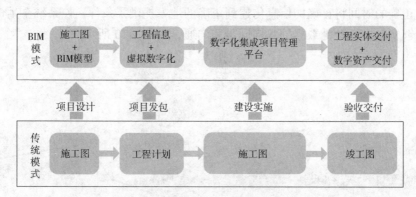

图 1-9　BIM 模式与传统模式对比

数字孪生则在 BIM 的基础上具备了更为广阔的领域信息处理能力，它不仅仅是模型，而是基于 BIM，在数字空间内，构建具有高度精确的数字模型来描述和模拟现实世界中的事物，同时数字孪生也可实现全生命周期的数字管理与数字模拟，结合物联网将现实世界中采集的真实信息反映到数字模型，使之随现实进行更新，在数字空间内，使用模型和信息进行预测性的仿真分析和可视化。与 BIM 相比，数字孪生（Digital Twin）理念在本质上具有更先进的普适性意义，二者区别见表 1-1。

表 1-1　BIM 与数字孪生区别

类别	BIM	数字孪生
数字环境	关注建筑本身	关注物理（数据）与虚拟（模型）的交互
时间	提供静态模型	跟踪资产随时间的变化并相应地更新模型
关注点	模型的高保真度	模型与实体的动态变化关系

2. 数字孪生与仿真技术

仿真技术是一种模拟物理世界的技术，仅能以离线的方式来模拟物理世界，主要用于研发、设计阶段。它包含了确定性规则和完整机制的模型转换为软件，如果模型正确，并且有了完整的输入信息和环境数据，那么物理世界的特征和参数就能基本准确地反映出来。

数字孪生是现有或将有的物理实体对象的数字模型，通过实测、仿真和数据分析来实时感知、诊断、预测物理实体对象的状态，通过优化和指令来调控物理实体对象的行为，通过相关数字模型间的相互学习来进化自身，同时改进利益相关方在物理实体对象全生命周期内的决策。

两者之间的区别：在数字孪生体中，仿真技术只是一种创造与操作技术。

3. 数字孪生与数字纽带

数字纽带（Digital Thread）是一种可拓展、可配置的企业级分析框架，在整个系统的全生命周期中，通过提供访问、整合及将不同的、分散的数据转换成可操作信息的能力来通知决策制定者。数字纽带可无缝加速企业数据—信息—知识系统中的权威/发布数据、信息和知识之间的可控制的相互作用，并允许在能力规划和分析、初步设计、详细设计、制造、测试及维护采集阶段动态实现评估产品在目前和未来提供决策的能力。数字纽带也是一个允许可连接数据流的通信框架，并提供一个包含系统全生命周期各阶段孤立功能的集成视图。数字纽带为在正确的时间将正确的信息传递到正确的地方提供了条件，使系统全生命周期各环节的模型能够实时进行关键数据的双向同步和沟通，如图1-10所示。

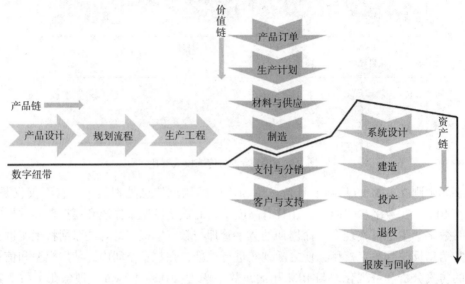

图1-10 数字纽带

通过分析和对比数字孪生和数字纽带的定义可以发现，数字孪生是对象、模型和数据，而数字纽带是方法、通道、链接和接口，数字孪生的相关信息是通过数字纽带进行交换和处理的。数字纽带技术是指在全生命周期和价值链为数字孪生体提供数据访问、整合和转换能力，实现追溯、共享、交互、协同数据信息的技术。基于数字孪生体构建数字孪生系统的关键技术，该技术可推动工业互联网平台对零件、设备、生产线、工厂、城市等不同颗粒度数字孪生体的静态物理坐标复刻建模向行为流程逻辑映射发展，实现虚拟世界对物理世界的描述、预测、诊断、决策。数字纽带技术连接多个信息孤岛，提升价值链中关键业务信息的透明度和准确性，实现多方面优化。

第二节 数字孪生的发展现状

从政策层面看，数字孪生成为各国推进经济社会数字化进程的重要抓手。就国外而言，主要通过制定相关政策、成立组织联盟、开展合作研究等方式，加快数字孪生技术的落实与发展。美国将数字孪生作为工业互联网落地的核心载体，侧重军工和大型装备领域应用；德国在工业4.0架构下推广资产管理壳（AAS），侧重制造业和城市管理数字化；英国成立数字建造英国中心，瞄准数字孪生城市，打造国家级孪生体。在2020年，美国工业互联网联盟（IIC）和德国工业4.0平台联合发布数字孪生白皮书，将数字孪生纳入工业物联网技术体系。就国内而言，中国政府陆续出台数字孪生相关文件，以推动技术的发展，如图1-11所示为我国数字孪生相关政策沿革。现如今，我国为将数字孪生作为建设数字中国的重要技术手段，大力推广行业应用与相关产业研究，目前各领域均在火热开展数字化转型升级。

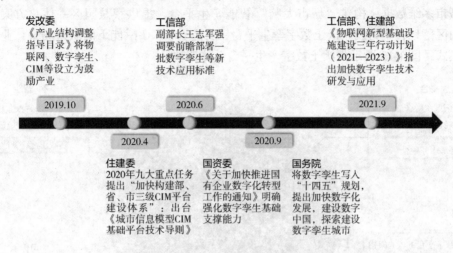

图1-11　我国数字孪生相关政策沿革

从行业应用层面看，数字孪生成为推动各行各业数字化转型升级的重要技术，图1-12所示为数字孪生的应用领域。在工业领域中，数字孪生聚焦工艺流程管控和生产优化管理等场景；在制造业领域中，数字孪生聚焦产品全生命周期的管理流程；在智慧城市领域中，数字孪生聚焦城市数字化、智能化建设以及运维阶段的服务。不仅如此，数字孪生在农业、医疗、建筑、交通、环保等诸多领域都展开了研究，后续章节还会对具体应用进行进一步介绍。

图1-12　数字孪生的应用领域

从企业主体层面看，数字孪生成为提高企业自身市场竞争力的重要手段。数字孪生技术价值高、市场规模大，典型的IT、OT和制造业龙头企业已开始布局，微软与仿真巨头Ansys合作，在Azure物联网平台上扩展数字孪生功能模块；西门子基于工业互联网平台构建了完整的数字孪生解决方案体系，并将既有主流产品及系统纳入其中；Ansys依托数字孪生技术对复杂产品对象全生命周期建模，结合仿真分析，打通从产品设计研发到生产的数据流；阿里聚合城市多维数据，构建"城市大脑"智能孪生平台，提供智慧园区一体化方案，已在杭州萧山区落地；华为发布沃土数字孪生平台，打造 5G + AI 赋能下的城市场景、业务数字化创新模式，图 1-13 所示为沃土数字孪生平台总体架构。

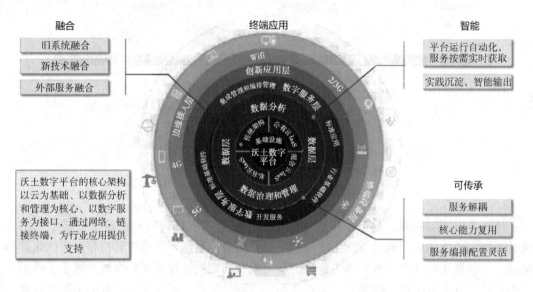

图 1-13　沃土数字孪生平台总体架构

从标准化层面看，数字孪生标准体系初步建立，关键领域标准制修订进入快车道。ISO、IEC、IEEE 和 ITU 等国际标准化组织推动数字孪生分技术委员会和工作组的成立，推进标准建设、启动测试床等概念验证项目。例如：2018 年起，ISO/TC 184/SC 4 的 WG15 工作组推动了《面向制造的数字孪生系统框架》系列标准（ISO 23247）的研制和验证工作。2020 年11 月，ISO/IEC JTC 1 的 SC41 更名为物联网和数字孪生分技术委员会，并成立 WG6 数字孪生工作组，负责统筹推进数字孪生国际标准化工作。

第三节　数字孪生与建筑业

一、建筑业数字化转型的必要性

（一）传统建筑产业困境

1. 建筑业耗能多

建筑产业对推动国民经济发展起到举足轻重的作用，是我国经济支柱之一。近年来，我国建筑产业发展迅速，规模不断壮大。国家统计局数据报告显示：2020 年我国建筑业总产值突破 26 万亿元，同比增长 6.2%，有力支撑了国民经济持续健康的发展。但由于建筑业长期以来粗放式的发展模式，导致建筑材料污染问题、资源与能源浪费现象日益严重。2018年全国建筑全过程能耗总量为 21.47 亿 tce，占全国能源消费总量比重为 46.5%；全国建筑全过程碳排放总量为 49.3 亿 tCO$_2$，占全国碳排放的比重为 51.3%。如图 1-14a 和 b 所示。

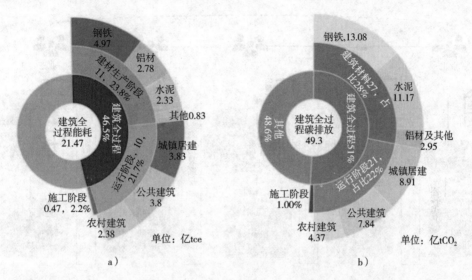

图 1-14　2018 年全国建筑全过程能耗量及碳排放量
a）2018 年全国建筑全过程能耗量　b）2018 年全国建筑全过程碳排放量

可见，建筑能耗及碳排放总量占比远远超过建筑业产值占国民经济总产值的比例。据相关统计，目前为止我国已建建筑 80% 以上均采用传统的建造方式，水泥用量、碳排放量及用水量均巨大，具体如图 1-15 所示，由此造成了巨大的资源浪费，对人文环境和生态环境形成了许多负面影响。传统的建筑业粗放式的发展方式亟须进行调整。

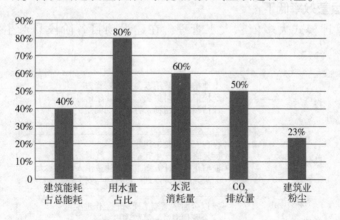

图 1-15　建筑业各项能耗占比

2. 建筑行业数字化水平低

建筑行业一直以来对信息流通的要求比较高，是信息最密集的行业之一。在整个信息链传递过程中，信息需要以清晰可用的格式，准确、完整、及时地被接受者采用。在规划、设计及施工过程中，信息资料往往以文字资料、设计图、地理资料及工程影像资料等海量数据集合。建筑全生命周期各个阶段内这些数据难以流转、不互通，不仅造成了大量的纸张浪费，还阻碍了工程项目进程。从图 1-16 可以看出，建筑业内各参与方各自为政，利益目标不同且普遍运用不同的信息管理系统，导致建筑全生命周期各业务阶段出现信息断层，产业内信息连通程度极低，工作呈现降效趋势。

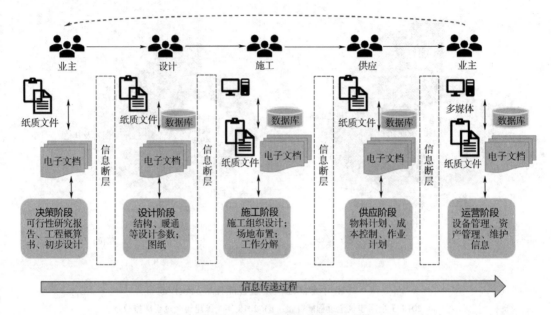

图 1-16　建设项目全生命周期数据信息传递流程

正是如此，各部门需要相关负责人手动处理海量数据资料，依靠逐级单项传递模式，造成管理效率低下，形成信息孤岛等问题。但建筑行业各阶段专业性较强，设备种类复杂，管理人员往往不能全面掌握专业知识，不能满足日常管理需求。

3. 建筑行业运营效率低下

传统的运营管理模式大多依靠人工管理，在建设项目各阶段易产生如图 1-17 所示的问题。

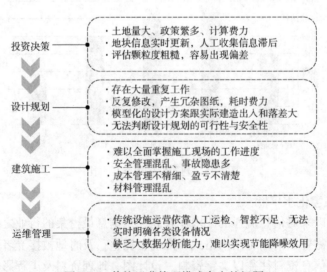

图 1-17　传统运营管理模式存在的问题

可见，建设项目信息冗杂、流程烦琐、设备复杂多样，各阶段管理人员往往不能全面接收信息，也不具备全面的建筑专业知识，导致日常管理工作效率低下，不能满足日常需求。然而近几年由于政策调控和疫情影响，建筑业产值增速缓慢，亟需调整至精益化的管理模式。

（二）建筑业发展趋势

随着 CAD 进入中国，中国建筑行业逐步迈入建筑信息化阶段，设计、造价、招标等环节率先脱离纯人工的工作模式，转向借助信息化工具全面提升生产效率，但施工及建筑运维等环节的信息化渗透率仍亟需提升。随着行业内对于建筑数据的需求愈加精细化，BIM 作为建筑行业的底层技术将结合云计算、大数据等新型数字化技术驱动建筑行业实现贯穿全生命周期的数字化转型，并在该阶段充分积累行业数据。未来，随着数字孪生技术、物联网和人工智能的发展与交互，形成数据与业务的深度融合的行业发展特征，并形成以数据驱动的智能决策，为快速实现绿色建筑、智能建筑等提供有力支持。图 1-18 为建筑业发展历程及未来趋势。

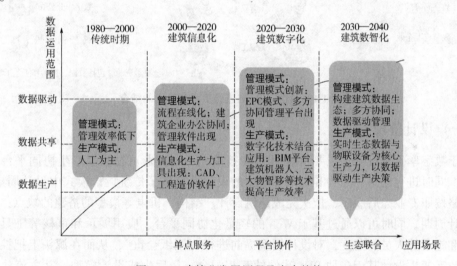

图 1-18　建筑业发展历程及未来趋势

（三）建筑产业数字化的优势

数字技术将从根本上提高建筑行业发展质量和生产效率，通过实现作业人员、生产设备、物料、工艺工法信息及场地信息数字化，提高生产计划的可靠性。并进一步汇集生产数据，对生产进度、成本、质量、安全等管理要素进行指标分析，实现管理决策有据可依。产业链内多参与者间实现信息交互，全产业链上实现企业与企业之间的协同，包括企业间的数据协同、资源协同、流程协同，从而使得整个行业资源配置得到优化。由此可见，数字化转型能为建筑行业带来高质量的发展，使未来前景更加美好。

二、数字孪生技术在建筑领域的应用现状

目前，我国处于建筑行业数字化的探索阶段。基于 BIM、云计算、物联网等技术的工程

项目应用研究已逐渐增多，提高了行业生产运作效率。数字孪生作为数字化技术交互融合的高级形态，应成为未来建筑行业普遍运用的关键技术之一。虽然我国建筑行业开始探索数字孪生技术的应用场景，但与其他行业相比，建筑行业的数字孪生技术采用率仍然较低，处于起步阶段。尽管如此，智能建筑建设的兴起为采用数字孪生技术提供了良好的基础。建筑行业中数字孪生的应用潜力不仅限于具有嵌入式自动化系统的建筑，还包括系统的同步，从而在物理建筑和网络世界之间实现紧密协调，具体结合内容如图 1-19 所示。接下来从设计阶段、施工阶段和运维阶段分析数字孪生技术的应用现状。

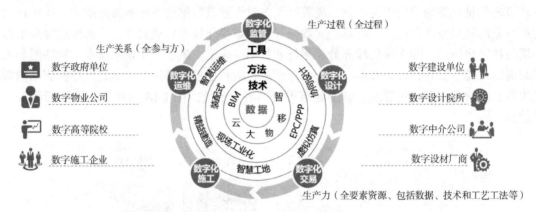

图 1-19　数字技术与建筑工程各阶段的结合

（一）设计阶段

基于数字孪生的设计，主要是应用 BIM 技术，不同专业可在数字孪生协同平台进行并行设计，同时进行建筑、结构和机电等模型的设计，克服了传统设计模式中设计周期较长，需要严格按照专业先后顺序，依次完成建筑设计、结构、机电等模型的搭建的缺点，大大缩减了设计周期。同时可以通过基于 Web 的轻量化协同平台、应用展示和审核等工具，分别从设计和施工等人员的角度，对设计模型提前进行"图纸会审"，从而在源头上把控建筑的质量。数字孪生设计基于多种 BIM 软件的互相配合，最后生成设计模型，其主流建模流程如图 1-20 所示。

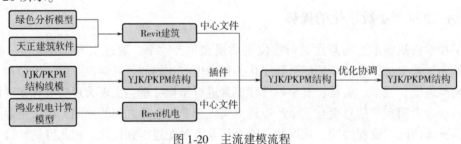

图 1-20　主流建模流程

（二）施工阶段

1. 施工场地管理的应用

通过数字孪生技术，能够将施工场内的平面元素立体直观化，以利于优化各阶段场地的布置。例如：综合考虑不同阶段的场地转换，结合绿色施工中节约用地的理念，避免用地冗余；临水临电、塔式起重机布置及其动态模拟，实现最优化的塔式起重机配置；直观展现用地情况，最大化地减少占用施工用地，使平面布置紧凑合理，同时做到场容整洁、道路通畅、符合消防安全及文明施工等相关要求。

2. 施工现场危险源辨识

在数字孪生模型中，将孔洞、临边和基坑等与安全生产相关的建筑构件突出展示，并与施工计划和施工过程中所需要的各类设备及资源相关联，共同构建数字孪生建筑知识库，实现在数字孪生环境下基坑及建筑危险源的自动辨识和危险行为的自动预测。辅助安全管理人员通过数字孪生环境预先识别各类危险源，从重复性、流程性的工作中解放出来，将更多的时间用于对安全风险的评估与措施制定等方面，提前在数字孪生环境中进行安全预控，在施工全过程中保障安全生产。

3. 技术交底

一方面，运用数字化三维可视化技术可以使施工单位建模流程图快速了解工程的总体情况、施工、结构、机电工程和管道布置；特别是那些不便于展现的地下管线等构件，通过BIM 能清楚地被显示出来，减小了设计与施工之间的沟通难度，有利于工程的实施与推进。另一方面，运用数字化三维可视化技术可以按照施工计划进行虚拟施工，并且可以模拟各专业施工工艺的关键程序，既有利于熟悉施工程序，又为成本控制、进度控制和质量控制提供可靠的依据。

4. 碰撞检查

传统的二维设计有多种工程管线，专业管线之间相互交叉，施工过程中很难实现紧密的协调与配合。运用数字孪生环境的碰撞检测功能，可根据各专业管道之间的冲突，选择合适的管道类型，以减小施工难度。考虑到管道的厚度、坡度、间距，以及安装、运行和维护所需的空间，结合工程结构与设备管道检测的实用综合布置图绘制图纸，以加快解决所有专业人员的施工难题。结合 BIM 的可视化技术，模拟施工工艺和施工方法，使现场施工不再单纯依靠平面图，不仅提高了施工技术能力，还能避免因理解不一致等认知偏差而造成的返工现象，从而加快施工进度和提高现场工作效率。

5. 进度管理

工程实施期间，对建筑、道路、基坑和管线等所有构件进行任务分解，对构件（如支撑梁、管线、三轴搅拌桩、地下连续墙等）进行工作分解结构（Work Breakdown Structure，WBS）编码。凭借任务与模型的关联动作，可根据任务时间进行四维动画模拟，以动画的形式查看项目的施工计划和实际进度，包括了解项目各时间段的形象进度及里程碑节点等。将完成的工程实体组件绑定到 BIM 的 ID 中，用不同颜色展示构件，通过颜色变化改变组件模型，继而显示项目的进度。应用 BIM 对项目的实际进度与计划进度进行比较，一旦发现施工进度提前或滞后，可及时发出相应的警报以提前预警。

随着三维激光扫描技术的不断发展，BIM 技术逐渐被用于获取现场情况等场合，包括应用 BIM 连接点云数据组织管理现场计划、施工计划和物流计划。在同时获得虚拟照片和场景图像后，服务端平台会自动比较它们的像素大小和分析实物与模型的差异，进行建筑工程量的计算。

6. 成本管理

BIM 模型构件通过构件 ID 编码与工程量清单项目编码建立关联，包括构件与工程量清单项目名称、单价、项目特征等之间的对应关系，并且将相关数据写入构件明细表对应的数据库中，同时提取 BIM 中不同构件及模型的几何信息和属性信息，汇总统计各种构件的数量。基于 BIM 开展算量工作，不仅使算量工作得到大幅度简化并实现自动化，减少了因人为计算失误等而造成的错误，而且极大地节约了工作量和时间，方便审核人员复核工程量成果，付款时还能直观地进行查看。

7. 生产、质量和安全管理

在建设过程中，现场工作人员可以通过移动端 App 记录生产任务的实际实施情况，查看任务过程的控制要求，实时上传数据至服务器。其他人员可通过网页端查看实际生产工作的跟踪结果，并与任务计划进行比较和分析，使任务更加清晰、可控。项目经理通过移动 App 将施工计划发送给现场所有的专业生产负责人，现场制作人员只需拍照报告施工情况即可，而数据即刻被自动送回至服务器。由 BIM 平台快速生成生产数据，形成数字化报表，并发送至项目联络群和朋友圈；或经项目生产经理批准发给各参建方，同步监督项目的工作成果，协助项目管理者现场控制施工状态。

与此同时，手机端可快速记录施工现场的质量和安全问题，PC 端可随时查看工程质量及可能出现的安全隐患，并在数字孪生场景中直观地确定问题的位置。施工现场常见的危险源将由常规检查点确定，形成固定的检查计划，现场管理人员通过扫描二维码定期检查现场检查点，如发现安全隐患，即刻启动安全检查程序。此外，PC 端还可以验证现场各巡逻点的视察和执行效果，并全面覆盖现场的安全管理。

（三）运维阶段

数字孪生建筑具有较好的综合分析和预测能力，为预测维修建筑物的智能设施提供了有效的技术支持，是智能建筑物运行与智能系统一体化的主要模式。从构件信息和 BIM 模型的角度看，数字孪生建筑结构将智能结构体系从模型集成到系统，实现了微观和宏观的集成。建筑运维阶段需要大量的实时数据来维持建筑后期的运营和维护，这些数据不仅包括来自 BIM 模型提供的静态数据，还包括物联网等设备提供的动态数据。数字孪生能很好地将这些静态数据与动态数据有效结合起来，形成一个或多个重要的、彼此依赖的数字映射系统，实现对建筑的智慧运维管理。主要体现在以下两个方面。

1. 实现建筑动态数据整合与共享

数字孪生能很好地集成 BIM 模型与物联网数据，实现二者的紧密交互。一方面，BIM 模型为建筑运维系统提供了可靠的几何形状、定位以及可准确识别的建筑组件数据集，是完整的建筑信息库。另一方面，物联网是传感器和驱动设备的互联，可理解成建筑及其内部物质之间相连的网络，提供了统一的跨平台架构，实现数据的实时共享。物联网设备提供了传感技术、软件和云平台、定位技术功能。而 BIM 模型和物联网设备二者互补，共同弥补彼此技术上的不足，二者的融合能有效实现建筑在运维期间的数据整合与共享。

2. BIM 模型与 IoT 设备精准映射

"数字孪生建筑"是将数字孪生智能技术应用于建筑科技，简单讲就是利用物理建筑模型，使用各种传感器全方位获取数据的仿真过程，在虚拟空间完成映射，以反映相对应的实体建筑的全生命周期过程。以三亚崖州湾数字平台应用为例，如图 1-21 所示，目前主要使用 RFID 技术对 BIM 模型和 IoT 设备进行融合，从 BIM 模型构件中选取具有实体检测数据价值的设备 ID 绑定 RFID 标签，同时对监测该设备的 IoT 设备也绑定相同的 RFID 标签。从实际的数据监测需求出发，BIM 模型与 IoT 设备的映射关系可设置为 1:1 或 N:1。通过在 BIM 模型中建立相应的映射关系，可以将 BIM 模型与 IoT 设备相关联。以某用于监测室内空气质量的 IoT 设备为例，一旦 PM2.5 浓度超出预设的警戒值，就会在 BIM 运维模型中收到警告消息，并从 BIM 模型中定位异常设备的位置及其监控的房间位置。

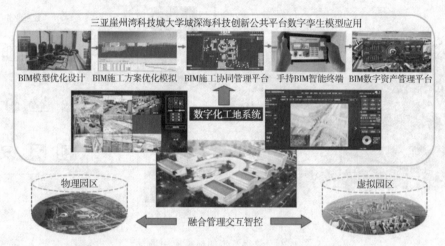

图 1-21　三亚崖州湾科技城大学城深海科技创新公共平台

第四节　数字孪生在其他领域的应用

除了建筑领域，数字孪生还能用于医疗领域、船舶航运、油气行业等诸多场景。数字孪生在每个实际应用场景中，均有与实际物体或系统相对应的数字孪生体。在设计与生产阶段，实体产品产生的各项数据会以数字化的形式传输到数字孪生体中，同时数字孪生体会以仿真的形式模拟模型实际参数，再将模拟生成的数据传输到数字化生产线加工成真实的物理产品。通过在线数字化监测系统反映到产品定义模型中，反馈给仿真模型。通过数字化纽带集成全生命周期全过程的模型，并与实际智能制造系统、数字化测量检测系统、嵌入式信息物理融合系统（CPS）进行无缝集成和同步，使得我们可以在这个数字化产品上看到实际物理产品可能会发生的状况。在产品运维阶段，数字孪生体会与实际物体进行实时数据互通，实体产品将各项数据反映在数字孪生体，同时数字孪生体根据历史模拟数据预测产品全生命周期，进而辅助完成实际产品在日常生活中的维护和节点预测。接下来，通过图 1-22 的几个数字孪生的典型应用场景来强化对以上过程的认知。

一、航空航天

当前航空发动机预测与健康管理技术是解决航空发动机复杂装备系统运行维护的主要手段，其技术主要包含在线状态监测、故障诊断、性能退化和寿命预测、健康管理等，是由航空发动机在已知理想运行状态下的监测数据和模型所驱动。以数字孪生体初始模型为基础，结合物理空间向数字空间传递的数据，构建动态演化的运维数字孪生体。初始模型与物理空间中传递的不同数据相结合，使其具备所要求的行为特征，形成航空发动机运维数字孪生体，如图1-23所示。

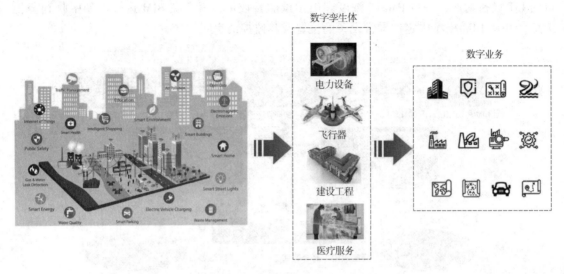

图1-22　数字孪生的典型应用场景

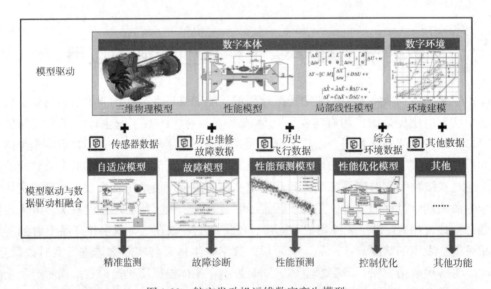

图1-23　航空发动机运维数字孪生模型

将实时传感器数据与性能模型结合，随运行环境变化和物理发动机性能的衰减，构建出的自适应模型，可精准监测发动机的部件和整机性能；将历史维修故障数据中的故障模式注入三维物理模型和性能模型，构建出故障模型，可应用于故障诊断和预测；将历史飞行数据与性能模型结合并融合数据驱动的方法，构建出性能预测模型，预测整机性能和剩余寿命；将局部线性模型与飞机运行状态环境模型融合并构建控制优化模型，可实现发动机控制性能寻优，使发动机在飞行过程中发挥更好的性能。这些模型联合刻画出一个具有多种行为特征的数字发动机，并向物理空间传递在特定场景下所呈现的行为信息，实现对物理发动机的精准监测、故障诊断、性能预测和控制优化。

1. 精准监测

精准监测特征是解决发动机性能衰减后，模型无法实时准确估计整机性能参数的问题。发动机出厂时，数字空间中的发动机性能模型是额定性能模型，长时间运行后，由于部件磨损、叶片变形、外来物损伤、叶尖间隙超差等原因，性能发生退化，数字空间中发动机性能模型的输出值与物理空间中发动机真实传感器测量值出现偏差，整机性能参数（如推力、耗油率等）无法精确估计，为实现精准监测的目标，可利用传感器偏差数据对基准模型中的性能模型实时修正，建立精准监测整机性能参数的自适应模型如图1-24所示。具体实现方法如下：通过物理空间真实发动机的传感器测量值与数字空间发动机性能模型的输出值偏差，利用卡尔曼滤波器估计性能模型的变化程度，并在包线范围内利用神经网络算法对基准模型修正，准确估计和修正部件特性退化，使模型输出与真实发动机输出保持一致。

2. 故障诊断

故障诊断将同批次发动机的维修、故障数据记录分析形成故障模式，注入初始模型，在实际运行中不断与发动机测量数据比较，提取相似的故障模式预测故障。数字空间中的发动机性能模型与故障数据融合可生成故障诊断模型以实现发动机故障预测，发动机故障类型众多，包括气路、振动、润滑油等，监控系统可对发动机的主要工作参数，例如转速、压比、排气温度、燃油流量、润滑油量、润滑油压差等进行监控。超过阈值时，对系统报警。此外，将历史同批次发动机的故障模式融入模型中，系统测量参数超过阈值报警的同时，将测量参数与故障模式匹配，进行故障诊断，具体如图1-25所示。

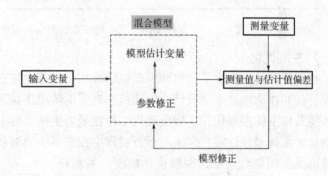

图1-24　整机性能参数的自适应模型

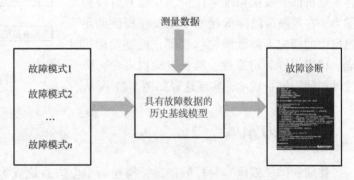

图1-25　数字空间中的发动机故障诊断模型

3. 性能预测

性能预测特征可记录同批次发动机的运行历史数据，融合基准模型进行性能预测。发动机长时间运行后性能下降，为准确评估性能下降的程度，需利用实时传感器数据和历史飞行数据对发动机进行性能预测。根据物理空间中同批次发动机多次飞行数据，建立性能预测模型的具体实现途径如图1-26所示。性能预测模型的构建包括评估参数选择、评估样本构建、性能指标定义、整机性能预测等4个步骤。其中，评估参数选择是从飞行数据中选出对发动机性能衰退有影响的测量参数，主要包括机场条件、气路参数、发动机运行参数、其他参数等多个因素；评估样本构建是在每个飞行架次中选取特定状态评估参数的测量数据形成评估样本；性能指标定义是指通过观测变量定量衡量发动机的衰退程度；整机性能预测是采用数据驱动的方法结合传感器测量的实时数据预测发动机性能。整机性能预测模型解决了物理空间中真实发动机性能度量和预测问题，同时为视情维修提供手段。

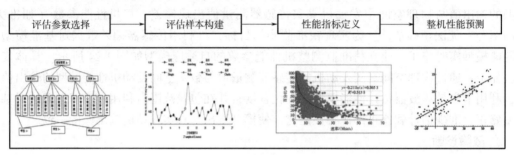

图 1-26　发动机性能预测模型实现途径

4. 控制优化

控制优化特征解决了飞机和发动机综合控制过程中发动机控制优化的问题。发动机和飞机设计初期作为单独系统设计，发动机在有限的约束指标下完成特定目标，并未考虑不同飞行环境条件下的控制优化，即发动机工作在最差工作条件下仍能达到目标，该设计原则导致发动机未发挥最佳性能，在实际运行过程中控制系统尚有较大优化空间。将发动机飞行环境与基准模型相融合，构建控制优化模型，实现在不同飞行条件下，自适应调整控制系统整体优化发动机性能。根据环境因素平衡任务要求，以牺牲发动机部分喘振裕度为代价，在爬升阶段提高推力、在巡航阶段降低耗油率以及在提供满足飞机推力的情况下降低涡轮前温度，提高发动机性能、可操作性和可靠性，延长发动机寿命，降低发动机使用维护成本，实现途径如图 1-27 所示。

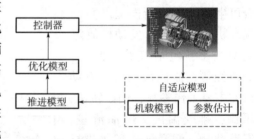

图 1-27　发动机控制优化流程

二、电力领域

伴随我国"双碳"目标的推进，构建新型电力系统成为实现能源变革的必然趋势，以及成为电力行业的时代使命。数字孪生技术在电力行业应用，为智能电网、智慧电厂赋能，提供更加实时、高效、智能的服务价值，能够有效地促进电力企业数字化转型，推动新型电力系统建设。此外，由于数字孪生电力系统的特殊性，数字孪生在电力系统中的应用还需依靠数字化交付技术和平台技术。数字孪生作为新的概念应以满足实际业务需求为导向，以解决业务中的痛点问题为现实目标，分阶段分步骤循序渐进加以构建。最终，通过增强感知、增强认知、增强智能、增强控制服务于电力行业的数字化转型。具体应用场景如下。

1. 电力设备运维监测

通过三维建模，对电力各类设备设施的外观、复杂机械结构等进行三维仿真显示，并可集成视频监控、设备运行监测、环境监测以及其他传感器实时上传的监测数据，对设备位置分布、类型、运行环境、运行状态进行监控，支持设备运行异常（故障、短路冲击、过载、过温等）实时告警、设备详细信息查询，辅助管理者直观掌握设备运行状态，及时发现设备安全隐患。

2. 电力线路运维监测

通过电力设备数字孪生监测平台，对输配电线路的地理分布、起止点、电能流向等信息进行可视化展示，支持查询具体线路的基本情况，如所属厂站、线路名称、电压等级、投运时间等；并可集成各传感器实时监测数据，对线路电能流转情况、电流值、负载率、线损率等运行信息进行动态监测，对线路重载、过载等异常情况进行实时告警，有效提高输配电线路的运维效率及供电可靠性。

3. 数字孪生电力智能巡检监测

数字孪生电力系统支持集成视频监控、机器人、无人机等前端巡检系统，有效结合视频智能分析、智能定位、智能研判技术，对故障点位、安全隐患点位等情况进行可视化监测，实现异常事件的实时告警、快速显示，并可智能化调取异常点位周边监控视频，有效提高电力巡检工作效率。电力系统中数字孪生体示例如图 1-28 所示。

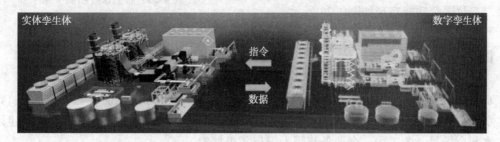

图 1-28　电力系统中的数字孪生体

三、医疗健康

医疗服务质量的好坏，直接影响了居民的生活幸福指数。改革开放以来，随着经济的不断发展，各级政府都在持续加大对医疗软硬件基础设施的投入，我们的就医体验也有了明显的改善和提升。但是，正如大家所看到的，医疗问题仍然很多，体验依旧无法让人满意。除了在医疗技术上继续进行研究之外，人们发现，合理利用来自数字科技的赋能，很可能是解决问题的"金钥匙"。智慧医疗是一种理念，它是医疗信息化最新发展阶段的产物，是 5G、云计算、大数据、AR/VR、人工智能等技术与医疗行业进行深度融合的结果，是互联网医疗的演进。

1. 诊断和治疗

人们可以使用数字孪生技术来诊断和治疗各种疾病。利用医疗保健设备生成的数据（例如，脑肿瘤的 MR 图像）来训练机器学习模型。医疗保健系统中的各种数据来源包括医学成像、实验室测量和临床记录。

2. 病人监护

利用数字孪生技术辅助医疗监护，可以实现对患者生命体征进行实时、连续和长时间的监测，并将获取的生命体征数据和危急报警信息以无线通信方式传送给医护人员。依托 5G 低时延和精准定位能力，可以支持可穿戴监护设备在使用过程中持续上报患者位置信息，进行生命体征信息的采集、处理和计算，并传输到远端监控中心，远端医护人员可实时根据患者当前状态，做出及时的病情判断和处理。不仅如此，每个病人的数据都存储在云端，然后反馈到平台端，通过对虚拟数字孪生模型的训练，实时反馈和预测病人的健康状况。

3. 药物开发和剂量优化

尽管生物医学工业取得了进步，但许多病人仍然对治疗同一疾病的药物反应不佳。可以通过计算处理具有数千种药物的数字孪生体，以便为特定情况确定最好的一种或几种。然而，这并不需要停留在已经存在的药物上。可以创建一个由具有不同表型的真实患者组成的数字队列，这些患者具有相同的症状，并测试新的潜在药物，以预测成功的可能性以及最佳剂量。智慧医疗功能实现如图 1-29 所示。

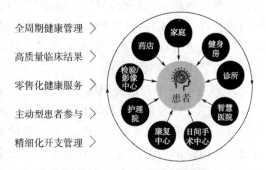

图 1-29　智慧医疗功能实现

四、 水利工程

水利建设关乎国计民生，近年水利部印发多项通知，呼吁加快建设数字孪生流域、数字孪生水网、数字孪生工程，提升治水管水的数字化、网络化、智能化水平。智慧水利建设主张在水利全场景、全工程、全业务流程上进行积极探索。

1. 水工程设计建设全过程管控

对于新建、改扩建和除险加固工程，从前期工作和设计阶段加强自动化监控设施和智慧管理系统设计，确保自动化监控工程经费，为实现数据采集打下较好基础。同时将隐藏在水利工程内部的建筑设备进行数据建模，为后续的设备维修养护提供数据支撑。

2. 水利建筑设备综合态势监测

支持基于地理信息系统，对江河湖泊流域、水库、电站、重要水电基地、关键流域控制监测站等管理要素进行综合监测，可实时展示大坝主体、水库水位情况，以及机房、发电机组、闸门泄水建筑物等重点管理对象的运行态势。同时对坝体的结构应力应变信息、周边气象信息、渗流信息、水质信息等进行实时监测、分析，实现水利管理综合运营态势一屏管控。

3. 水利应急事件预警决策

通过数据模块，将水利系统中元数据库结合数据资源目录形式，实现数据的标准化管理，实现"多水源-多用户"的水资源联合调度、洪水资源利用、风险管理等智能高效分析，为台风、洪汛等灾害天气应急措施提供科学决策支持。通过信息数据支撑，以及决策依据方法及过程的科学化，助力水利部门管理者的决策更加准确、合理、可行，实现科学化决策，有效降低灾害的社会危害程度。具体示例如图 1-30 所示。

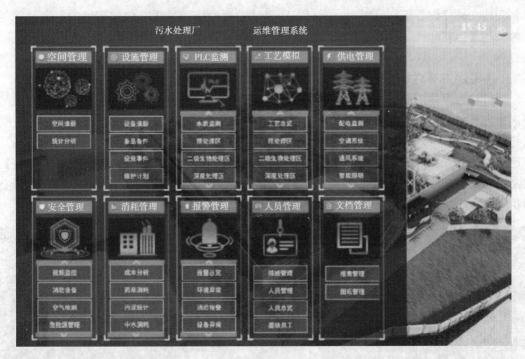

图 1-30   MxDATA 智慧水利数字孪生应用平台（来自美象科技）

五、智慧交通

交通运输是国民经济中基础性、先导性、战略性产业，也是建设现代化经济体系的先行领域。城市交通是衡量城市管理能力、城市发展水平的重要指标。随着经济和社会发展，传统的城市交通解决方案难以适应多变且越发复杂的城市交通治理难题。针对这一难点，基于数字孪生技术的智慧交通应运而生。城市交通数字孪生体主要以数字孪生为核心技术手段，通过融合 BIM、GIS、AI 与大数据技术，构建高仿真三维可视化交通场景。通过接入多个部门的交通数据，打造一个交互式智能交通仿真集成系统。该系统能够实现对车流量数据、道路设施状态的实时监测，也能够对各种突发事件、交通供给态势进行智能感知，进而及时、有效地对交通运行势态进行分析和处理，为交通管理提供决策优化辅助。以下为智慧交通系统的实现场景。

1. 不同交通场景的交叠

通过对接交通信号灯参数信号相位运行的关键数据，在三维场景中可实时反馈路段交通信号灯变化，实现交通信号灯虚实全息映射；实现在三维场景中精准展示交通摄像头位置，支持直接单击摄像头，调看物理世界相应视频采集点实时监控信息；能够实现多路视频接入与三维场景融合，将监控采集的视频图像与三维场景进行智能配准和矫正，实现视频与三维场景地理空间、建筑、设备等各种属性信息的融合渲染，保证虚拟交通场景与现实交通状态高同步、低延迟。

2. 车辆模型微观高度仿真化

通过智慧交通系统自动获取和识别路口检测范围内车辆的车型、速度、位置、牌照数据，实现在硬件设备识别范围内，所有车辆属性的实时模型呈现，包含车辆的车型、颜色、品牌、高度、宽度等，根据硬件采集数据的精细化程度做出对应模型属性的变更，提升模型仿真度。

3. 路口人车事件智能化感知

通过接入、分析前端物联感知设备数据和平台自主检测的道路事件的结果数据，对智慧交通平台上每个路口、每个方向都实现危险事件的呈现，包括各类车辆及行人闯红灯识别、弱势交通参与者与各类车辆碰撞识别、路口异常状况识别、拥堵识别、路口施工等事件的实时反馈。此外，平台支持识别目标人员 ID 以及其变化的位置信息，数据推送频次为 0.1s，以高刷新频率保障在场景中对目标行人进行实时映射，综合反映路口行人通行的位置情况，维护安全有序的交通环境。具体示例如图 1-31 所示。

图 1-31　MxDATA 数字孪生应用平台赋能智慧交通（来自美象科技）

第五节　数字孪生应用发展势态

一、加快数字孪生公共服务平台建设

数字孪生的构建离不开数据的积累和优秀的运算性能，然而数据和算力所需大量资金投入也给很多企业设置了一道不低的门槛，因此，其对公共服务平台的建设提出了迫切需求。加快数字孪生公共服务平台建设，围绕数字孪生技术验证、标准测试数据集开发、构建工具研制、数据开放与共享等需求，加快通用领域及典型行业数字孪生公共服务平台建设，探索数字孪生用户、产品供应商、工具开发方、第三方服务机构间的协同交流机制，鼓励各方基于现有基础不断加强相关服务能力，加深横、纵向产业链的交流合作与需求对接，加快集聚全球数字孪生领域的高端创新与服务要素，实现全方位的产业升级。

二、由虚拟验证向虚实交互的闭环优化发展

数字孪生应用发展历程依次经历虚拟验证、单向连接、智能决策、虚实交互四大阶段。一是虚拟验证，能够在虚拟空间对产品/产线/物流等进行仿真模拟，以提升真实场景的运行效益。如 ABB 推出 PickMaster Twin，客户能够在虚拟产线上对机器人配置进行测试，使拾取操作在虚拟空间进行验证优化。二是单向连接，在虚拟验证的基础上叠加了 IoT，实现基于真实数据驱动的实时仿真模拟，大大提升了仿真精度。如 PTC 和 ANSYS 合作，构建了泵的仿真模型，并将其与真实的泵连接，基于实时数据驱动仿真，优化模拟。三是智能决策，在单向连接的基础上叠加了 AI，将仿真模型和数据模型很好地融合，优化分析决策水平。如杭汽轮通过三维扫描构建几何形状，与平台标准机理模型对比，并叠加人工智能分析，实现叶片的检测试验从 2～3d 降低至 3～5min。四是虚实交互，在智能决策的基础上叠加了反馈控制功能，实现基于数据自执行的全闭环优化。如在西门子提供的产品体系中，设计仿真软件 NX 具备虚拟验证功能，MindSphere 具备 IoT 连接功能，Omneo 具备数据分析功能，TIA 具备自动化执行功能。

三、加强数字孪生与其他技术的融合

工业互联网、AI、AR、VR 等信息化技术在构建数字孪生和应用数字孪生时均具有重要意义。然而，数字孪生自动化构建和智能化应用仍处于发展初期，整体发展速度依然有限。有待加速推动拟在数字孪生方向上投入资源的企业、高校和研究院所，强化数字孪生相关的基础理论、集成融合技术及方法学的探索、研究，支撑数字孪生相关技术在新兴优势产业中更广泛的应用。

第一章课后习题

一、单选题

1. 数字孪生是什么_____。
   A. 数字孪生是指建立一个数字模型来模拟和优化物理系统
   B. 数字孪生是指通过数字模型来模拟和优化物理系统，然后通过模拟结果来指导实际生产和运营
   C. 数字孪生是指建立一个数字模型来模拟和优化物理系统，然后通过数字模型来预测和优化物理系统的运行效果
   D. 数字孪生是指通过数字模型来模拟和优化物理系统，然后通过模拟结果来指导实际生产和运营，同时通过数字模型来预测和优化物理系统的运行效果

2. 以下哪个不是数字孪生的特点_____。

    A. 实时性   B. 可拓展性   C. 模仿性   D. 闭环性

3. 数字孪生的最终目的是_____。

    A. 智能工厂   B. 智能制造   C. 智慧工厂   D. 智慧工地

4. 以下哪个不是数字孪生五维模型_____。

    A. 孪生数据   B. 虚拟模型   C. 服务   D. 网络

5. 以下哪个不是数字孪生技术体系架构中所涵盖的_____。

    A. 感知层   B. 应用层   C. 模仿层   D. 数据层

二、多选题

1. 数字孪生技术有哪些应用_____。

    A. 数字孪生技术可以应用于制造业，提高生产效率和产品质量

    B. 数字孪生技术可以应用于医疗领域，预测疾病发展趋势和优化治疗方案

    C. 数字孪生技术可以应用于城市规划领域，优化城市基础设施和交通规划

    D. 数字孪生技术可以应用于交通运输领域，优化交通工具的性能和安全性

    E. 数字孪生技术可以应用于器官克隆，优化人群质量

2. 数字孪生技术的主要优点有什么_____。

    A. 数字孪生技术可以替代人

    B. 数字孪生技术可以帮助企业更好地管理和控制生产流程

    C. 数字孪生技术可以预测和优化物理系统的运行效果，降低故障率和维修成本

    D. 数字孪生技术可以提供更准确的数据支持，帮助企业做出更明智的决策

    E. 数字孪生技术可以帮助学生写作业

3. 数字孪生技术在建筑施工阶段有哪些应用_____。

    A. 数字孪生技术可以辅助进行施工现场危险源辨识

    B. 数字孪生技术可以进行施工方案碰撞检查

    C. 数字孪生技术可以辅助进行施工进度管理

    D. 数字孪生技术可以帮助企业更好地管理和控制生产流程

    E. 数字孪生技术可以预测疾病发展趋势和优化治疗方案

4. 数字孪生的核心技术有哪些_____。

    A. 感知   B. 建模   C. 仿真   D. 数据处理   E. 模仿

三、简答题

1. 迈克尔·格里夫斯于2003年首次提出数字孪生的定义，数字孪生是指通过数据和信息交换连接的"真实空间"和"虚拟空间"。那么结合本书本章的内容，你是怎么定义数字孪生的呢？

2. 阐述一下数字孪生的技术实现流程，以及各层的运作方式。重点介绍技术的流通与交互过程。

3. 阅读完本章，你觉得数字孪生在发展过程中面临哪些挑战？

第二章 数字孪生架构

第一节 数字孪生理论架构

一、数字孪生的五维模型

数字孪生的核心是模型和数据，为了将二者有效结合，首要任务是创建应用对象的数字孪生体。Grieves 教授最初将数字孪生划分为物理实体、虚拟实体以及二者之间的交互映射，由此产生了数字孪生的三维模型。为进一步推动数字孪生理论的发展与技术的研究，北京航空航天大学陶飞教授带领的团队在先前智能制造领域的钻研下，将孪生数据和服务两个要素拓展到数字孪生三维模型中，使得数字孪生模型结构发展成如图 2-1 所示的五维结构模型。

1. 物理实体（PE）

物体实体是数字孪生五维模型的构成基础，主要包括各子系统具备不同的功能，共同支持设备的运行以及传感器采集设备和环境数据。对物理实体的准确分析与有效维护是建立数字孪生模型的前提。

2. 虚拟实体（VE）

虚拟实体模型包括几何模型、物理模型、行为模型和规则模型，从多时间尺度、多空间尺度对物理

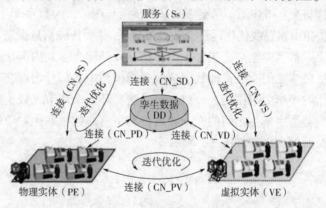

图 2-1　数字孪生五维模型

实体进行描述和刻画，形成对物理实体的完整映射。可使用 VR 与 AR 技术实现虚拟实体与物理实体虚实叠加及融合显示，增强虚拟实体的沉浸性、真实性及交互性。

3. 服务（Ss）

服务对数字孪生应用过程中面向不同领域、不同层次用户、不同业务所需的各类数据、模型、算法、仿真、结果等进行服务化封装，并以应用软件或移动端 App 的形式提供给用户，实现对服务的便捷与按需使用。

4. 孪生数据（DD）

孪生数据是数字孪生的驱动，集成融合了信息数据与物理数据，满足信息空间与物理空间的一致性与同步性需求，能提供更加准确、全面的全要素/全流程/全业务数据支持。

27

5. 连接（CN）

连接模型包括连接使物理实体、虚拟实体、服务在运行中保持交互、一致与同步，以及连接使物理实体、虚拟实体、服务产生的数据实时存入孪生数据，并使孪生数据能够驱动三者运行。

由上述五维模型可知，孪生数据（DD）是数字孪生最核心的要素，它由物理实体、虚拟模型和服务系统在各自的环境下产生，同时又将融合处理后的数据返还到各部分中，推动了模型的运转。向外扩展分别是物理实体、虚拟模型和服务系统，三者与实际应用中的研究对象密切相关。物理实体负责提供实体数据，促进信息物理融合；虚拟模型负责一比一复刻物理实体，在数据驱动下将应用功能从理论变成现实。服务系统则与用户对接，将数字孪生应用生成的智能应用以最为便捷的形式提供给用户。而仅靠以上四部分是无法实现整个数字孪生系统运行的，必须依靠动态实时互动连接将物理实体、虚拟模型、服务系统连接为一个有机的整体，使信息与数据得以在各部分之间交换传递。因此可以看出，连接与交互是实现数字孪生动态运行和虚实空间高效融合的核心关键。接下来，就数字孪生的交互理论进行展开介绍。

二、数字孪生的交互理论模型

连接与交互是实现数字孪生动态运行和虚实空间高度融合的核心关键。其主要功能是实现数字孪生虚实空间要素间的数据传输和信息交换，并在不同数字孪生间、数字孪生与人及与环境间进行数据传输。基于连接和交互，数据得以在各部分之间有效传输，进而使数据驱动的数字孪生具备描述实体属性特征、分析实体行为规则、预测实体未来状态的功能。由此可见，连接与交互搭建了信息交流共享的桥梁与纽带，为数字孪生模型动态更新、物理实体实时控制、决策方案在线优化运送"数据养分"，从而打破信息孤岛，加速信息共享与融合。

数字孪生交互包含了内部交互和外部交互。内部交互主要指同维度要素之间交互和跨维度要素之间交互，即数字孪生五维模型中各部分内部交互和各部分之间交互。外部交互主要指数字孪生与围绕人、机、料、法、环五个环节完成生产制造过程的交互，概括讲即数字孪生与数字孪生之间的交互和数字孪生与非数字孪生对象间的交互（如人和环境）。数字孪生交互概念框架如图 2-2 所示。

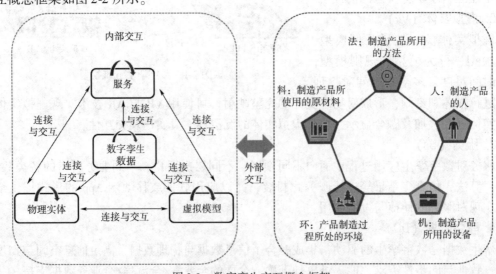

图 2-2　数字孪生交互概念框架

（一）数字孪生内部交互

数字孪生的五维模型包括物理实体、虚拟模型、数字孪生数据、服务及连接与交互五部分，这五部分之间既存在内部联系又存在交叉联系。因此，数字孪生的内部交互就从这五部分之间进行展开，既包括不同维度要素间的交互，又包括同一维度要素间的交互。

1. 同维交互

（1）物理实体交互　物理实体交互即物理实体内部单元间协作完成复杂任务的过程。显而易见，大部分工作不能仅依靠某种物理实体的独立单元或功能去完成，往往需要借助其他实体单元的资源或能力协助完成业务需求。因此，物理实体交互强调将实体的各部分单元的工作机理、功能特性进行耦合，实现单元之间的能力共享与协同合作。

（2）虚拟模型交互　虚拟模型的交互即虚拟模型中各子模块为完整描述物理实体进行动态耦合的过程。具体体现在虚拟模型在映射、仿真物理实体的过程中，其内部的几何模型、行为规则、功能模块等不同维度的功能之间相互耦合、动态交互，打破异构模型的孤立现象，更好地表达物理实体的多方面特性。

（3）数字孪生数据交互　数字孪生的数据交互即将收集到的来自物理实体、虚拟模型、服务、专家知识结构等多元、多维度数据，通过挖掘内部相关联系、分析处理信息规则、确立交互处理机制等手段，实现数据信息的交互、通信与共享，为数字孪生提供高价值的数据信息资源。

（4）服务交互　服务交互即通过分析用户服务需求，建立机制关联规则，实现各项业务间的交互共享。为解决日益增长的服务需求，实现对接用户的高质量服务标准，各项业务间的耦合联系成为研究的首要任务。因此，服务交互需要协同基础服务需求，如人机交互、运维管理、决策优化等，使各种服务模块之间能够集群协作；同时根据面向对象的特点，优化功能性服务和业务性服务间的交互。

2. 跨维交互

（1）物理实体与虚拟模型交互　数字孪生虚实交互的核心即为物理实体与虚拟模型之间的交互联系。如图2-3所示为虚实交互模型。物理实体的数据是整个交互运行过程的基础，为完成数字孪生模型的高精度描述，首先需从物理实体的各部分数据出发，全方位精准捕捉静态和动态数据信息。经筛选、清洗、处理后，将这部分作为输入参数移接到数据库中，驱动虚拟模型的构建和运行；利用接收到的数据构建完虚拟模型后，需要将仿真结果转化为控制指令，实时地传输给物理实体，保证模型的精准控制和虚实的动态一致。

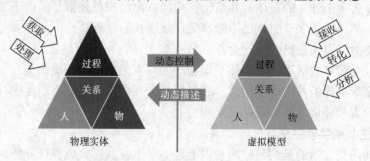

图2-3　物理实体与虚拟模型交互

（2）物理实体与服务交互 物理实体能够为服务提供类型和方向；服务能增强物理实体的可用性，因此二者的交互是必不可少的。物理实体通过源源不断地为服务提供数据，使服务系统能够完整地展现实体的各功能模块，驱动服务的运行和优化。反过来，服务能够根据业务需求，结合相关数据，实现人员对实体对象的状态指导、运维管理、决策优化等功能。

（3）虚拟模型与服务交互 虚拟模型与服务的交互是实现模型更新演化和服务决策优化的关键。要想实现对实体的最优决策服务，首先要在虚拟模型中进行结果判断。根据服务需求，制定一系列决策方案，并将运算过程输入到仿真模型中进行检验。通过模型运行结果，判断所实行的方法是否得当，经反复修改与验证，最终使模型运行出符合预期的效果。将程序输入到服务系统，实现优化方案由虚拟到实体的过渡。

（4）数字孪生数据与物理实体、虚拟模型、服务的交互 如图 2-4 所示是以孪生数据为核心的交互过程。各独立部分与孪生数据的交互主要体现在数据的输入与反馈。物理实体与孪生数据的交互能支持物理实体的实时储存和分析，以支持对物理实体的动态运行和优化；虚拟模型与孪生数据的交互能实现模型的驱动和更新，以确保仿真结果的准确性和模型运行的动态性；服务与孪生数据的交互能够支持服务算法的储存与调用，优化服务指导的决策，提高结果的准确性。

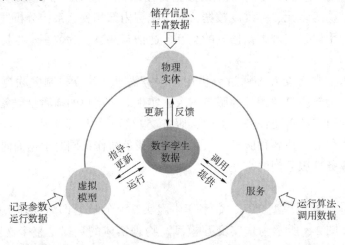

图 2-4 数字孪生数据与物理实体、虚拟模型、服务的交互

（二）数字孪生外部交互

数字孪生作为一个独立的整体，其结构、功能方面已相对完整，但由于需求的多样性和环境的复杂性，单一的数字孪生体已不能满足日益增长的业务量，因此需要与其他对象共享信息、资源及能力，以实现高效协同合作。数字孪生的外部交互通常围绕人、机、料、法、环五个环节完成生产制造活动，每个环节均会产生与人的交互和环境的交互活动，与此同时还出现多种数字孪生体的共同协作模式。故根据其交互特点，将数字孪生的外部交互概括成与数字孪生体、人和环境之间的信息交互能力。

1. 数字孪生与数字孪生交互

数字孪生间的交互指的是两种或两种以上数字孪生在共同完成复杂业务时，利用其自身的资源、仿真技术、经验知识等完成彼此间的信息交换和资源共享，实现复杂任务的联合仿真、分析与评估。数字孪生体本身由物理实体、虚拟模型、服务、孪生数据和连接五部分构成，当两个以上数字孪生体进行交互时，往往会涉及不同数字孪生间的同维度要素交互和不同维度交互。需要注意的是，这里的同维度交互和不同维度交互与数字孪生的内部交互不一样，这是因为不同的数字孪生体结构特性及应用需求不同，其虚拟模型、数据、服务类型往往存在差异，故需要利用某种手段打破二者之间的隔阂，建立跨系统的交互机制。因此，在构建数字孪生与数字孪生的交互过程中，需要根据各主体的资源、业务需求、能力等划分类别，通过分析数字孪生的数据通信方式，建立耦合机制，实现数字孪生间的互联互通，进而促进资源共享和共同协作。如数字孪生人与数字孪生机器间的交互，通过人机信息实时交流与共享，使人和机器在交互过程中互相学习、启发，实现人类智慧与机器智能的深度融合，帮助人类更好地认识世界、改造世界。

2. 数字孪生与环境交互

数字孪生作为一个客观物体与周围环境紧密相连。环境会影响数字孪生体的运行及功能发挥情况。在实际环境中，由于物理实体的属性特征、行为规则通常会受到环境约束，在操控物理实体的过程中需根据周围环境进行改进和运行，以发挥实体最佳理想效果；在突发紧急事件下，数字孪生会由于业务的变更难以按既定的计划展开，由此出现不得已的中断现象，甚至完全改变原有的计划规则。数字孪生同样会反作用于环境。数字孪生与环境的交互过程中，会根据环境的需求建立适宜决策，进而促进环境优化改善。由此可见，数字孪生与环境的交互相互影响、相互交融。建立数字孪生与环境的动态时空关联和实时信息感应，有助于使数字孪生体自动感知外部环境变化，形成对环境特征和规则的分析、理解和评估机制，进而使数字孪生具备精准、动态、智能适应环境变化的能力。例如，数字孪生船舶需与海洋环境交互，通过感知实时海况信息，模拟船舶与海浪的摩擦、摇动等相互作用，并结合天气、潮流及船只等环境信息实现海域环境的整体感知与理解，从而优化船舶航行方案，及时有效应对突发事件。再如，数字孪生生产线由数字孪生机器人、数字孪生 AGV 小车、数字孪生机床及描述物理实体间运行逻辑的规则网络组成，其中每类物理实体提供的资源和能力、负责执行的具体任务皆有差异。通过数字孪生与生产线规则网络交互，整体理解其在生产线中角色功能及逻辑约束，从而根据环境动态变化及时准确调整任务需求及行为模式。

3. 数字孪生与人交互

数字孪生与人的交互很好理解，即数字孪生操作者与数字孪生全过程行为互动。由于人具有灵敏的感官特征、灵活决策能力、分析推理能力和自主学习能力，往往在各类活动中起到不可或缺、难以替代的作用：其一，基于灵敏感知与分析理解能力，能及时观察数字孪生运行情况及环境状态变化，并结合经验信息做出恰当决策；其二，面临信息缺失不全情况，能积极主动地搜寻有效信息并评估其可靠性，从而进行灵活决策。此外，保障人员安全是第一要务，数字孪生需感知人员行为、理解人员意图，在运行时充分考虑人员安全性。因此，数字孪生需具备与人交互的能力，一是借助人类智慧实现灵活决策，二是有助于时刻保障各类人员安全，同时尽可能地提高人员舒适度。以制造领域为例，数字孪生与设计者交互，通过理解分析数字孪生提供的反馈信息，优化数字孪生的运行机制及其要素的结构特性，以提升运行效率和性能；数字孪生与决策者/管理者交互，感知数字孪生状态信息和环境变化，综合评估其运行效率及安全性，实现对数字孪生的灵活管理与控制；数字孪生与操作者/使用者交互，能及时察觉数字孪生的异常行为、环境突发事件、潜在危险等特殊情况，从而在保持操作/使用安全的前提下，对数字孪生行为进行及时合理的调整；此外，在积极主动与人员交互过程中，数字孪生能不断优化其运行机制，提高操作者/使用者的舒适度。

第二节　数字孪生技术架构

数字孪生是指综合运用多种技术，实现物理空间与数字空间的实时双向同步映射及虚实交互。在构建数字化镜像过程中，各种技术交互融合，各自发挥不同的功能，如 IoT、建模、仿真等基础支撑技术通过平台化的架构进行融合，搭建从物理世界到孪生空间的信息交互闭环，促进了数字孪生大框架的实现。总的来看，数字孪生系统的技术构成多达十几种，如图 2-5 所示。接下来，本节将详细介绍数字孪生中涵盖的各种技术。

图 2-5　数字孪生系统的技术构成

一、数字孪生的基础技术

数字孪生的基础技术包括感知、网络，这些技术贯穿数字孪生的五维模型，使之相互联系、共同作用，是构成数字孪生模型的基石。

（一）感知

感知是数字孪生体系架构中的底层基础。感知技术是通过物理、化学、生物等效应感受事物的状态、特征和方式的信息，按照一定规律转换成可利用信号，用以表征目标外部特征信息的信息获取技术。一个完备的数字孪生系统应具备对外部运行环境和内部组成部件的数据信息获取能力，进而实现物理对象与对应的数字孪生系统之间全要素、全业务、全流程精准映射与实时交互。不仅如此，数字孪生系统还应考虑数据间的协同交互，明确物体在全域的空间位置及唯一标识，使连接设备的运行势态获得多维度、多层次的精准监控。

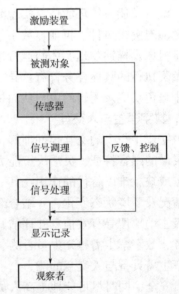

图 2-6　传感器在数据传递过程中发挥的作用形式

1. 传感器技术

传感器技术的重要组成部分为传感器，依托传感器使物与人之间形成联系的桥梁。传感器类似于人体的感官功能，是获取自然和生产领域中信息的主要途径与手段。图 2-6 所示为传感器在数据传递过程中发挥的作用形式。可见，传感器在数据传递过程中负责感知外界环境变化，并能将感受到的信息，按一定规律变换成为电信号或其他所需形式的信息输出，将这类信号传送到接受元件或装置中。

传感器的发展经历了三个阶段：第一阶段是结构传感器，利用结构参数的变化来转换信号，如常用的压力传感器和电阻应变传感器；第二阶段固态传感器，常用于半导体、电介质和其他固定元件，如热点电偶传感器和霍尔传感器；第三阶段是开发智能传感器，这是现阶段最适合用于数字孪生的传感器类型。这种智能化传感器是将传感器信息与微芯片结合，使传感器具备了一定的人工智能性。它能将从普通传感器中获取的数据信息通过专用的微处理器，进行信息分析、自校准、功耗管理、数据处理等，使其在数字孪生体系中不但可以实现数据采集功能，还能够自发地对物理实体模块中的大量冗杂的数据进一步过滤和处理，提高整体模型计算效率。

2. 全域标识技术

标识技术能够对物品进行有效的、标准化的编码和标识，为物理对象赋予特定的数字身份信息。在数字孪生系统中，物理对象通过标识技术完成与孪生空间中虚拟对象的一一对应和精准映射。物理对象和虚拟对象间保持实时同步，物理对象的任何状态变化信息都能同步反映在虚拟对象中，对虚拟对象的任何操控也都能实时影响到物理对象，基于标识技术，数字孪生系统完成了物理对象和虚拟对象间的跨域、跨系统的互通和共享。与此同时，标识技术为物理对象的各个部件提供了唯一身份标识，在构建孪生空间中的虚拟对象过程中，能够完成数字孪生资产数据库的物体快速索引、定位及关联信息加载。目前，全域标识包括公共标识、行业标识和私有标识。公共标识包括 Handle（标码）、Ecode（物联网统一标识）、OID（对象标识符）等。行业标识包括汽车零部件编码、药品电子监管码和动力电池编码等。私有标识是由企业和机构自行定义的标识编码。本节重点介绍公共标识。作为工业互联网的核心基础设施，Handle 标识由标识编码和解析系统构成。标识编码相当于"电子身份证"。根据标识编码，解析系统可对工业设备、物料、零部件、产品等进行唯一性定位和信息查询，进而实现全网资源的灵活区分和信息管理。它就像一位工业互联网领域的"翻译"，能将不同标准、不同系统的"方言"转化为"通用语言"——"普通话"。Ecode 是中国物品编码中心自主研发的"一物一码"实体编码方案，由国家物联网标识管理与公共服务平台提供 Ecode 申请和解析服务。Ecode 包含两层含义：一是表示物联网统一的物体编码，包括物理实体和虚拟实体，它定义了由版本、编码体系标识和主码组成的三段式编码结构；二是表示 Ecode 物联网标识体系，包含了编码、数据标识、中间件、解析系统、信息查询与发现、安全机制、应用模式等多个部分，是一套完整的编码系统。OID 是与对象相关联的、用来无歧义地标识对象的全局唯一的值，可保证对象在通信与信息处理过程中的正确定位和管理。简单地说，OID 是网络通信领域中各类对象的电子身份证。

（二）网络

网络是数字孪生体系架构的基础设施。在数字孪生系统中，网络能连接物理对象与其余各部分系统，促使它们之间完成信息的交互和传输。网络为数字孪生系统提供了传输基础，实现低延时、高可靠、精同步、高并发等的业务需求特性；同时推动网络自身实现高效率创新，有效降低网络传输设施的部署成本和运营效率。随着网络技术的不断扩展延伸，通信模式的不断更新，由网络承载的业务类型、网络所服务的对象及连接到网络的设备类型等都呈现出多样化的发展趋势；同时，随着数字化技术与建筑的结合越来越深入，移动网络逐渐应用于居民楼、医院、写字楼等多个建筑场景。以上的应用特点不仅要求网络具备较高的灵活性，能满足多样化的业务需求和高速率数据上传，还要求网络具备较高的承载能力，能够满足极限设备的连接等。因此，数字孪生体系架构需要强大的网络技术的支撑，以实现物理网络的极简化和智慧化运维。

1. 物联网技术

物联网即物的互联网，属于互联网的一部分。它将互联网的基础设施作为信息传递的载体，通过各种信息传感器监控或连接对象的位置收集声音、光、机械、生物等物理信息，并将信息通过网络的形式上传到数据端，实现物与物、物与人之间的信息交换和通信，进而完成对物体的智能感知、识别、跟踪、监控和管理。图 2-7 所示为物联网的技术组成。

物联网是数字孪生系统的必要传感网络，它能够利用设备和传感器准确地收集构建数字孪生模型所需要的数据类型，实现对物理实体的精确追踪和定位。随着物联网设备的逐步完善，数字孪生可以应用在更小、更简单的对象上，进而创造更高的收益价值。由此可见，数字孪生可以显著降低物联网生态系统的复杂性，提高效率。因此，物

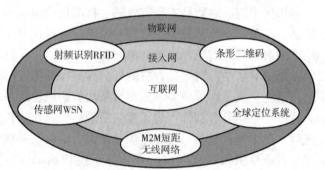

图 2-7　物联网的技术组成

联网是数字孪生的载体，数字孪生是物联网的底层逻辑。后续章节还要详细介绍物联网在数字孪生中的具体应用流程。

2. 基于 SLA 服务的 Qos 保障技术

网络传输过程中不可避免地会带来丢包、乱序、延时、抖动、中断等网络故障问题，这不仅会对系统运行过程造成一定的错误，还会给用户造成较差的体验，影响使用满意程度。如何结合不同等级的 SLA（服务级别协议）服务对网络可靠性的需求，保证网络业务用户体验是数字孪生网络的重点研究内容之一。具体来说，基于 SLA 服务的 QoS（服务质量）架构及能力分级管理方法，就是通过构建全流程、一体化的网络可靠性参数集、资源分配策略，包括端到端 QoS 映射规则、配置规则、监测及保障机制等，实现高效、可靠的 SLA 服务管理的增强，以承载各种能力等级要求的泛在感知应用，以及与之相关的用户体验一致性服务。作为一种服务质量增强技术，该技术可以将包括用户服务质量请求在内的 SLA 请求参数高效传递给抽象后的网络管理虚拟化节点，并且逐步根据 QoS 服务的共性特征，形成 API 封装的平台级能力。

二、数字孪生的核心技术

数字孪生的核心技术为数字孪生系统的构建提供了关键支撑，是实现各部分主体功能的重要组成部分，也是连接虚拟与实体的重要路径。

（一）数据处理

数据在数字孪生模型中占有极高的比例，因此如何将系统内的大量数据提取并进行融合交互是实现孪生数据处理的关键。在数字孪生体系架构中，首先由连接物理实体的底层感知系统接收大量的外界环境信息。其次，通过一定的数据处理手段将各种复杂、多元、异构的数据简化并传递给下一个阶段。在数据处理过程中，由于数字孪生模型中的数据体量大、种类多、结构复杂，需要将它们依照数据特点进行分类并存储在不同的数据库中。不仅要考虑数据自身的特性，还要考虑数据之间的交互特点。因此，数字孪生中的数据处理技术包含以下几个过程。

1. 数据存储和管理技术

数据存储技术是根据数据特性将数字孪生内的多元、复杂、异构的数据分门别类地存储在不同数据库中，以便查询与应用。数据管理技术在数据处理与传输过程中对数据起到保护作用，避免数据的分散和丢失。而随着数字孪生系统的规模越来越庞大，数据类型越来越复杂，不仅要求数据在短时间内能够得到处理，还要求数据传输过程中的准确性越来越高，因此传统的数据存储技术和管理方法不再适用。目前，在数字孪生中应用广泛的为大数据的存储和管理方式。图 2-8 所示为大数据存储和管理方式与传统数据存储和管理方式的区别。由此可见，大数据比传统数据存储更需要非常高性能、高吞吐率、大容量的基础设备。

不同点	传统的数据存储和管理技术	大数据存储和管理技术
数据规模	利用现有存在关系性数据库中的数据，对这些数据进行分析、处理，找到一些关联，并利用数据关联性创造价值。这些数据的规模相对较小，可以利用数据库的分析工具处理	大数据的数据量非常大，不可能利用数据库分析工具分析
数据结构	在关系性数据库中分析，主要解决的是结构化数据	可以处理图像、声音、文件等非结构化数据
处理方式	访问修改数据比较方便，所有关系型数据库都可以用sql（结构化查询语言）操作数据库	因为数据规模大、非结构化数据这两方面因素，导致大数据在分析时不能取全部数据做分析。大数据分析时如何选取数据，这就需要根据一些标签来抽取数据

图 2-8　大数据与传统数据的存储和管理方式对比

目前常见的大数据存储主要有分布式文件存储（DFS）、NoSQL 数据库、内存数据库和云数据库技术。常见的存储设备包括闪存和相变存储器。DFS 的特点是能够通过计算机网络互联和协作来分配任务，从而允许更快和更好地处理大规模数据分析问题。这一特性在智慧城市数字孪生模型的建立中起着重要的作用。面对大量的数据存储，NoSQL 数据库能够很好地支持。内存数据库的优点是良好的性能和速度。云数据库的优点是高可扩展性、高可用性、高性能和免维护。与传统的磁性存储介质相比，闪存具有高传输速率、低延迟和低能耗的特点。相变存储器是一种非易失性存储器，其读写和恢复数据的速度比闪存快 100 倍，但成本相对较高。

2. 数据传输技术

数据传输技术是连接数据库与数据处理过程的纽带，它将从各类数据库中收集到的数据采用相应的传输方法输入到数据处理模块进行分析。数据传输技术分为三部分，分别为数据传输格式、数据传输方法和数据传输协议。由于数字孪生模型包含不同的设备和模型，采用合适的数据传输格式在设备和模型之间的相互通信中起着重要作用。目前正在使用的几种数据交换格式，包括可扩展标记语言（XML）、产品模型数据交换标准（STEP）、资产管理外壳格式（AAS）、计算机辅助工程数据交换（CAEX）、JavaScript 对象符号（JSON）以及另一种标记语言（YAML）。数据传输方式主要分为有线传输和无线传输。有线传输的特点是传输信号好、稳定性高、传输速率快。在传输过程中不易受自然天气、传输设备等客观条件的影响。通常使用的传输介质有光缆、光纤和电缆等，但相比无线传输成本更高。无线传输技术实现起来相对简单，能有效节约成本，但传输质量不如有线传输方式。常见的无线传输技术包括蓝牙、无线宽带、5G、近场通信（NFC）、卫星通信、全球定位系统（GPS）和短波通信。数据传输协议是数据传输过程中遵循的一种规则，所谓"协议"就是双方进行交谈的依循对象，是指计算机通信或网络设备的共同语言。现在最普及的"传送协议"一般指计算机通信的传送协议，如 TCP/IP、HTTP、Modbus、BACnet、MQTT、LWM2M 等，后续还将具体对这几部分内容进行区分和筛选。

3. 数据融合

建立数字孪生体需要全方位、多维度地从物理实体中获取特征信息，仅靠单一的传感器是不能够全面、准确地反馈这些特征信息的，因此需要添加多个不同类型的传感器，共同收集目标对象的多维度的数据。多传感器集成与融合技术通过部署多个不同类型传感器对对象进行感知，在收集观测目标多个维度的数据后，对这些数据进行特征提取的变换，提取代表观测数据的特征矢量，利用聚类算法、自适应神经网络等模式识别算法将特征矢量变换成目标属性，并将各传感器关于目标的说明数据按同一目标进行分组、关联，最终利用融合算法将目标的各传感器数据进行合成，得到该目标的一致性解释与描述，如图 2-9 所示。多传感器数据融合不仅可以描述同一环境特征的多个冗余信息，而且可以描述不同的环境特征，极大地增强了感知的冗余性、互补性、实时性和低成本性。

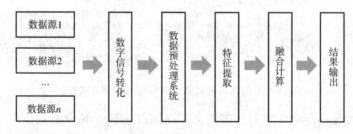

图 2-9　多传感器集成与融合技术

不仅如此，数字孪生建模也需要结合系统结构的历史和实时数据来更新和修正虚拟模型，使虚拟模型始终与物理实体协同一致。目前针对数字孪生的数据融合成果较多，当前的数据融合方法主要分为 3 种类型：①在采集的原始数据层上直接处理的数据层融合；②特征层融合，首先提取数据层的特征信号，然后对特征信息进行处理；③由每个传感器获取的信号，在基础级被处理以建立相关的初步结论，随后是具有相关性处理的决策级融合，用于决策级判断。

4. 可视化技术

人机交互是实现数据挖掘的重要方式，良好的人机交互体验离不开数据可视化技术的支持。可视化技术可以分为 2D 可视化技术和三维可视化技术。2D 可视化技术主要使用图形和表格的形式，如条形图、饼图、时间序列图和误差表。2D可视化可以很好地表现数据之间的相关性。然而，当面对高维数据时，该方法将无法跟踪这些信息，这将导致数据点之间的关系被部分模糊。3D可视化可以很好地解决这个问题。当前的三维可视化技术主要有虚拟现实、增强现实和混合现实。通过在数字孪生的可视化中一起使用所有这三种技术，可以增强数字孪生的沉浸式多感知交互体验。

（二）建模

建模是依照物理实体的外在结构和内部联系，通过软件对其进行刻画，形成物理世界的数字虚拟模型的过程。建模技术不仅可以描述物理对象的几何形状、物理属性，还能将基于传感器收集到的环境信息和相关变化传递到所构建的虚拟模型中，使其能够准确地反映和模拟物理对象的静态特征和动态变化。在基于物理的建模方法中，面向数字孪生的多领域多尺度融合建模方法非常重要，因为应用对象不在单一环境中。多尺度建模可以连接不同时间尺度的物理过程，因此，这种计算模型可以具有更高的精度。虽然基于物理的建模方法可以描述对象的外部变化，但对内在规则的建模通常是使用基于语义的方法来完成的。语义网络模型是知识表示中的一种符号网络；通过在语义知识中预先存储由模型中固有的连接组成的知识，当要应用的对象需要根据规则进行一些改变时，可以与连接一起搜索。仿真与建模密切相关，仿真的作用是让我们更好地了解物理实体的变化，所以数字孪生的仿真技术是保证数字孪生与物理实体形成有效闭环的核心方法。

在建设项目的数字孪生模型中，建模方式有三种。第一种是基于GIS的建模，这种建模方式适用于精度较低的场景，如大范围的智慧城市。这种场景更注重点位的分布，通过软件选定区域，然后拉伸模型，可得到基本白模。在有些项目中也可以给它上贴图，形成简模，增强场景沉浸感。这类模型适用于整体宏观把控，因此在细节方面可能会产生地理信息滞后等一系列问题。第二种是航拍建模，它是一种将二维图片合成三维模型的技术，比GIS建模更加精细。这种建模适用于重点区域的整体性建模，也属于宏观把控。但它会受设备和拍摄技术的影响，由于场景过大，在放大建模过程中可能会出现由于拍摄不完整引起的伪影和孔洞等缺陷。第三种建模为BIM或手工建模。在项目全生命周期中，一般在设计阶段会构建BIM模型。此时只需要将该BIM模型进行轻量化处理就可以得到所需的虚拟模型。在没有BIM模型的情况下，就需要根据建设项目的图纸信息进行手工建模。这种建模方式能提高物理模型的精细度，适用于小规模的场景或建筑单体。

在制造业项目中，传统的模拟是基于ANSYS、ABAQUS等模拟软件的有限元分析。通过建立与物理实体一致的仿真模型，并在模型中输入完整的环境信息，可以正确反映物理世界的特征和参数。然而，当模拟过程中遇到金属冲压过程和动态裂纹扩展等大变形时，传统有限元法的计算结果过分依赖于网格生成方法在模拟过程中造成许多不便。此外，ANSYS还提供了用于数字孪生建模和仿真的专业模块Ansys Twin Builder。该模块是一个集成的系统仿真工具，可以降低ANSYS电磁场、结构、流体和热分析模块的3D模型的阶数，提供一个高精度和高速的系统仿真环境。同时，该模块还可以连接到工业互联网平台，访问测试数据和实时数据。例如，ANSYS和惠普已经与惠普的物联网EL20边缘计算系统合作，为泵构建数字孪生。通过在泵的出口和入口收集的压力和流量数据与有限元模拟相结合，可以准确地确定泵故障的原因。此外，Simulink是动态和嵌入式系统的多领域仿真工具，其中仿真对象可以是通信、控制和信号处理。因此，该工具可应用于上述领域的数字孪生建模。虽然传统的模拟方法可以准确地模拟速率代表物理世界运行的规律，但模拟计算的速度通常受到计算机能力的限制。同时，传统的仿真方法需要大量的先验知识和对系统基本规律的全面掌握，使得建模过程相对复杂和困难。因此，传统的模拟无法实现实时物理世界数据输入的预测结果输出。同时，对于切削和刀具磨损等时间周期较短的应用，传统的模拟方法无法达到实时效果。将数据驱动的基于agent的建模方法应用于数字孪生技术，该技术只涉及流程的输入和输出数据，而不必分析内部的详细记录。因此，该方法用于非线性和不确定性条件下的工程系统建模仿真。目前常用的数据驱动代理模型有支持向量机、神经网络和高斯过程。Chakraborty等人探讨了代理模型在数字孪生中的作用，并以GP代理模型为例进行了验证。然而，虽然这种方法可以避免大规模计算带来的问题，但样本的质量和数量在实际应用中起着至关重要的作用。因此，要更好地应用这种方法，还需要研究如何快速获得准确的样本。

（三）仿真

仿真技术是通过计算机和专用工具，将特定的模型进行参数处理，以实现对于系统模型的动态模拟和构思实践。在这一过程中，只要模型是完整的，就能基于输入信息和环境数据精确地反映物理世界的状态和特性。所以，仿真技术是对现实中某一物体或某些过程的抽象性模仿，人们通过这一模仿过程进行试验，通过记录相关信息完成进一步的推理和验证，以确认建模过程的准确性以及推动对现实问题的某些决策。传统的仿真方法是一个迭代过程，即针对实际系统某一层次的特性（过程），抽象出一个模型，然后假设态势（输入），进行试验，由试验者判读输出结果和验证模型，根据判断的情况来修改模型和有关的参数。如此迭代地进行，直到认为这个模型已满足试验者对客观系统的某一层次的仿真目的为止。

在数字孪生中，仿真是基于虚拟模型的各项参数，创建并运行数字孪生体，并保证其与对应的物理实体之间能相互呼应，形成一个完整的闭环。数字孪生中的仿真技术属于一种在线数字仿真技术，能够完成物理空间和虚拟空间的虚实共荣和实时交互，比起传统的仿真技术，它更强调一种实时进行的在线互动，因此能实现数字孪生系统的精确化模拟和交互性操作过程。随着技术的进步和互联网的发展，仿真技术也逐渐和云计算、大数据、人工智能等新兴技术进行融合，并迈向数字化、智能化等方向发展。在数字孪生体系中，仿真技术依照被仿真的对象大致可以分为五类，包括工程系统仿真、自然系统仿真、社会系统仿真、生命系统仿真和军事系统仿真。

1. 工程系统仿真

根据实际工程建设项目，构建相应的模型反映实时工作状况。在仿真系统中对工程虚拟模型进行模拟，确定工程系统的内在变量和被控制对象的影响。如在建筑领域，仿真技术能根据模拟建设过程去判断工程建设工期和某些操作的可靠性，这为建设工程提供了一种可靠性检验方式，并提高了建设效率。

2. 自然系统仿真

对自然场景进行真实模拟，如自然灾害仿真、气候变化仿真等。通过数据的输入和参数的调整，将不规律的、动态性的、随机性的某些自然场景转换成可预测的、可改善的确定状态。

3. 社会系统仿真

对复杂社会系统的描述和研究方法的探索，有助于提高决策层对系统运行状态的快速掌握和各种状况的预判及处理，如人工社会、经济行为的仿真。

4. 生命系统仿真

多用于生命医学工程中，通常是以生命系统为研究对象，运用信息科学的理论工具，研究不同层次和不同系统中生命现象的信息本质和信息过程的规律，以及各层次和各系统中生命现象的相互影响、调节与控制机理。生命系统仿真能够研究不同条件下生命系统内的运行规律，甚至替代在困难、危险情形下完成的生命实验，弥补了传统动物实验和人体实验的不足，在某种意义上推动了人们对于事物规律的认识。如数字人体，数字人体是指用信息化与数字化的方法研究和构建人体，即人体活动的信息全部数字化之后，由计算机网络来管理的技术系统，用以了解整个人体系统所涉及的信息过程，并特别注重人体系统之间信息的联系与相互作用的规律。

5. 军事系统仿真

军事系统仿真包括作战演练、战争模拟、装备使用和军事武器维修等，能够节约经费、提高效率、保护环境、减少人员伤亡。如通过仿真进行军事演习，可以极大地降低演习的消耗，并避免人员的伤亡。因此仿真技术不再仅仅用于降低测试成本，通过打造数字孪生，仿真技术的应用将扩展到各个运营领域，甚至涵盖产品的健康管理、远程诊断、智能维护、共享服务等应用。基于数字孪生可对物理对象通过模型进行分析、预测、诊断、训练等（即仿真），并将仿真结果反馈给物理对象，从而帮助对物理对象进行优化和决策。因此仿真技术是创建和运行数字孪生体、保证数字孪生体与对应物理实体实现有效闭环的核心技术。

三、数字孪生的先进技术

随着技术的不断进步，数字孪生可以容纳更先进的技术来提高性能，使数字孪生技术向更智能、更快速、更安全的方向发展。本节简要介绍当前数字孪生技术中应用的先进技术方法。

（一）云计算和边缘计算

云计算是一种基于互联网的分布式计算方式，通过网络云将庞大的数据处理程序分解成多个小程序，由多个服务器组成的系统将这些小程序进行处理和分析，并将这些资源和信息按需求提供给计算机终端和其他设备。这种云计算描述了一种基于互联网的新的 IT 服务增加、使用和交付模式，通常涉及通过互联网来提供动态易扩展而且经常是虚拟化的资源。与云计算不同，边缘计算是一种通过在数据源附近的网络边缘执行数据处理来优化云计算系统的方法。通过在传感器或物理实体附近直接处理和分析数据，利用网络将处理后的数据传送到主服务器进行计算，提高了计算效率和响应性。

当数字孪生应用于建筑、车间等领域时，会接收到来自于多方传感器的大量冗杂的数据信息，如果采用传统的方式将数据全部传输到主机进行处理，会造成计算机超负荷运行，甚至造成系统崩溃。因此，需将云计算和边缘计算方式进行结合，利用分布式和集中式数据处理共同作用的方式，提升孪生数据的数据处理能力。

（二）大数据分析

大数据分析技术是指对海量数据进行提取和处理的过程，通常包括数据采集、数据预处理、数据存储和大数据分析挖掘。数据采集主要通过传感器实现。进行数据预处理是为了填充、平滑、合并和规范化收集的原始数据。数据存储是将处理后的数据存储起来，并建立相应的数据库，以便管理和调用。大数据分析最重要的方面是分析和挖掘数据，从数据中发现潜在的有用信息和内在规律。在数字孪生系统中，最重要的部分就是数据，面对冗杂海量的数据，如何更好地分析和处理，是实现决策能力更强、预测能力更准确、处理速度更快的关键。

（三）移动互联网技术

工业移动互联技术是指通过手机和平板计算机等移动设备实时监控制造过程中的工业设备和物流信息，同时为决策者共享实时信息。通过将数字孪生模型生成的结果传输到移动设备，可以为有问题的设备生成实时解决方案，同时快速发送给工作人员来操作设备。作为新一代移动通信技术，5G不仅可以带来良好的移动互联网体验，还可以为智能制造、智能城市和自动驾驶提供关键技术。将5G和工业互联网技术应用于数字孪生，可以大大增强数字孪生的能力。

（四）区块链

区块链是分布式数据存储、点对点传输、共识机制、加密算法等计算机技术的新型应用模式。它的本质是去中心化的数据库，同时使用密码学方法产生相关联一系列数据块。因此，存储在区块链中的数据和信息具有不可伪造、可追踪和公开透明的特点，用于保护从物理世界收集的数据信息，同时也能保障孪生数据的不变性。目前区块链可应用于数字资产交易，它所提供的去中心化交易机制能很好地保证交易过程的透明性，不仅保障了资产交易过程，还能加速数字孪生的商业化。

（五）AI

AI通过智能匹配最佳算法，可在无需数据专家的参与下，自动执行数据准备、分析、融合，对孪生数据进行深度知识挖掘，从而生成各类型服务；数字孪生有了AI的加持，可大幅提升数据的价值以及各项服务的响应能力和服务准确性。

第三节　数字孪生技术实现流程

基于上述技术，数字孪生得以通过模拟物理对象在现实环境中的行为，实现故障诊断、状态监控和综合优化等功能。而技术并非独立存在，需要通过某种流程进行融合，以搭建从物理世界到孪生空间的信息交互闭环。因此，将数字孪生各项技术进行整合，根据数字孪生的实现流程搭建技术架构（图2-10）。数字孪生技术架构主要包含四大技术层级，从数字化物理实体到最终的应用分别为标识感知层、数据互动层、建模仿真层和交互控制层。标识感知层主要涵盖感知、控制、标识等技术，承担孪生体与物理对象间上行感知数据的采集和下行控制指令的执行。数据互动层承担各实体层级之间的数据互通和安全保障职能。建模仿真层依托通用支撑技术，实现模型构建与融合、数据集成、仿真分析、系统扩展等功能，是生成孪生体并拓展应用的主要载体。交互控制层主要以可视化技术和虚拟现实技术为主，承担人机交互的职能。

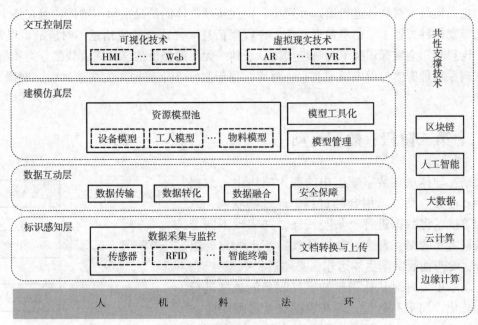

图 2-10　数字孪生的技术架构

一、第一阶段：标识感知

标识感知层是数字孪生的底层基础，也是数字孪生功能实现的前提条件。感知是指对客观事物的信息直接获取并进行认知和理解的过程。感知层，承担信息的采集，可以应用的技术包括条码和扫描器、智能卡、RFID 电子标签和读写器、摄像头、GPS、传感器、传感器网络等。其中条码和 RFID 电子标签显示身份，传感器捕捉信息状态，摄像头记录图像，GPS 进行跟踪定位，最终实现识别物体、采集信息的目标，实现实时、高效、精准地掌握各类物理资源和周围环境的变化情况。由此，通过该层的运作，数字孪生系统能有效获取物理空间的各种信息，驱动孪生模型的建立与优化，以实现现实与虚拟之间的动态交互。图 2-11 所示为感知层涉及的关键技术。

在感知层，首先，通过二维

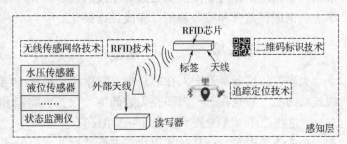

图 2-11　感知层涉及的关键技术

码技术标记物体，得到静态属性信息，同时在物体上布设相应的传感接口或局部网络，以实现实时状态的监测；通过 RFID 技术对物体的电子标签进行扫描、读写，批量识别物体的属性信息；通过各种类型的传感器对物体的实时状态进行捕获，将数据上传至终端数据库中；信息在传输过程中，经由智能化设备接口以数据协议转化技术，统一转换成某种接收形式，完成智能化感知对象和智能化控制对象的信息交互；再经由多媒体信息采集技术收集物体的音频数据和编解码，丰富物体数据信息的多样性；最后再由 GPS（全球定位系统）、GIS 等位置信息采集技术对物体进行追踪和定位，由此实现物体的信息采集与监控。但在整个过程中，由于物体种类繁多、信息数据冗杂，在收集信息时往往会造成信息不对应的混乱局面。因此，还需利用全域标识技术为物理实体赋予独一无二的身份信息，完成数据分类和信息的匹配，确保物理实体与虚拟模型能一一对应，便于数字孪生数据库的快速索引、准确定位、精确加载。

二、第二阶段：数据互动

数据互动体现在数字孪生中的四大模块中的数据之间相互连接、交互、耦合的过程。通过物联网、数字线程等技术将数据进行收集与传输，并实现不同类型的数据之间的交互融合。数据是数字孪生的重要组成部分，要想使数字孪生体运作，必须进行数据互动。数据互动层主要是对从标识感知层接收到的数据进行传输、转化、同步和强化，并在数据交互过程中建立安全保护机制。图 2-12 所示为数据互动层的实现流程。该层主要依托网络传输技术、数据处理技术和网络安全保障技术，实现数据的各种互动，降低数据容错率，进而推动数字孪生服务的建立。

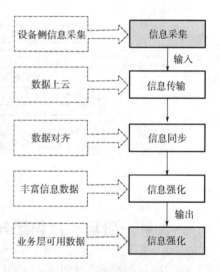

图 2-12　数据互动层的实现流程

首先是数据的采集阶段，由标识感知层对设备侧进行数据信息的获取；接着由传感网、网关、M2M 终端等处理技术对收集到的感知数据进行加工处理，并上传至云端；再经模数转换装置将控制数据和感知数据转换为数字数据，以降低信息冗余度、提高数据处理精度的目标；接着，需借助网络传输技术将前面涉及的数据进行传输，以推动建立物理实体与虚拟模型之间的连接通道。在完成海量数据的传输后，需对多元异构的孪生数据进行整合和综合利用，完成数据强化。

（一）信息传输

大多数传感器都是嵌入在芯片中，网络传输模块的能耗低，且功率小，主要以近距离无线连接为主。特别在工厂内部，无数的生产设备、物料和智能终端都需要利用 WiFi、蓝牙、Zigbee 这些近距离无线技术实现互联。但在有些业务中，近距离无线传输无法满足需求。比如，企业需要对客户产品的使用状态进行监控并实时的传回数据。在重工企业，对远程设备使用状态的监控十分重要。因此，需要利用远距离无线传输技术实现数据的回传。这个时候企业可以选择 3G、4G 这样的蜂窝通信技术，也可以选择 LoRa、Sigfox、NB-IoT 这样的低功耗广域网传输技术。

（二）信息同步

信息同步是通过数据转换装置及数据分离处理技术将接收到的大量数据经处理后同步到相应的平台端，由此可见，目前信息同步主要是由相关的信息平台进行实现与展示。信息平台是以数字空间为载体，将人与物理世界联系起来，将物理空间与虚拟空间的各种资源数字化，以实现数据的同步和可视化操作。以基于 CIM 的天津生态城资产管理平台为例，图 2-13 所示为平台部分功能，其中具有以下特点。

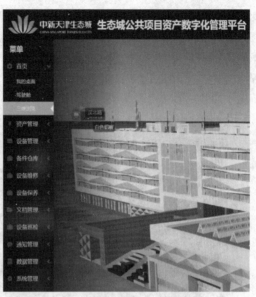

图 2-13 天津市某生态城资产管理平台

1. 多源信息采集与同步

实时采集生态城路况交通、设备运行、社区环境等信息，如应用无人机组合定位技术来自动采集生态城交通拥挤情况；应用多种类型传感器可采集生态城商城客流量、项目施工进度等维度的信息，实现对生态城资产管理全过程精细控制。

2. 规划区域施工建设模型可视化分析

子系统叠加二三维规划数据，关联生态区规划建设信息，实现施工建设面貌动态更新。通过数据接口，获取生态城各个时期的影像，以实现时间维度上城市建设可视化，如图 2-14 所示。

3. 多源信息交互式查询分析

将实时信息与三维模型动态整合，通过开发标准数据接口，获取多源生态城信息服务。例如与分布区域模型交互，查询该区域内疫情防控信息，如图 2-15 所示。

图 2-14 城市建设可视化

图 2-15 信息交互式查询

4. 数据融合与集成

集成融合多源异构产业招商大数据，综合规划用地性质、交通设施便利条件、公共设施建设状况、市政设施等情况，通过系统的分析，让数据说话，提供相关产业入住率、属地率、贡献率，为城市制定经济发展策略、扶持决策提供有力的科学依据；集成物联网监测及视频监控数据，实现对城市运行态势动态感知、自动报警、协同联动，用智能化监控方式代替人工扫街模式及消除监管盲区，将风险隐患消除在萌芽状态；融合了 BIM、GIS、AI 智能识别等多种信息技术，实现对城市部件问题识别、立案、派发处置，直到结案归档等全流程、规范化、精细化、智能闭环管理，提升城市治理工作效率与公众服务水平，如图 2-16 所示。

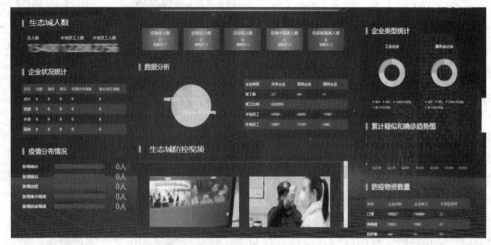

图 2-16　城市运行态势感知平台

（三）信息强化

由于数据信息冗杂且量大，若不经过后续的处理，可能会造成数据不能很好地反映实际的混乱局面，因此必须要对接收到的海量数据信息进行处理。通过建立"人机料法环"各类数据的全面采集和深度分析数据体系，对多源异构的孪生数据进行整合和综合运用，全面建立以数据为驱动的运营与管理模式。这不仅能使孪生数据更好地应用到各个模块中去，还有助于挖掘更深层次的数据驱动型新路径。数字孪生的信息强化主要包括以下几个方面。

1. 数据清洗

数据清洗是基于原始数据对其进行重新审查和校验的过程，通过删除重复信息、纠正存在错误等手段，使数据保持一致性和有效性。图 2-17 所示为数据清洗的整个流程。首先，原始数据要通过人工检测或计算机分析程序的方式对原始数据进行检测分析，检查是否存在数据质量问题；其次，根据检查到的有问题的数据的类型及错误程度制定相应的清洗策略和规则；紧接着，选定合适的清洗算法对数据进行自动筛选，搜寻并确定错误实例步骤，包括自动检测属性错误和检测重复记录的算法，主要检测方法有基于统计的方法、聚类方法和关联规则方法；根据不同的"脏"数据存在形式的不同，执行相应的数据清洗和转换步骤解

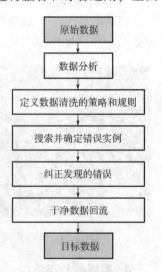

图 2-17　数据清洗流程

决原始数据源中存在的质量问题。需要注意的是，对原始数据源进行数据清洗时，应该将原始数据源进行备份，以防需要撤销清洗操作；最后，当数据被清洗后，干净的数据替代原始数据源中的"脏"数据，这样可以提高信息系统的数据质量，还可避免将来再次抽取数据后进行重复的清洗工作。

2. 数据分类

数据分类主要对清洗过的数据进行分类，使数据的类别清晰、明确。数据分类主要包括以下原则：现实性原则、稳定性原则、持续性原则、均衡性原则、揭示性原则、规范性原则、系统性原则、明确性原则、扩展性原则。结合数据建模服务，通过采用人、机、料、法、环的原则进行数据分类。

3. 数据编码

数据编码主要将不同的信息记录采用不同的编码，一个码点可以代表一条信息记录。由于计算机要处理的数据信息十分庞杂，有些数据库所代表的含义又使人难以记忆。为了便于使用、容易记忆，常常要对加工处理的对象进行编码，用一个编码符号代表一条信息或一串数据。对数据进行编码在计算机的管理中非常重要，可以方便地进行信息分类、校核、合计、检索等操作。系统可以利用编码来识别每一个记录，区别处理方法，进行分类和校核，从而克服项目参差不齐的缺点，节省存储空间，提高处理速度，同时也有利于数据建模服务对于数据的快速匹配。

4. 数据标签

通过数据清洗、数据分类将毛坯数据转化为标签数据。对海量标签数据的管理，包括去重、合并、转义等数据标签的操作。通常来说，数字孪生价值的实现，在于数据与数据的连接。数据和数据之间的关系才是重中之重，而不是单纯的数据本身。因此对于每个数据点建立数据标签，有利于数据属性的管理，对数据之间关系的建立及维护发挥重要作用。通过交换和共享数据标签，来充实已掌握的数据标签，并实现数据标签与数据建模的相互匹配。

5. 数据压缩

为了减少网络数据对带宽的占用量，在实际传输时，将会对数据进行压缩和解压。具体的压缩库可以是 ZLIB、LZMA 或 LZO 等。具体选用哪种压缩库，以及具体的压缩级别，各生产厂用户都可以在工业互联网平台进行自定义设置。

三、第三阶段：建模仿真

建模仿真是数字孪生的本质，也是创建和运行数字孪生、确保数字孪生与相应物理实体实现闭环管理的核心技术。

（一）建模

建模"数字化"是对物理世界数字化的过程。这个过程需要将物理对象表达为计算机和网络所能识别的数字模型。建模的目的是将我们对物理世界或问题的理解进行简化和模型化。而数字孪生的目的或本质是通过数字化和模型化，用信息换能量，以更少的能量消除各种物理实体、特别是复杂系统的不确定性。所以建立物理实体的数字化模型或信息建模技术是创建数字孪生、实现数字孪生的源头和核心技术，也是"数字化"阶段的核心，如图 2-18 所示。

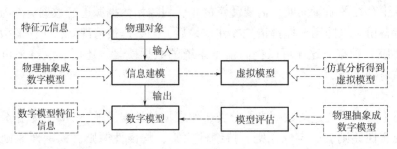

图 2-18　模型构建流程

1. 概念模型和模型实现方法

数字孪生模型构建的内容主要涉及概念模型和模型实现方法。其中，概念模型从宏观角度描述数字孪生系统的架构，具有一定的普适性；而模型实现方法研究主要涉及建模语言和模型开发工具等，关注如何从技术上实现数字孪生模型。在模型实现方法上，相关技术方法和工具呈多元化发展趋势。当前，数字孪生建模语言主要有 AutomationML、UML、SysML 及 XML 等。一些模型采用通用建模工具如 CAD 等开发，更多模型的开发是基于专用建模工具如 FlexSim 和 Qfsm 等。

目前业界已提出多种概念模型，包括：

1) 基于仿真数据库的微内核数字孪生平台架构，通过仿真数据库对实时传感器数据的主动管理，为仿真模型的修正和更逼真的现实映射提供支持。

2) 自动模型生成和在线仿真的数字孪生建模方法，首先选择静态仿真模型作为初始模型，接着基于数据匹配方法由静态模型自动生成动态仿真模型，并结合多种模型提升仿真准确度，最终通过实时数据反馈实现在线仿真。

3) 包含物理实体、数据层、信息处理与优化层三层的数字孪生建模流程概念框架，以指导工业生产数字孪生模型的构建。

4) 基于模型融合的数字孪生建模方法，通过多种数理仿真模型的组合构建复杂的虚拟实体，并提出基于锚点的虚拟实体校准方法。

5) 全参数数字孪生的实现框架，将数字孪生分成物理层、信息处理层、虚拟层三层，基于数据采集、传输、处理、匹配等流程实现上层数字孪生应用。

6) 由物理实体、虚拟实体、连接、孪生数据、服务组成的数字孪生五维模型，强调了由物理数据、虚拟数据、服务数据和知识等组成的孪生数据对物理设备、虚拟设备和服务等的驱动作用，并探讨了数字孪生五维模型在多个领域的应用思路与方案。

7) 按照数据采集到应用分为数据保障层、建模计算层、数字孪生功能层和沉浸式体验层的四层模型，依次实现数据采集、传输和处理、仿真建模、功能设计、结果呈现等功能。

2. 信息模型的建立

数字孪生信息模型的建立以实现业务功能为目标，按照信息模型建立方法及模型属性信息要求进行。数字孪生信息模型库包括以人员、设备设施、物料材料、场地环境等信息为主要内容的对象模型库和以生产信息规则模型库、产品信息规则模型库、技术知识规则模型库为主要内容的规则模型库。数字孪生信息模型框架如图 2-19 所示。

（1）模型业务功能　模型业务功能按照产品全生命周期的四个主要功能展开。

1) 设计仿真基于产品原型库、设计机理库等设计基础信息，建立产品的虚拟模型。在

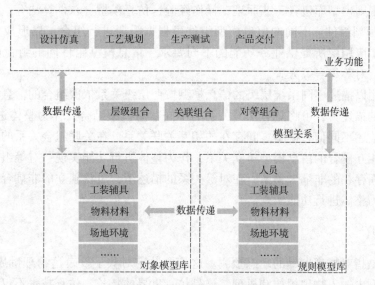

图 2-19　数字孪生信息模型框架

设计仿真阶段，还应将产品的虚拟模型在包括设备生产能力、设备生产环境的虚拟工厂运行环境中进行模拟生产，测试产品设计的合理性、可靠性，提升产品研发效率。

2）工艺规划基于工艺知识库、设备布局信息、仓储情况等工艺流程规划基础信息，完成产品工艺流程规划。在工艺流程规划阶段，还应将包括工艺信息的产品虚拟模型在虚拟工厂的生产规划中进行流程模拟，测试产品工艺规划和流程规划的合理性、可靠性，提升工艺流程规划效率。

3）生产测试基于设备布局信息、设备运行信息等基础信息及包括工艺信息和生产信息的产品虚拟模型，对产品的生产环节进行模拟测试，测试产品设计、工艺规划及生产流程的合理性和可靠性，提升产品设计成功率和测试效率。

4）产品交付分为实体产品交付和产品虚拟模型交付两部分，其中产品虚拟模型应包括产品的外观信息、功能信息、工艺信息等内容，可适当提前于实体产品提供给用户，以满足用户提前进行模拟测试的需求。

（2）对象模型库　对象模型库包含人员模型、工装辅具模型、物料材料模型、场地环境模型及其相对应的模型关系。模型元素的属性信息划分为静态信息和动态信息两部分，其中静态信息包括身份信息、属性信息、计划信息和静态关系信息，动态信息包括状态信息、位置信息、过程信息及动态关系信息。

（3）规则模型库　规则模型库包含生产工艺规则模型库、生产管理规则模型库、产品信息规则模型库、生产物流规则模型库与技术知识规则模型库等。

生产工艺规则模型库包含工艺基础信息、工艺清单、工艺路线、工艺要求、工艺参数、生产节拍、标准作业等规则模型信息及其相关逻辑规则；生产管理规则模型库包含生产计划信息、排产规则信息、生产班组信息、生产线产能信息、生产进度信息、生产排程约束信息、生产设备效率信息之间的逻辑规则；产品信息规则模型库包含产品主数据、物料清单、产品生产规则、资源清单之间的信息共享与信息交换；生产物流规则模型库包含物料需求、物流路径、输送方式、配送节拍、在制品转运方式、完成入库和出库等与生产物流相关的规则；技术知识规则模型库包含工艺原理、操作经验、仿真模型、软件算法等。

（4）信息模型组件　不同的信息模型组件可根据需要进行组合，以形成系统、产线等集成组合。按照应用层所提供业务功能的不同要求，信息模型组件间的组合可采用层级组合、关联组合、对等组合等方式。

层级组合用以描述不同系统层级的信息模型按照层级关系依次组合的信息模型关系，在层级组合关系的描述下，可将具有从属关系的不同信息模型结合，作为整体进行功能实现；关联组合用以描述不同信息模型之间存在的相互关联关系，在关联组合关系的描述下，可将非从属关系但相互耦合的信息模型建立关系，作为整体进行功能实现；对等组合用以描述不同信息模型之间存在的非耦合关系，在对等关系的描述下，可将独立的非耦合信息模型之间建立关系，作为整体进行功能实现。

（二）仿真

仿真预测是指对物理世界的动态预测。这需要数字对象不仅表达物理世界的几何形状，更需要数字模型中融入物理规律和机理，这是仿真世界的特长。仿真技术不仅建立物理对象的数字化模型，还要根据当前状态，通过物理学规律和机理来计算、分析和预测物理对象的未来状态。物理对象的当前状态则通过物联网和数字线程获得。这种仿真不是对一个阶段或一种现象的仿真，应是全周期和全领域的动态仿真，譬如产品仿真、虚拟试验、制造仿真、生产仿真、工厂仿真、物流仿真、运维仿真、组织仿真、流程仿真、城市仿真、交通仿真、人群仿真、战场仿真等。仿真模型如图 2-20 所示。

如何在大体量的数据中，通过高效的挖掘方法实现价值提炼，是数字孪生重点解决问题之一。数字孪生信息分析技术，通过 AI 智能计算模型、算法，结合先进的可视化技术，实现智能化的信息分析和辅助决策，实现对物理实体运行指标的监测与可视化，对模型算法的自动化运行，以及对物理实体未来发展的在线预演，从而优化物理实体运行。其工作流程如图 2-21 所示。

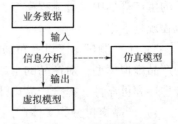

图 2-20　仿真模型

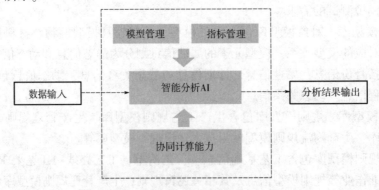

图 2-21　数字孪生信息分析技术流程

1. 模型管理

模型是数字孪生信息分析的核心，具有专业性。例如，国土空间规划的各类规则模型、评价模型、评估模型，可为国土空间规划编制、审查、实施、监测、评估和预警等提供支撑。模型管理应包括模型可视化流程设计、插件框架式模型设计和管理扩展模型以及发布模型服务能力，通过算法注册、数据源管理及配套可视化工具实现模型构建。

2. 指标管理

指标是判断物理实体运行状态好坏的标准。通过指标管理、指标计算配置、指标值管理及数据字典管理功能实现对实施评估指标项、指标体系及指标元数据、指标维度、指标值、指标状态及指标计算方式等的信息化管理，便于指标库的快速操作、更新维护以及指标的动态调整。

3. 协同计算能力

性能的协同计算是数字孪生信息分析的效率保障。在数字孪生模式下，物理实体实现高度数字化，同时产生海量数据资源，高性能的协同计算将提供算力支撑，主要包括强大的数据处理中心和边缘计算中心，为数字孪生的高效运行提供运行决策。以自动驾驶车联网应用为例，通过车辆获得的车辆周边感知数据和车路协同基础设施获得的路况数据，在边缘计算中心进行环境理解、导航规划、高精地图更新等数据处理及决策，然后在交通部门的云计算中心实现指挥交通控制决策。

四、第四阶段：交互控制

数字孪生的映射关系是双向的，一方面，基于丰富的历史和实时数据及先进的算法模型，可以高效地在数字世界对物理对象的状态和行为进行反映；另一方面，通过在数字世界中的模拟试验和分析预测，可为实体对象的指令下达、流程体系的进一步优化提供决策依据，大幅提升分析决策效率。数字孪生可以为实际业务决策提供依据，可视化决策系统最具有实际应用意义的，是可以帮助用户建立现实世界的数字孪生。

基于既有海量数据信息，通过数据可视化建立一系列业务决策模型，能够实现对当前状态的评估、对过去发生问题的诊断，以及对未来趋势的预测，为业务决策提供全面、精准的决策依据。从而形成"感知—预测—行动"的智能决策支持系统。首先，智能决策支持系统利用传感器数据或来自其他系统的数据，确定目标系统的当前状态；其次，系统采用模型来预测在各种策略下可能产生的结果；最后，决策支持系统使用一个分析平台寻找可实现预期目标的最佳策略。

数字孪生技术真正改变了智能决策支持系统的部署方式。数字孪生是对基础设施的数字化表示，借此了解基础设施如何工作。当我们将决策支持系统与数字孪生相结合时，产出的是一个独特的、能够不断学习和不断适应的决策支持系统。我们将这种新的模式转变称为"智能决策"。通过以下的多种智能决策技术，我们在数字孪生中结合过去某实体的运营历史来经营，当新事件发生时，系统会学习更多，从而运行地更准确。

1）三维空间分析技术：基于三维模型的空间布局和关系，在场景的地形或模型数据表面，相对于某个观察点，基于一定的水平视角、垂直视角及指定范围半径，分析该区域内所有通视点的集合。分析结果用不同颜色表示在观察点处可见或不可见。

2）动态单体仿真技术：群体仿真数据、调参权限、高精空间分析，帮助推算群里动线的结果更加准确，令专业的算法分析结果更加直观，降低决策者对算法解决和应用的门槛。

3）空间流体分析：通过栅格化体数据（水体或气体），形成数千万级别的三维网格，同步导入监测数据后，赋予所有数据时间与空间信息，便于了解到填充物（例如污染物等）扩散、暗点、露点的分布状态，为业务部门巡查提供定位依据及智能决策分析。

第二章课后习题

一、单选题

1. 数字孪生技术的核心是什么_____。
   A. 资料收集　　　　B. 数据建模　　　　C. 行为可视化　　　　D. 辅助计算
2. 以下哪个不是建模仿真涉及的应用_____。
   A. 工程系统仿真　　　　　　　　　B. 自然系统仿真
   C. 生命系统仿真　　　　　　　　　D. 数据系统仿真
3. 以下哪个是数字孪生的先进技术_____。
   A. 感知　　　　　　B. 仿真　　　　　　C. 大数据分析　　　　D. 建模
4. 以下哪个不符合数字孪生技术架构中的标识感知层中的内容_____。
   A. 实时状态的监测
   B. 识别物体的属性信息
   C. 完成智能化感知对象和智能化控制对象的信息交互
   D. 对多元异构的孪生数据进行整合和综合利用
5. 以下哪个不符合数字孪生技术架构中的数据互动层中的内容_____。
   A. 信息映射　　　　B. 信息强化　　　　C. 信息传输　　　　D. 信息同步

二、多选题

1. 数字孪生技术如何支持城市规划_____。
   A. 数字孪生技术可以提供实时的城市环境和交通信息
   B. 数字孪生技术可以帮助设计人员更快速、更准确地创建数字化模型
   C. 数字孪生技术可以模拟各种环境条件下的真实城市，提高城市规划质量
   D. 数字孪生技术可以帮助设计人员直接画出城市规划图
   E. 数字孪生技术可以自动出图
2. 数字孪生技术可以支持哪些类型的数据分析_____。
   A. 时间序列分析　　　B. 聚类分析　　　C. 回归分析　　　　D. 决策树分析
   E. 因果分析
3. 数字孪生技术可以支持哪些类型的建模_____。
   A. 离散事件模拟　　　　　　　　　B. 动态系统建模
   C. 统计模型建模　　　　　　　　　D. 物理系统建模
   E. 生物系统建模
4. 数字孪生技术有哪些优点_____。
   A. 数字孪生技术已经很完善了
   B. 数字孪生技术可以提高工业产品质量
   C. 数字孪生技术可以提供实时监测和优化生产效率

  D. 数字孪生技术可以帮助节约能源和资源

  E. 数字孪生技术可以帮助人类实现任何目的

5. 数字孪生技术有哪些缺点_____。

  A. 数字孪生技术需要大量的数据和计算资源

  B. 数字孪生技术需要高水平的技术支持和维护

  C. 数字孪生技术很难模拟复杂的物理系统

  D. 数字孪生技术可能存在数据质量问题

  E. 数字孪生技术没有任何缺点

三、简答题

1. 数字孪生与智能制造的关系是什么？

2. 数字孪生是否存在科学问题？

3. 读完本章，你觉得数字孪生有何用处？

第三章 智能建造全生命周期管理

第一节 理论研究阐述

一、智能建造的提出背景

1. 智能建造发展要求

我国建筑业共经历了四个阶段。

第一阶段：20世纪80年代前以手工业为主的现场施工阶段。该阶段通过纸质、口头的方式来传递资料，施工周期长、机械化程度较低、效率低下。

第二阶段：机械与施工相结合的建筑机械化阶段。我国引进众多高科技施工软件，以工程机械化、管理科学化的思想指导施工，正式步入机械化综合施工时期。

第三阶段：以BIM为主导的信息化建设阶段。随着计算机网络与通信技术的发展，在3D信息技术的指导下，使得工程施工建设更加高效安全。

第四阶段：信息化发展的智能建造阶段。以智慧平台为基础，融合物联网技术与智能设备，建造过程信息化实现了以更少的人力获得更快的项目进度、更高的项目质量，同时兼顾环境保护，促进建筑行业绿色可持续发展。

随着工业4.0时代的到来，以物联网、大数据、云计算为代表的新一代信息技术与人工智能技术正日益广泛地应用于工程项目建设中，从而衍生出了"智能建造"的概念。实现智能建造模式被广泛地认为是工业4.0背景下建筑业转型升级的必由之路。针对工业4.0概念，赵宪忠教授提出建造4.0，其具体内容如图3-1所示。

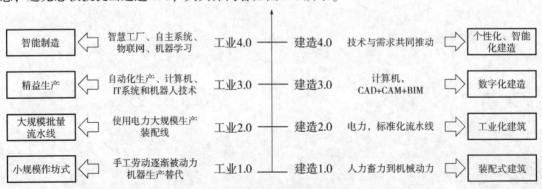

图3-1 工业4.0及建造4.0概念

2. 建筑业亟待升级

改革开放以来，我国建筑业发展迅速，取得了巨大成绩。然而，随着我国经济由高速发展转向高质量发展阶段，建筑业逐渐进入存量时代，其发展面临诸多挑战。

（1）传统建造模式效率低　据调查研究显示，基建项目建设通常会出现超时或费用超标情况，其中，项目费用平均超标80%，建设时间平均超时20个月。

（2）现场作业环境差，劳动强度高　建筑业属于劳动密集产业，建筑施工一线需要众多作业人员，属于劳动密集型产业，并且施工作业环境较差、湿作业多，加上扬尘、噪声等恶劣的环境条件、高强度的作业劳动，极易损害现场施工人员的身体健康。

（3）劳动力日益短缺，劳动力老龄化，用工成本日益提高　2012年起，全国劳动年龄人口总数连年净减少，40岁以上高龄劳动力比例增加。据不完全统计，目前我国有超过5000万建筑农民工，40岁以上占比超过一半，在工地上几乎很少见到20～30岁的农民工。同时，用工成本也在不断提高。

（4）建筑行业信息化水平不高　尽管我国是建造大国，但还不是建造强国。与其他行业相比，建筑业智能化、信息化水平较低（不同行业智能化应用比例如图3-2所示）。与此同时，智能建造推进总体滞后，具体表现为简单搬用外国技术、原创性技术不多、自主知识产权的文字和图像处理的基础性软件系统较少、少有高效实用的人工智能工具和施工现场作业机器人、缺乏切实推动工程项目智能建造有效实施的数字化管控平台、行业转型升级效果不明显。

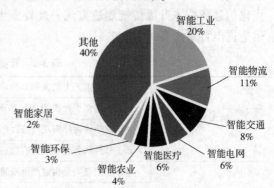

图3-2　不同行业智能化应用比例

传统建造模式与智能建造模式对比见表3-1。

表3-1　传统建造模式与智能建造模式对比

内容	传统建造	智能建造
应用范围	应用于以施工、设计等单一阶段为主	应用于全生命周期所有阶段
技术支撑	依靠CAD、互联网、数据库等传统计算机技术	主要依靠BIM技术、物联网、云计算、大数据4D可视化等新兴信息技术的集成应用
组织形式	组织形式松散、冗长，根据具体管理任务建立的临时组织	组织结构扁平化，统一协调，各参与方集成管理
信息传递方式	通过纸质文档、会议、传真、邮件、物流等方式	基于BIM与物联网技术的信息实时交互与共享，数据自动采集、录入、存储、处理和分析
目标	完成项目合同	信息化、智能化、绿色化
信息共享	信息孤岛与断层，数据失真，沟通不畅	全生命周期数据共享与信息化管理，高效协同，数据互联互通
参建方	相互交织，错综复杂	需多方协同工作
成本管理	被动参与，事后控制，相互独立	能够主动控制，事前预警，集成管理

3. 国家政策支持引导

2011 年住建部印发《2011—2015 年建筑业信息化发展纲要》；2015 年住建部印发《关于推进建筑信息模型应用的指导意见》；2016 年住建部印发《2016—2020 年建筑业信息化发展纲要》；2017 年，住建部印发《建筑业十项新技术（2017 版）》，信息化技术位列其中；2018 年 4 月有关院士和专家共同签署《关于启动"中国智能建造 2035"重大项目研究的建议》，提交国务院，得到有关领导批示，强调要高度重视智能建造的发展；2020 年国家 13 部门联合印发了《关于推动智能建造与建筑工业化协同发展的指导意见》；2022 年住建部编制了《"十四五"建筑业发展规划》，旨在推进建筑行业数字化和智能化升级，需要利用现代化信息新技术升级传统建造方式，此外，十几个省市也都出台了相关智能建造政策。智能建造提出背景内容见表 3-2。

表 3-2　智能建造提出背景

提出背景	中国拥有世界上最大的 BIM 应用体量
	没有自主知识产权的 BIM 基础平台和图形引擎
	我国建筑业每年需花费数百亿人民币购买此类相关软件及使用权
	云上软件服务将导致所有建造信息完全公开，无密可保
国家层面的问题	对国家信息安全构成严重威胁
	无自主知识产权的系统软件
	建筑软件商创新能力和创新资源投入不足
	行业在主导信息化建造方面缺乏主动性和系统性

二、智能建造的内涵

1. 什么是智能建造

随着智能建造日益受到广泛关注，一些学者尝试阐述其概念及内涵。通过中国知网检索与智能建造相关的研究文献，总结出国内部分学者对于智能建造做出的定义，见表 3-3。

表 3-3　智能建造定义总结

序号	学者	定义
1	丁烈云	利用以"三化"（数字化、网络化和智能化）和"三算"（算据、算力、算法）为特征的新一代信息技术，通过规范化建模、网络化交互、可视化认知、高性能计算以及智能化决策支持，实现数字链驱动下的工程立项策划、规划设计、施（加）工生产、运维服务一体化集成与高效率协同，向用户交付以人为本、绿色可持续的智能化工程产品与服务
2	肖绪文	智能建造是面向工程产品全生命周期，实现泛在感知条件下建造生产水平提升和现场作业赋能的高级阶段；是工程立项策划、设计和施工技术与管理的信息感知、传输、积累和系统化过程，是构建基于互联网的工程项目信息化管控平台，在既定的时空范围内通过功能互补的机器人完成各种工艺操作，实现人工智能与建造要求深度融合的一种建造方式
3	马智亮	智能建造指基于 BIM 技术、借助数字化技术与计算机技术在虚拟世界进行虚拟建造的过程，实现项目建设全生命周期信息共享、全面物联、运作协同、资源整合的智慧化建造，主要特征有工厂化加工、精密化测控、机械化安装及信息化管理。智能建造从范围上来讲，包含了建设项目建

（续）

序号	学者	定义
3	马智亮	造的全生命周期；从内容上来讲，通过互联网和物联网来传递数据，借助于云平台的大数据挖掘和处理能力，建设项目参建方可以实时清晰地了解项目运行的方方面面；从技术上来讲，智能建造中"智能"的根源在于以 BIM、物联网等为基础和信息技术的应用，智能建造涉及的各个阶段、各个专业领域不再相互独立存在，信息技术将其串联成一个整体
4	樊启祥	智能建造是指集成融合传感技术、通信技术、数据技术、建造技术及项目管理等知识，对建造物及其建造活动的安全、质量、环保、进度、成本等内容进行感知、分析和控制的理论、方法、工艺和技术的统称
5	毛超，等	智能建造是在信息化、工业化高度融合的基础上，利用新技术对建造过程赋能，推动工程建造活动的生产要素、生产力和生产关系升级，促进建筑数据充分流动，整合决策、设计、生产、施工、运维整个产业链，实现全产业链条的信息集成和业务协同、建设过程能效提升、资源价值最大化的新型生产方式
6	尤志嘉，等	智能建造是一种基于智能科学技术的新型建造模式，通过重塑工程建造全生命周期的生产组织方式，使建造系统拥有类似人类智能的各种能力并减少对人的依赖，从而达到优化建造过程、提高建筑质量、促进建筑业可持续发展的目的
7	毛志兵	智能建造是在设计和施工建造过程中，采用现代先进技术手段，通过人机交互、感知、决策、执行和反馈，提高品质和效率的工程活动

根据表 3-3 分析可得，尽管各学者的语言表述不尽相同，但对智能建造内涵的认知却趋于同质，其具有以下几项共性要素：①智能建造是一种新型的工程建造模式；②范围涵盖工程建造全生命周期；③现代信息技术有助于提升施工组织管理能力。

2. 智能建造与智慧建造

在工程实践中，出现了与"智能建造"相近似的一个概念——"智慧建造"。智能建造和智慧建造二者的基本内核具有相同之处，它们都以智能技术及相关现代信息技术的综合应用为前提，通过智能化系统、机械、工具的应用以提升建造效率及质量，减少对人的依赖，进而实现数字建造、绿色建造。而不同学者专家基于不同领域、不同思维起点、不同认知模式，给出了两个专业名词，现阶段在没有特别说明和强调的情况下，可以认为智能建造和智慧建造基本等同。

但基于更进一步的深层次研究分析，智能建造和智慧建造在定义理念、建造方式和发展阶段上，还是存在较大差异的。在定义理念上，智能建造强调人机协同的建造方式；而智慧建造更强调充分发挥机器的智慧性以实施工程建造，在灵敏感知、高速传输、精准识别、快速分析、决策优化、自学习自适应、鲁棒性、人文情感、绿色持续、自动控制、替代作业、智能实施等方面，将比智能建造占据更强大的技术优势。在发展阶段上，智能建造是初级阶段，处于方兴未艾的发展阶段；而智慧建造是高级阶段，是未来一个时期的发展阶段。

3. 智能建造的内容

智能建造的本质是将设计与管理相结合以实现动态配置的生产方式，进而对施工方式进行改造和升级。技术层面，智能建造是建造技术与管理理论逐步标准化和体系化的过程，为设计企业与建筑公司提供技术指导，有助于提高工程项目的质量效率，是建筑业结构调整、实现绿色现代化的重要工具；社会层面，智能建造为建造各参与方，如业主、设计方、施工方、监理方等提供了统一的信息上传渠道，使各方的沟通方式更为简便高效，有助于促进各方对建筑构建的参与认识，避免出现信息孤岛现象；经济层面，智能建造有助于项目方案优化及项目技术的提升，并有助于缩短工期、节约资源、控制成本，进而提升项目经济可行性；安全层面，利用在施工现场安装的监控设备，使现场施工控制全面智能化监管，有利于减少人员、设备、技术及管理的漏洞失误，实现高效统一管理。

智能建造包含三大部分内容，分别为三维图形系统与建筑信息模型系统、工程建造信息模型管控平台和数字化协同设计与机器人施工，如图3-3所示。

三维图形系统包括三维图形引擎以及图形平台等系统，为构建信息模型（BIM）系统提供支撑；工程建造信息模型管控平台是在三维

图 3-3   智能建造三大内容关系图

图形系统与 BIM 系统基础上针对工程项目建造的全过程、全参与方和全要素的管控平台；数字化协同设计利用现代化信息技术对工程项目的工程立项、设计与施工策划阶段，进行全专业、全过程、全系统的协同设计；在工程建造管理控制平台（EIM）和建筑信息模型（BIM）的驱动下，机器人在方方面面代替人工完成危险环境、繁重体力劳动等施工作业，代替人工进行现场施工，改善建筑业作业形态，逐渐实现施工现场少人化、无人化。

第二节   全生命周期管理相关研究

建筑业信息化水平不足造成其效率低下，借鉴制造业产品全生命周期管理（Product Lifecycle Management，PLM）系统，建筑业也在不断推广信息技术，提出了建筑工程全生命周期信息管理战略，此举一定程度上提高了建筑业的工作效率，也提高了其技术水平和安全水平。

一、BLM 的内涵

BLM（全生命周期管理，Building Lifecycle Management）是指在整个建设过程中，通过数字化的途径创建、管理、共享所建造的资本资产信息。BLM 理念的主旨是采用信息集成和系统工作的方法来达到"设计—施工—管理"整个过程的集成。BLM 是通过将 BIM 产生的信息和基于互联网协同服务相结合来解决建筑工程整个生命周期的相关业务问题。

BLM 是建筑业信息化管理的必然发展趋势，其主要内涵包括以下几点。

（1）使项目获得更高的收益是 BLM 的最终目的   BLM 理念的核心是信息的创建、管理、共享，以此方便项目各利益相关方管理层使用，在项目从概念的提出到废止的全过程中可以大大减少费用的支出，并以最短的时间完成质量最好的建筑，最终实现项目增值。这种增值是在建筑信息化的基础上提高生产效率，达到缩减工期、降低成本、提高项目品质的目标。

（2）BLM 理念涉及项目的全过程管理   建设项目从最开始提出到废止整个过程中每个

管理方的管理活动都有 BLM 理念的影子，主要表现为信息的电子化或者纸质化，其中在各个阶段都有体现，如业主在选择方案过程中对总造价的把握、设计方的模型建立、施工方的文档管理和具体的施工过程等。

（3）对信息的综合管控使用是 BLM 理念的核心　用传统方式对项目信息进行管理是非常困难的，因为一般工程的信息量十分巨大并具有不同的信息，不同的信息之间又是相互影响的，这些信息又是时刻变化着的。但只要能使不同信息之间实现共享，这个困难就可以迎刃而解，这需要使用 BLM 理念，通过 BIM 技术使信息参数化。

（4）BLM 最终使工程信息管理形成一个模式　BLM 理念既不同于传统的具体的网络技术，也不是一个简单的网络系统，其主要是通过 BIM 技术电子化信息并创建个人信息管理软件（Personal Information Portal，PIP）平台用于共享信息，最后利用软件形成有效的信息并应用于信息管理模式之中。BLM 理念的内涵见表 3-4。

表 3-4　BLM 理念的内涵

序号	BLM 的内涵	具体方法
1	BLM 目的是使项目增值	通过解决信息的创建、管理和共享以便更好地服务于管理者，从而实现成本节约、周期缩短，达到项目增值的目的
2	BLM 是一个综合性的管理概念	BLM 理念实施过程中涉及项目的方方面面，包括文件管理、流程管理、价值管理和信息管理等管理活动
3	BLM 的核心是信息管理	项目信息量大且易于变化导致难以对信息进行管理，但是通过 BLM 理念可解决项目全过程中的信息创建、管理和共享等难题
4	通过 PIP 技术可以使 BLM 实现共享	通过 PIP 技术对 BIM 模型中的基础数据的调用有利于实现 BLM 理念的信息共享，可为用户建立统一的共享平台

BLM 的核心任务是管理建设项目在各个阶段产生的庞大复杂的项目信息，其实现过程如图 3-4 所示，这个管理过程包括建立建筑工程信息库并在工程项目全生命周期共享和管理这些信息。

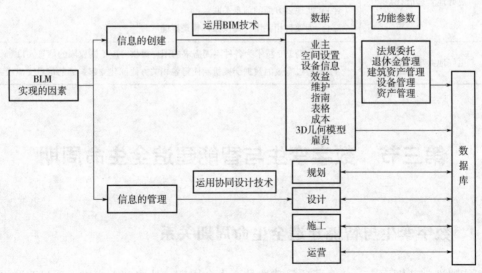

图 3-4　BLM 实现过程

二、BLM 理念的优势

BLM 理念所具有的优势为：在使用计算机数据化技术后可以提高建设工程全生命周期内每个阶段的工作效率和工作质量，降低施工阶段风险概率。主要表现在以下几点。

1. 更好地对信息进行管理

在 BLM 理念中实现信息管理分为四步：一是创建信息之前，信息必须先录入计算机中；二是能迅速使用创建的信息就必须对计算机中的信息持续关注；三是需要信息持有者手里的信息相互交流；四是必须把提取信息的方法告诉项目相关者。这四步可以通过利用信息管理软件来建立共享平台实现。这个平台可以把项目参与方在项目全过程中集中起来进行管理，然后通过 BIM 技术得到工程信息，以便监视信息的使用和变化情况，使项目参与人员沟通更加方便，得到更好的相关信息。

2. 更好地实现信息共享

实行 BLM 理念能够给项目所有参与人员带来更加个性化的信息，使各方的需求共享。

1）通过 PIP 技术可以把不同需求的信息接口提供给有相应需求的用户。

2）通过更加健全的数据交换机制使项目参与方之间实现零障碍沟通。

BLM 注意的是整个项目的过程，在这个过程中 BLM 能教会各方人员使用 PIP 技术来收集和处理信息，避免信息的丢失并优化各方之间的沟通方式，从而使工作变得更好，BLM 理念的优势见表 3-5。

表 3-5　BLM 理念的优势

序号	BLM 理念的优势	具体表现
1	更好地创建信息	在数字化的形势下利用 BIM 技术创建建设工程设计信息，可以保证信息的数字化形式、减少信息的重复输入，确保信息有用和准确无误
2	更好地管理信息	（1）BLM 的实现过程是以数字化的形式创建和保存信息 （2）通过有效制度的建立实现数字化信息的跟踪过程 （3）实现多方面的信息关联 （4）为项目相关用户提供账户登录界面
3	更好地共享信息	（1）借助 PIP 技术为各种不同需求的用户提供对应不同权限的信息入口 （2）通过有效的数据交换机制使得各相关方之间建立起畅通的信息交流通路

第三节　数字孪生与智能建造全生命周期

一、数字孪生与智能建造全生命周期关系

智能建造就范围而言，包含了项目建造的全生命周期；从内容上来讲，通过互联网、物

联网传递信息数据，并借助云平台的数据挖掘和处理能力，项目各参建方可以实时清晰地了解项目运行的方方面面；从技术上来讲，智能建造中"智能"的部分在于以 BIM、物联网技术为基础手段的信息技术的应用，智能建造使建造项目涉及的各阶段、各专业由相互独立转变为一个整体，而真正将其实现就要求在项目建造过程中做到信息物理的融合。

实现信息物理融合的有效手段便是数字孪生技术。一方面，数字孪生能够实现建造过程的现实物理空间与虚拟数字空间之间的虚实映射；另一方面，数字孪生能够将实况信息与信息空间数据进行交互反馈与精准融合，从而增强现实世界与虚拟空间的同步性与一致性。

1. 从概念上看，数字孪生是智能建造的基础

智能建造以提升建造产品，实现建造行为安全健康、节能减排、增质提效、绿色发展为理念，以 BIM 技术为核心，将物联网、云计算、大数据、人工智能、数字化设备、移动互联网等新一代信息技术与勘察、规划、设计、施工、运维、管理服务等与建筑业全生命周期建造活动的各个环节相互融合，目前已形成了信息深度感知、自主采集和迭代、知识积累和辅助决策、人机交互、精益控制等施工模型。而数字孪生技术是智能建造不断深化的重要环节，也是智能建造深入发展的必然阶段，更是智能建造的推进抓手和运行体现。

2. 从空间上看，智能建造是数字孪生应用的关键

为了实现数字孪生在建筑行业中的实际应用，我们需要构建一个具有智能特征的建筑数字孪生体。在这个数字孪生体中，不仅包含了建筑物的本体信息，还包含了整个建筑所包含的全部运营和管理信息。利用数字孪生技术，可以实现建筑物三维空间信息的可视化管理，为数字孪生空间中包含的物理实体提供一个虚拟模型；同时借助数字孪生空间内所有建筑信息参数化表达以及三维仿真展示，可实现建筑物各部件信息（包括但不限于结构、设备、材料等）动态变化；通过将数字孪生空间中的建筑模型与物理空间中的建筑部件模型进行数字化映射，可实现对物理实体进行三维仿真分析，实现对实体建造全过程中所涉及的施工数据管理的优化和实时模拟，并为设计提供指导意见。

3. 从功能上看，数字孪生是智能建造的核心内容

数字孪生是数字技术与实体工程相结合的产物，也是智能建造的核心技术手段之一。智能建造包含四个主要的环节，即设计建造、施工建设、运营管理和维护拆除。基于此，基于数字孪生的 BIM 技术可以实现从设计到施工全过程的信息集成、碰撞检查、成本分析，为智能建造提供数据支持、实现工程全生命周期管理信息集成、优化与共享；对工程项目建设全过程状态进行监测，及时发现问题并进行分析与处理；并对全生命周期过程中关键参数进行监测与评估，形成可量化与可比较性的决策依据。

4. 从技术上看，数字孪生是智能建造的有效手段

在数字孪生中，数字模拟了物理世界在时间和空间上的发展，同时也能通过物理模型对数据进行分析、预测和判断，从而形成数字模拟仿真。例如，对于设备模型，数字孪生技术能够在实体设备内部构建虚拟的数字化模型；而虚拟的数字化模型可以作为真实设备内部实际运行状态的实时反映。对于建筑设计和施工过程，我们可以将其与实际施工情况相结合，实现设计与施工在时间上及空间上的无缝衔接；从而提升建筑施工质量、加快施工进度、降低成本并提高经济效益。

数字孪生与智能建造全生命周期关系如图 3-5 所示。

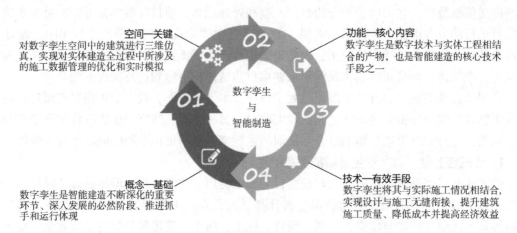

图 3-5　数字孪生与智能建造全生命周期关系

二、数字孪生在智能建造中的应用

数字孪生作为实现智能建造的关键前提和重要技术之一，能够实现虚拟空间与物理空间的信息融合与交互，并向物理空间实时传递虚拟空间反馈的信息，从而实现建筑工程的全物理空间映射、全生命周期动态建模、全过程实时信息交互、全阶段反馈控制。

智能建造在一定程度上提高了建筑工程的数字化与信息化水平，而采用数字孪生技术，引入了"数字化镜像"，使得在虚拟空间中再现智能建造过程成为可能。虚实融合与交互反馈的过程，实质上就是数据与信息在虚实世界中传递并发挥作用的过程。

在数字孪生技术的驱动下实现了施工过程安全风险管理、进度质量管理等服务功能。例如：在装配式建筑施工中应用数字孪生理念，通过人工建模、物联网和感应设备采集信息的方法，现实物理实体同虚拟模型交互映射，构建出孪生模型并生成孪生数据，利用机器学习算法等技术分析数字孪生模型中的信息，最后通过智能设备将分析结果传达给施工人员。在预应力钢结构的张拉过程中，充分考虑空间和时间两个维度，在空间维度，实现对张拉系统纵向维度的多尺度建模；在时间维度，建立以孪生智能体为主的动态协同运作机制，支撑智能张拉虚实交互配置建模以及多维尺度时空域下的智能张拉过程的建模，实现对智能张拉系统的仿真模拟与虚实集成管控。

在智能建造中，除了在施工阶段实现智能化，还应在建筑物的设计、运维阶段提高管理精度，实现对整个建造过程的实时优化控制及建筑物全生命周期的智能化和精细化管理。在智能建造的设计阶段，融合数字孪生技术可以实现建筑物的协同设计。在设计过程中，通过建筑物的孪生模型融合虚拟现实技术可及时预测发现并规避设计的不合理之处，提高设计精度，避免施工过程中图纸的多次返工整改，进而保证施工质量与施工进度。在智能建造的运维阶段，融合数字孪生技术可以实现建筑物的智能运维管理。在运维过程中，应用数字孪生理念，以包括虚拟模型数据和设备参数数据在内多种数据库作为支撑，将建筑结构与运行和维护过程中设备产生的数据相融合，形成建筑结构和设备的数字孪生体，实现建筑结构和设备实体与虚拟建筑结构和设备实体之间的同步反馈和实时交互，以达到对建筑结构和设备故障准确预测与健康管理的目的。

三、数字孪生在智能建造中的应用价值

智能建造是工程建造的创新模式，这种模式是由新一代信息技术与工程建造融合形成的。数字孪生对建筑业而言，是建筑物建造过程中物理世界的建筑产品与虚拟空间中的数字建筑信息模型同步生产、更新，最终形成完全一致的交付成果。在面向建筑物的全生命周期过程中，数字孪生以数字化方式创建了建造系统的多物理、多尺度、多学科、高保真虚拟模型，通过虚实交互反馈、信息挖掘处理、方案迭代更新等手段扩展了物理建造系统的能力。数字孪生作为实现智能建造的关键前提，它能够提供数字化模型、实时管理信息、覆盖全面的智能感知网络，更重要的是，能够实现虚拟空间与物理空间的实时信息融合与交互反馈，从而对建造过程起到可视化呈现、智能诊断、科学预测、辅助决策四大方面的作用，数字孪生在智能建造中的应用价值如图 3-6 所示。

可视化呈现：由于虚拟数字空间中的模型是根据现实物理世界进行搭建的，因此可以通过 BIM 模型、有限元模型、三维点云模型将建筑物实体的相关性能做可视化呈现，实现现实同虚拟的一一映射。

智能诊断：在虚拟映射的基础上，由孪生模型中的

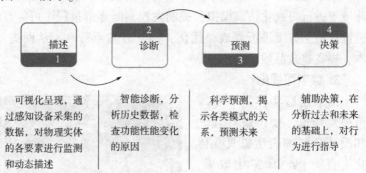

图 3-6　数字孪生在智能建造中的应用价值

数据层，进行建筑物的信息处理，实现对建造过程中风险的智能诊断。

科学预测：孪生模型可以根据已获取的数据拟合出建筑物的性能函数，从而准确预测安全风险的影响程度以及引起风险的作用机理，保障建造的科学性和可行性。

辅助决策：通过对现实数据和模拟数据进行综合分析后，可结合建造过程中的相关性能限值，对建造过程进行指导，从而辅助施工、科学决策。

数字孪生技术将结合物联网、云计算、大数据等现代化信息技术应用于智能建造，并对建筑物整个生命周期和建造过程全要素进行监测控制，从而提高建造效益。

第四节　智能建造关键技术体系

一、数字建模 + 仿真交互

数字建模 + 仿真交互关键技术的本质是数字信息技术驱动智能建造，创造新的建造模式。具体表现为通过数字镜像形成建造实体的数字孪生，借助数字化手段对建造项目的设

计、施工、运维全生命周期进行建模、模拟、优化与控制。数字建模＋仿真交互的主要关键技术包括 BIM 技术、参数化建模、轻量化技术、工程数字化仿真、数字样机、数字设计、数字孪生、数字交互、模拟与仿真、自动规则检查、三维可视化、虚拟现实等，主要体现在数字化建模、数字化设计与仿真、数字可视化技术三个方面。

1. 数字化建模

BIM 技术是建造数字建模＋仿真交互的重要基础，BIM 不仅包含描述建筑物及其部品构件的几何信息、状态信息和专业属性，还包含了非实体（如运动行为、进度时间等）的状态信息，构成了与实际建造全过程映射的建筑数字信息库，为工程项目全生命周期、全参与方、全要素提供了一个各阶段工程信息数据可实现流通、转换、交换和共享的平台，使得工程项目管理更加精细化、科学化。

2. 数字化设计与仿真

数字化设计与仿真技术在建造实体的数字孪生基础上，对目标项目流程、参数等在数字环境下进行可视化仿真模拟，提前发现实际建造过程中可能存在的问题，依据仿真结果对建造设计施工方案进行修改、优化，提升方案可行性，从而进一步控制项目质量、进度和成本，提高建造品质。

3. 数字可视化

由于建造实体具有三维可视化特征，使得设计理念和设计意图的表达更具立体化、直观化、真实化效果。将数字可视化用于设计阶段，设计师可真实体验建筑设计效果；用于施工阶段，结合施工仿真模拟技术，可直观预演施工进度，进而辅助施工方案的制定；用于运维阶段，模拟运维过程，提升决策科学性。通过 BIM ＋ VR、BIM ＋ AR 等应用实时渲染，建造场景可视化呈现，为使用者提供新型建造表达方式。

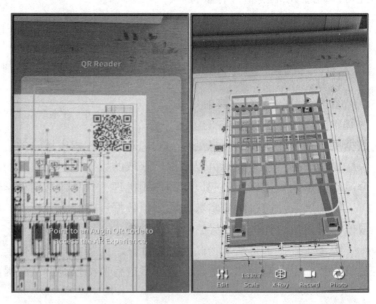

图 3-7　BIM ＋ AR 应用

此外，上传模型至 AR 软件 APP 端，也可以通过扫描一张图纸，自动生成 AR 信息模型，具体过程如图 3-7 所示。

二、泛在感知＋宽带物联

泛在感知＋宽带物联关键技术的本质是平台支撑智能建造，感知是智能建造的基础与信息来源，物联网是智能建造中信息流通与传输的重要媒介，平台是感知和物联在线化的技术集成，并且 5G 的出现使物联网从窄带物联网发展到宽带物联网，更助于智能建造的应用发展。泛在感知＋宽带物联的关键技术是云边端工程建造平台、传感器、5G、激光扫码仪、无人机、摄像头、RFID等，主要体现在感知技术、网络技术、平台技术三个方面。

1. 感知技术

感知技术是通过物理、化学和生物效应等手段，基于不同环境状态下材料的电化学性质的变化，将感知的状态输出为模拟数字信号，通过转换算法转换为物理状态，获取被感知建造项目的状态、特征、方式和过程的一种信息获取与表达技术。智能建造中的感知包括传感器、摄像头、RFID、激光扫描仪、红外感应器、坐标定位等设备和技术，其中传感器包括温湿度、噪声、风力、应力、应变等；无线传感器可用于建筑施工及后期运维过程的安全监测，例如对古建筑、珍贵文物的保护；自动识别技术（RFID、接触式IC、条形码）因其无需外接电源电路、体积小巧且带有有限的数据，可附着于各类物体，进行身份编码、物体判别等工作；三维激光扫描，可实现真实三维场景、建筑全自动逆向建模。数据传输逻辑如图3-8所示。

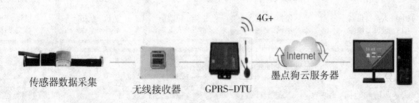

图3-8　数据传输逻辑

2. 网络技术

网络经历了资源共享的互联网阶段，物物相连的物联网阶段，互联网和工业系统全方位深度融合的工业物联网阶段，智能机器人与人机连接的工业互联网阶段。作为支撑智能建造信息沟通的媒介，网络技术将互联网上分散的资源融为有机整体，实现资源的全面共享和有机协作，共享设计云平台如图3-9所示。借此用户可按需获取资源信息，如算力资源、存储资源、数据资源、信息资源、知识资源、专家资源、大型数据库、网络、传感器等。

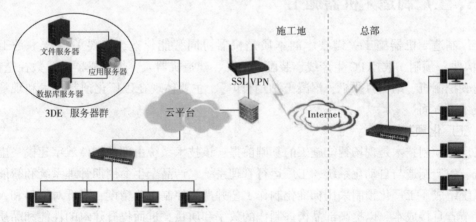

图3-9　共享设计云平台

3. 平台技术

平台技术通过将与工程建造领域相关的物联网、大数据、云计算、移动互联网等技术设备与建筑业全生命周期建造活动的各环节相互融合，实现了信息感知、数据采集、知识积累、辅助决策、精细化施工与管理。

在架构上，BIM + GIS 在设计、施工、运维的全生命周期及全专业应用，加之云边端、容器、云原生等新技术的引入，降低了建筑全生命周期数据流动延迟，保证了共享数据的实时性、安全性以及平台的高可用性，数字化施工平台架构如图 3-10 所示。在功能上，将资源、信息、设备、环境及人员紧密地连接在一起，工程建造全流程中表单在线填报、流程自动推送、手机 APP 施工现场电子签名、数据结构化存储等功能的应用，实现了审批流程数字化、数据存档结构化、监督管理智能化，形成了智慧化的工程建造环境和集成化的协同运作平台，大幅度提升工程建造质量，降低建造成本，提高建造效率。

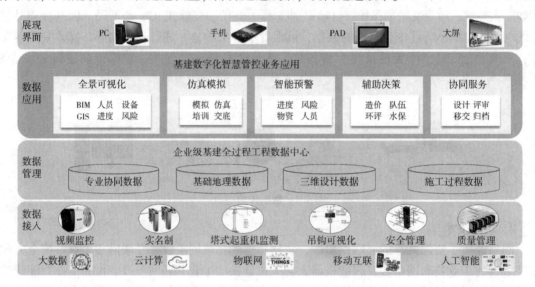

图 3-10   数字化施工平台架构

三、工厂制造 + 机器施工

工厂制造 + 机器施工关键技术的本质是机器协同智能建造，主要关键技术是工厂化（部品构件）预制、数控 PC 生产线、装配式施工、建造机器人、焊接机器人、数控造楼机、无人驾驶挖掘机、结构打印机、混凝土 3D 打印等，主要体现在工厂化预制技术和现场智能施工技术两方面。

1. 工厂化预制技术

工厂化预制技术是现场智能施工的基础前提，该技术系统由部品构件数字建模、虚拟研发系统、生产制造与自动化系统、工厂运行管理系统、产品全生命周期管理系统和智能物流管控系统组成。工厂化预制采用标准化制作工艺并严格控制工业精度，降低对物料和人工的消耗、节省直接成本，以提高部品构件制作的效率和质量，进而提升建筑的性能和品质。其中，工厂中部品构件的重复批量生产，不仅加快了施工进度、缩短了建设周期，并且减少了污染物排放和资源消耗，更加有助于节能减排。

2. 现场智能施工技术

现场智能施工技术利用 BIM 平台和建造机器人，采用装配式的技术方案，高效智能地完成现场施工。智能建造不仅要求部品、构件满足工厂化、机械化、自动化制造，还要适应建筑工业 4.0 的要求，建立基于 BIM 的工业化智能建造体系。BIM 的工业化智能建造体系包括以下几项。

第一，基于 BIM 部品、构件制造生产，BIM 建模并进行建筑结构性能优化设计；构件深化设计，BIM 自动生成材料清单；BIM 钢筋数控加工与自动排布；智能化浇筑混凝土（备料、划线、布边模、布内模、吊装钢筋网、搅拌、运送、自动浇筑、振捣、养护、脱模、存放的机械化和自动化）。

第二，智慧工地通过三维 BIM 施工平台对工程项目进行精确设计和施工模拟，基于互联协同，进行智能生产和现场施工，并在数字环境下进行工程信息数据挖掘分析，提供过程趋势预测及专家预案，实施劳务、材料、进度、机械、方案与工法、安全生产、成本、现场环境的管理，实现可视化、智能化和绿色化的工程建造。结合大数据分析、传感器监测及物联网搭建项目管理系统，在施工现场实现人脸识别、移动考勤、塔式起重机管理、粉尘管理、设备管理、危险源报警、人员管理等多项功能，BIM + 指挥中心平台如图 3-11 所示。

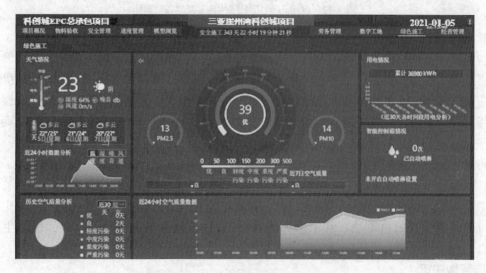

图 3-11　BIM + 指挥中心平台

第三，采用建造机器人技术，主要包括建造机器人、测量机器人、塔式起重机智能监管技术、施工电梯智能监控技术、混凝土 3D 打印、GPS、北斗定位的机械物联管理系统、智能化自主采购技术、环境监测及降尘除霾联动应用技术等。

四、人工智能 + 辅助决策

人工智能 + 辅助决策关键技术的本质是算法助力智能建造，算法是智能建造的大脑，包括大数据、机器学习、深度学习、专家系统、人机交互、机器推理、类脑科学等，主要体现在智能规划、智能设计和智能决策三个方面。

1. 智能规划

智能规划指基于状态空间搜索、定理证明、控制理论和机器人技术等，针对带有约束的复杂建造场景、建造任务和建造目标，对若干可供选择的路径及所提供的资源限制和相关约束进行推理，综合制定出实现目标的动作序列，每一个动作序列即称为一个规划。例如，基于多智能体的三维城市规划、基于智能算法的路面压实施工规划和材料运输路径规划、基于遗传算法的塔式起重机布置规划、应用 Matlab 确定钢结构施工方案（具体应用流程如图 3-12 所示）等。

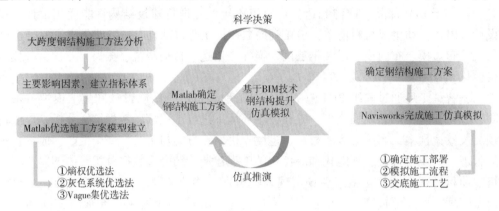

图 3-12　Matlab 确定钢结构施工方案流程图

2. 智能设计

智能设计指采用计算机模拟人类思维的设计活动。智能设计系统的关键技术包括设计过程的再认识、设计知识表示、多专家系统协同设计、再设计与自学习机制、多种推理机制的综合应用、智能化人机接口等。按设计能力可分为三个层次：①常规设计，即设计属性、设计进程、设计策略已完成规划，智能系统在推理机的作用下，调用符号模型（如规则、语义网络、框架等）进行设计；②基于事例和数据的设计，一类是收集工程中已有的、良好的、可对比的设计事例进行比较，并基于设计数据，指导完成设计；另一类是利用人工神经网络、机器学习、概率推理、贪婪算法等，从设计数据、试验数据和计算数据中获得关于设计的隐含知识，以指导设计；③进化设计，借鉴生物界自然选择和自然进化机制，制定搜索算法（遗传算法、蚁群算法、粒子群算法等），通过进化策略进行智能设计，例如生成设计、自动合规检查、人工智能施工图审查等。

3. 智能决策

智能决策由决策支持系统与专家系统相结合，把数据仓库、联机分析处理、数据挖掘、模型库、数据库、知识库结合起来，充分发挥数据的作用，从数据中获取辅助决策信息和知识，做到定性分析和定量分析的有机结合与实施。例如在智能建造中，基于 GIS、摄影、物联网感知、BIM、地质环境、视频多媒体等各类结构化和非结构化信息，进行海量数据信息智能检索与实时分析，挖掘主题知识，实现建设过程优化和辅助智能决策。BIM + GIS 的应用如图 3-13 所示。

图 3-13　BIM + GIS 的应用

五、绿色低碳 + 生态环保

绿色低碳 + 生态环保关键技术的本质是绿色引领智能建造。绿色建造着眼于建筑全生命周期，在保证质量和安全的前提下，以可持续发展理念为核心，通过科学化管理与先进技术手段，无论建造行为还是建造产品，都体现着绿色、低碳、健康和高品质概念，最大程度上节约资源并保护环境，实现绿色施工、绿色生产，是智能建造的最终目标。主要关键技术包括被动节能、低能耗建筑、资源化利用技术、建造污染控制、再生混凝土、可拆卸建筑、个性化定制建筑等，主要体现在绿色施工、绿色建筑和建筑再生三个方面。

1. 绿色施工

绿色施工是指在工程建设中，以质量、安全等要求为前提，通过科学化管理和先进技术手段，最大限度地节约资源、减少对环境危害的施工建造活动，全面实现四节一环保（节能、节地、节水、节材和环境保护）。具体包括：减少施工工地占用；节约材料和能源、减少材料的损耗，提高材料的使用效率，加大资源和材料的回收利用、循环利用，使用可再生的或含有可再生成分的产品和材料，减少环境污染，控制施工扬尘，控制施工污水排放，减少施工噪声和振动，减少施工垃圾的排放。

2. 绿色建筑

绿色建筑在全生命周期内，节约资源、保护环境、减少污染、为人们提供健康、适用、高效的使用空间，最大限度地实现人与自然和谐共生，主要体现在以下几个方面：①资源方面，节约能源，充分利用太阳能，采用节能的建筑围护结构，减少采暖和空调的使用；节约资源，在建筑设计、建造和材料的选择中，均考虑资源的合理使用和处置；减少不可再生资源的使用，尽量使用可再生资源；②建筑方面，回归自然，绿色建筑外部强调与周边环境相融合，和谐一致，建筑内部不得使用对人体有害的建筑材料和装修材料，做到室内空气清新，温度适宜，居住舒适舒心，健康环保。

3. 建筑再生

建筑再生是将即将失去功能价值的建筑再次利用的技术，建筑材料重新利用将产生巨大的社会效益和经济效益。主要包括修缮技术、再生混凝土技术、建筑可拆卸技术。修缮技术指对已建成建筑进行拆改、翻修和维护，保障建筑安全、保持并提高建筑的完好程度与使用功能。再生混凝土技术指将废弃的混凝土块经过破碎、清洗、分级后按一定比例混合（部分或全部代替砂石等天然集料），之后再加入水泥、水等配制成新混凝土。可拆卸技术是将大小不同的模块，通过堆叠组合与拼装，形成一个完整的建筑体系，可拆卸式的模块化建筑具有环保、便捷、可移动等特性。

第五节 智能建造全生命周期管理

建造过程一般包含设计阶段、生产阶段以及施工阶段，由于运维阶段的维护工作也包含设计、生产施工等环节，因此也可将运营维护阶段纳入建造过程。智能建造按阶段划分可分为智能决策、智能设计、智能生产、智能施工与智能运维，建筑业数字化生产链如图 3-14 所示。

图 3-14　建筑业数字化生产链

一、智能决策

新技术对决策阶段的升级包括升级决策思路与升级决策工具。

决策思路由"经验决策"升级为"数据决策"。工程建造活动中会产生大量的数据，而这些数据中往往隐藏着消费规律、市场趋势等重要信息，利用新技术挖掘数据规律将更好地辅助决策。

决策工具由"统计分析"转变为"智能分析"。大数据等技术利用决策阶段的数据信息搭建了数据模型并对实际情况进行仿真预测，从而有助于决策优化。

二、智能设计

新技术对设计阶段的升级包括升级设计工具与转化设计逻辑。

升级设计工具指建筑信息模型（BIM）、人工智能等技术推动设计工具从 CAD 绘图转变为三维建模设计和计算机建模辅助设计。BIM 在设计阶段的应用场景包括虚拟施工、碰撞检查等，其也使得建筑、结构、水电等多专业、多领域协同设计成为可能。人工智能通过模拟设计人员的思考过程进而使设计过程更加智能化。

依据设计特征智能设计可划分为标准化设计、参数化设计、基于 BIM 的性能化设计、基于 BIM 的协同设计和 BIM 智能化审图五个方面。

（1）标准化设计　包含设计元素标准化、设计流程标准化、设计产品标准化。例如在住宅设计中，标准化户型、标准化空间、标准化装修等设计与管理流程的标准化已得到大量应用。

（2）参数化设计　用若干参数描述几何形体、空间、表皮和结构，通过参数控制得到满足要求的设计结果。不论是在国家体育场、上海中心大厦、北京大兴国际机场等重大项目，还是异型小艺术馆、售楼处等都有应用。

（3）基于 BIM 的性能化设计　利用 BIM 模型建立性能化设计所需的分析模型，并采用有限元、有限体积、热平衡方程等计算分析能力，对建筑的外部环境、内部环境和结构等方面的性能进行仿真和评估，以便设计师在设计阶段对建筑综合性能进行预测和调整。这种方法主要应用于建筑室外环境性能化设计、建筑室内环境性能设计、结构性能化设计等设计环节，可以为建筑带来更高效、更可靠、更环保的设计方案。

（4）基于 BIM 的协同设计　以 BIM 模型及承载的数据为基础，实现依托于一个信息模型及数据交互平台的项目全过程可视化、标准化以及高度协同化的设计组织形式。典型应用场景包括：专业间协同，即在设计的各个专业之间，通过专业间智能提资进行协同的方式，如建筑结构模型转化、机电管线智能开孔与预留预埋（图 3-15）等促进专业间协同；跨角色协同，即在工程项目内，借助 BIM 的数模一体化和可视化优势，各参与方以统一的设计数据源为基础，以可视化的方式开展全参与方的设计交底，各参与方围绕设计模型开展成果研讨。

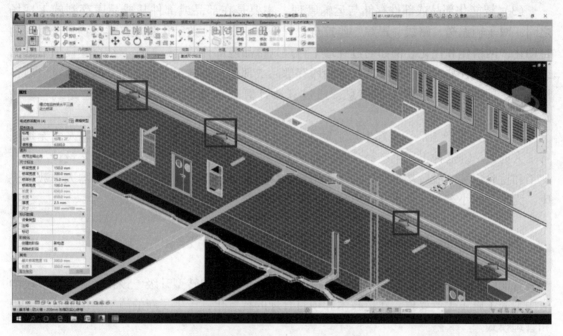

图 3-15　智能开孔协同设计图

（5）BIM 智能化审图　通过智能化系统，自动判别或辅助人工判别 BIM 模型中的设计信息与国家标准之间的符合情况，以及部分刚性指标的计算机智能审查，通过快速机审和人工审查协同配合，提高审图效率。

三、智能生产

智能生产是智能建造的核心，其主要任务是通过应用智能化系统，实现相关制造资源的合理统筹，并通过数据技术驱动智能设备，实现建筑部品或部件的工业化制造。建筑智能生产包括生产准备、原材料采购、构件生产等步骤。在生产准备阶段，根据用户的需求对产品和工艺信息进行分析规划，这也驱使着工厂生产方式向智能化方式转变。传统的生产方式是人工作坊式，即在工厂中生产建筑构件，该方式自动化程度较低且效率较低，而现有的半自动化生产线、流水线工人作业，未来将可能实现数控生产线、3D 打印、机械臂的人机协同式的全自动化将更助于生产率的提高。

智能生产包含以下四方面。

（1）基于 BIM 的部品或部件深化设计　进入生产阶段时基于施工图、应用 BIM 技术所进行的详细设计。部品或部件深化设计的主要内容包括：确定安装专业的部品或部件分段分节方案、起重设备方案、安装临时措施、吊装方案等；另外，满足土建专业的钢筋开孔、连接器和连接板、混凝土浇筑孔、流淌孔，机电设备专业的预留孔洞，以及幕墙和擦窗机专业的连接等技术要求。

（2）智能化部品或部件生产管理　通过智能化系统将企业的设计、生产、管理和控制的实时信息引入企业的生产和计划中，实现信息流的无缝集成，优化产品数据管理、生产计划与执行控制，提高管理水平。

（3）智能化部品或部件存储与运输管理　主要是在部品或部件从成品库存到施工现场之间，对车辆派送、路线、跟踪、监控全过程进行专业化、数字化管理，实现物流全过程的自动化、网格化和优化。例如通过管理平台规划部品或部件的发运顺序，结合建设项目部品或部件的安装计划时间、待发货状态的库存部品或部件、运输车辆的运输空间和载重、项目地址、工厂地址、运输费率等信息，通过算法计算最合理的运输计划、运输路线、运输费用。

（4）无人生产工厂　全部生产活动由计算机进行控制，生产一线配有机器人而无须配备工人的工厂。这种工厂生产命令和原料从工厂一端输入，经过产品设计、工艺设计、生产加工和检验包装，最后从工厂另一端输出产品。所有工作都由计算机控制的机器人、数控机床、无人运输小车和自动化仓库实现，人不直接参与工作。

四、智能施工

智能施工主要是通过应用智能化系统，实现施工模式的转型升级。该技术为施工阶段的应用带来了施工生产要素、建造技术和项目管理的智慧化，产生了新的施工组织方式、流程和管理模式。

施工生产要素升级包括新型建筑材料和智能机械设备的应用。智能设备是以智能传感互联、人机交互为特征的新型智能终端产品，例如智能挖掘机综合利用传感、探测、视觉和卫星等多信息融合，使其具有环境感知能力、作业规划及决策能力。建造技术的升级是指施工方式从传统的现浇混凝土施工到装配化施工，即现场建造方式、预制装配式和利用 3D 打印技术实现的建筑自动建造。项目管理的智慧化体现在智慧工地整体解决方案，RFID 等技术在人员定位管理、物料追踪、设备使用权限方面的广泛应用，实现了管理层人事物全面感知、工作互通互联、信息协同共享、决策科学分析及风险智慧预控。

智能施工主要包括智慧工地、智能化施工工艺、装配式混凝土建筑智能化施工三方面。

（1）智慧工地　以一种"更智慧"的方法改进工程项目各干系组织和岗位人员的交互方式，以便于提高交互的明确性、效率、灵活性和响应速度。智慧工地应用包括对工地的人员、施工机具、物料、施工方法、环境的智能化管理。

（2）智能化施工工艺　在满足工程质量的前提下，实现低资源消耗、低成本及短工期，最终获得高收益等目标，主要包括基于 BIM 的钢筋翻样（图 3-16）和智能化加工、整体预制装配式机房智能化施工、集成厨卫智能化施工等。

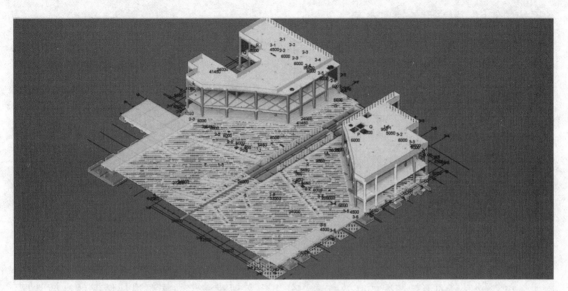

图 3-16　BIM + 钢筋翻样

（3）装配式混凝土建筑智能化施工　装配式混凝土建筑是指以工厂化生产的混凝土预制构件为主，通过现场装配的方式建造的混凝土结构类房屋建筑。通过装配式建筑智能化施工，可实现节能、环保、节材的目标，建筑品质好、施工工期短、后期维护方便。

五、智能运维

智能运维是通过应用智能化系统，进行建筑实体的综合管理，以便于为客户提供规范化、个性化服务。目前智能运维包含以下五个方面。

（1）智能化空间管理　针对不同的建筑空间，结合具体的需求场景进行立体化、虚拟化、智能化管理与应用，打造与整体建筑可感、可视、可管、可控的立体交互情景，形成一套完整的新型空间管理方式；面向的用户可能为大众，也可能为商户、物业管理方、空间权属方等。例如，针对商超、医院、园区等，已实现室内定位与导航、智慧停车、反向寻车、功能空间电子指引、虚拟全景空间展示等应用场景；针对家具空间已实现智能家居、虚拟装饰等应用场景；针对商户、物业管理方、空间权属方，已实现智能化楼宇运营、楼宇设备维护、楼宇资产管理、设备远程巡检等应用场景；针对物流仓储业、智能制造业，已实现智能仓储、智能流水线、智能物流调度等应用场景。

（2）智能化安防管理　安防管理针对防盗、防劫、防入侵、防破坏等方面开展管理工作，保护人们的人身财产安全，为人们创造安全、舒适的居住环境。智能化安防管理通过应用智能化系统，对传统的安防工作进行提升，当出现异常或危险状况时，能够自动识别，通知管理人员，必要时进行报警；可严格控制人员出入；高效开展对巡检人员的管理工作，确保巡检人员能够按时、按路线完成巡检工作，系统界面如图 3-17 所示。

（3）智能化设备管理　设备管理对设备的物质运动和价值运动进行全过程的科学管理，提高设备综合效率。智能化设备管理对传统的设备管理作了两方面的提升，即设备的智能化，使设备具备感知功能、自行判断功能及行之有效的执行功能；管理的智能化，通过智能化系统的使用，提高设备管理效率。

图 3-17　危险源报警与 BIM 实时联动

（4）智能化能源管理　通过应用智能化系统，支持对楼宇内的所有能源，包括热水、冷水、电、燃气等的消耗情况的高效查看、分析，实现对楼宇内能源消耗情况的高效掌握，并在不影响正常经营活动的前提下进行节能改造，降低楼宇内的能耗，为实现设备高效率、低能耗运行提供有效支持，能耗管理系统如图 3-18 所示。

图 3-18　能耗管理系统

（5）智能化巡检管理　通过应用智能化系统，支持定期或随机流动性的检查巡视，包括检查建筑、设施设备、人员及环境情况，及时发现异常及问题，及时汇报并处理，实现对巡检数据的采集及分析，以及巡检全过程的可视化、规范化和网格化。

第六节　本章小结

本章介绍了全生命周期管理、智能建造及数字孪生技术的相关理论研究，并就数字孪生与智能建造全生命周期关系及数字孪生在智能建造中的应用内容、应用价值进行了详细阐述。此外，介绍了智能建造的关键技术体系，并将智能建造按智能决策、智能设计、智能生产、智能施工与智能运维五阶段进行说明。

第三章课后习题

一、单选题

1. 下列关于项目全生命周期成本的描述错误的是＿＿＿＿。
    A. 项目全生命周期成本是指项目从策划、设计、施工、经营一直到项目拆除的整个过程所消耗的总费用
    B. 全生命周期成本包括非建筑成本和建设成本
    C. 全生命周期成本包括运营成本和维护成本
    D. 项目全生命周期成本最优，建设成本也一定最优

2. 以下说法错误的是＿＿＿＿。
    A. 传统的全生命周期管理将开发管理、项目管理、设施管理分隔成独立的、互不沟通的管理系统
    B. 全生命周期集成化管理就是指在统一的目标、领导、管理思想、管理语言、管理规则、信息处理系统的影响下，实现三管合一的集成化管理
    C. "三项管理"是指成本管理、质量管理、进度管理
    D. 全生命周期管理是指在整个建设过程中，通过数字化的途径创建、管理、共享所建造的资本资产信息

3. BIM 技术具有单一工程数据源，是项目实施的共享数据平台，可解决分布式、异构工程数据之间的＿＿＿＿。
    A. 施工问题　　　　B. 运营问题　　　　C. 全局共享问题　　　　D. 维护问题

4. 不属于数字孪生中三大技术要素的是＿＿＿＿。
    A. 模型　　　　B. 数据　　　　C. 软件　　　　D. 决策

5. 下面哪个 BIM 时代全生命周期模型的顺序是正确的＿＿＿＿。
    A. 策划阶段—设计阶段—施工阶段—运营阶段
    B. 设计阶段—策划阶段—施工阶段—运营阶段
    C. 施工阶段—策划阶段—设计阶段—运营阶段
    D. 运营阶段—策划阶段—设计阶段—施工阶段

二、多选题

1. 全生命周期管理理念的优势包括＿＿＿＿。

A. 更好地创建信息　　　　　　　B. 更好地管理信息

C. 更好地共享信息　　　　　　　D. 更好地运用信息

E. 更好地储存信息

2. 数字孪生在智能建造中的应用价值包括_____。

A. 可视化呈现　　　　　　　　　B. 智能诊断

C. 科学预测　　　　　　　　　　D. 辅助决策

E. 信息存储

3. 智能运维包括_____。

A. 智能化空间管理　　　　　　　B. 智能化安防管理

C. 智能化设备管理　　　　　　　D. 智能化能源管理

E. 智能化巡检管理

4. 数字建模＋仿真交互的主要关键技术包括_____。

A. BIM 技术　　　B. 数字孪生　　　C. 传感器　　　D. 三维可视化

E. 大数据

5. 智能建造包含三大部分内容，分别为_____。

A. 三维图形系统与建筑信息模型系统　　B. 工程建造信息模型管控平台

C. 工程建造管理控制平台与数字化仿真　　D. 数字化协同设计与机器人施工

E. 数字化协同设计与数字化仿真

三、简答题

1. BIM 碰撞检查的痛点及价值是什么？

2. 简述智能建造内涵的共性要素。

3. 简述数字孪生与智能建造全生命周期的关系。

第四章　BIM 技术在智能建造中应用研究

第一节　BIM 技术在智能建造中的实现途径

一、BIM 概括及特点

1. BIM 含义

2016 年发布的规范 GB/T 51212—2016《建筑信息模型应用统一标准》中,将 BIM 概念分为三个层次,分别为建筑信息模型(Building Information Model)、建筑信息建模(Building Information Modeling)和建筑信息管理(Building Information Management)。

1)建筑信息模型(Building Information Model)由 BIM 之父查尔斯·伊士曼(Charles Eastman)在 1975 年提出,开启了 BIM 源头,建筑信息模型是一个静态的模型,是工程项目物理和功能特性的数字化表达,作为工程项目有关信息的共享知识资源,为项目全生命周期内的各种决策提供可靠的信息支持。

2)建筑信息建模(Building Information Modeling)于 2002 年由 BIM 教父杰瑞·赖瑟琳(Jerry Laiserin)提出并推行,建筑信息建模是一个动态的过程,创建和利用工程项目数据在其生命周期内进行设计、施工和运营的业务过程,允许所有项目相关方通过不同技术平台之间的数据互用在同一时间利用相同的信息,包括工程项目所有的几何、物理、功能和性能信息。

3)建筑信息管理(Building Information Management),指使用模型内的信息支持工程项目全生命周期信息共享的业务流程的组织和控制,并通过分析信息做出决策和改善项目的交付过程,使项目得到有效管理,其效益包括集中和可视化沟通、更早进行多方案比较、可持续性分析、高效设计、多专业集成、施工现场控制、竣工资料记录等。

通过上述 BIM 概念三个层次可知,BIM 模型提供了共享信息的资源,为发展到 BIM 建模及建筑信息管理奠定了基础;BIM 模型的建立不仅包含整个项目建设过程中所有相关数据信息,还囊括了项目实施过程中的组织行为,二者的有效结合使 BIM 成为信息化管理平台;而建筑信息管理也保证了建筑信息建模的实现,在该环境下项目各参与方联络及模型更新维护工作得到保障,三个层次关系如图 4-1 所示。

图 4-1　三个层次关系

当前，被国内学术界广泛接受的 BIM 概念为：基于三维数字技术并集成工程建设过程相关信息数据，对工程项目设施实体及功能特性的数字化表达。为充分理解 BIM 的关键内涵，对 BIM 概念的解读应当重新回归其本源，即"Building Information Modeling"，其中信息（information）为其关键核心，而模型（modeling）则为其基本载体，任何脱离于上述两个关键要素的表述均将在不同程度上存在片面性，故而计算机辅助三维设计及计算机辅助三维算量均不能充分理解为完全的 BIM，其内涵应比二者更为丰富。BIM 不仅是一种新技术，更是一种理念、模式与过程。

2. BIM 技术的特征

BIM 共有三大特性、五大特点。三大特性如下：

1）模型信息完备性。对工程对象进行 3D 几何信息、拓扑关系、工程完整信息、施工全生命周期完整信息及逻辑关系描述。

2）模型信息关联性。信息模型中的对象是相互关联的，能够对模型信息进行统计分析并生成相应文档图形，且当某一对象发生变化时，其相关联的对象也会伴随更新。

3）模型信息一致性。建筑全生命周期内不同阶段模型信息是一致的且能够自动演化，在不同阶段可以进行修改扩展不需要重新输入创建，简化工序。

BIM 五大特点如下：

1）可视化。在 BIM 建筑信息模型中，整个施工过程都是"所见即所得"，如设备操作可视化、机电管线碰撞检查可视化等，其可视化结果可用来进行效果图展示及报表生成，不仅如此，整个项目全生命周期内设计、建造、运营过程皆可视，并且讨论沟通也都在可视化状态下进行，实现了科学化管控。

2）模拟性。BIM 不仅可模拟设计出建筑物模型，也可模拟真实实操。如设计阶段的节能模拟、火灾逃生模拟、预应力模拟等，招标投标施工阶段 4D 模拟即根据施工组织设计模拟实际施工，从而确定合理的施工方案指导施工；5D 模拟即造价控制模拟，从而控制成本。

3）协调性。建造前期，对各专业碰撞问题进行协调，如管道和结构冲突、电缆和风管冲突、洞口尺寸不匹配等，生成协调数据方案，解决各专业间不兼容的问题，提高管理效率。

4）互用性。BIM 模型中所有数据仅需一次采集输入，不需要重复录入数据，避免数据歧义、错误；基于信息模型的设计搭建，建筑物全生命周期内不同专业各方可实现共享交互，保证信息一致性，解决信息孤岛问题，减少错误发生，降低成本，从而提高质量、效率。

5）优化性。BIM 优化主要体现在项目设计和投资回报分析结合的项目方案优化、异型设计方案优化和特殊项目设计优化。

二、BIM 技术应用发展

1. BIM 在美国应用发展

全球范围内各国对 BIM 应用的推广体系中美国自下而上的推动体系极具独特性。BIM 在美国的发展阶段首先由民间对 BIM 的需求而开始，以产业为主导，先将 BIM 技术和理念应用在实际的工程案例中，逐步积累经验，而后联邦政府机构企业推行相应的标准及指导意见，加速 BIM 应用的推广，最后到整个行业对 BIM 需求的提升，进而提升整体产业链的生产力价值。虽然美国没有对应的 BIM 国家政策，但一直将 BIM 作为建筑行业信息技术的基础，2007 年发布的美国国家 BIM 标准第一版（NBIMS）将 BIM 应用定义为 4 个层级：①IDM活动，各专业工种互相分离的交换；②模型视图，交换信息支持业务案例；③衍生视图，IDM 活动与模型视图的数据信息支持业务运营；④聚合视图，多个建筑数据支持社会的信息需求。

2. BIM 在英国应用现状

纵观全球，英国的 BIM 推广体系最具代表性。其遵循顶层设计推动模式，即通过中央政府顶层设计 BIM 标准政策并推行相关研究应用，具体表现为：建立组织机构→研究制定政策标准→推广应用→进一步研究政策标准。为确保 BIM 相关政策的落实，英国政府颁布 BIM 强制令，并将具体落实任务分配给各行业的组织机构。与美国类似，英国将 BIM 应用和发展定义为 4 个层级：Level 0 最简单的形式，无须协作，通过纸质或电子文档（2D、CAD 图形）输出；Level 1 使用 CAD 通用数据环境和 3D 建模，团队成员间不共享模型，部门间协作有限；Level 2 所有参与方接受协同工作，所有信息数据交换采用一体化 3D 模型，允许数据共享组合；Level 3 将单一共享的项目模型保存到基于云的中央存储库中，所有部门间采用统一可分享的项目模型，促进完全协同工作。

3. BIM 在新加坡应用现状

新加坡也是世界上应用 BIM 技术最早的国家之一，在 BIM 这一术语引进之前，新加坡当局就注意到信息技术对建筑业的重要作用，在 BIM 应用推广过程中，政策规划引导作用发挥着重要的影响。为了实现 2015 年前广泛使用 BIM 技术的目标，新加坡分析其面临的挑战并出台多个清除应用障碍的策略；为鼓励早期 BIM 技术应用者，成立 BIM 基金以支持企业建立 BIM 模型、改善重要业务流程、促进传统 2D 建筑图向 3D 模型过渡；为提升 BIM 能力，建设 BIM 专业技术人才的培养体制，鼓励国内大学开设 BIM 课程、为学生组织 BIM 培训课程、建立 BIM 专业学位，实行 BIM 技术人员资格统一考试。

表 4-1 BIM 技术国外应用发展

国家	研究内容及成果
美国	1973 年，提出计算机集成制造（CIM）理念 2002 年，Autodesk 提出 BIM 概念及解决方案 2003 年，GSA 发布 3D-4D-BIM 计划 2006 年，USACE 发布 BIM 发展规划 2007 年，发布 BIM 实施指南及 NBIMS 第一版 2010 年，俄亥俄州政府颁布 BIM 协议 2012 年，颁布 BIM 标准 NBIMS 第二版
英国	1987 年，建筑业代表成立建设项目信息委员会 2007 年，发布 BIM 实务指导 2009 年，AEC 发布英国建筑业 BIM 标准 2011 年 3 月，发布推行 BIM 战略报告书 2011 年 5 月，要求所有公共建筑项目强制使用 BIM 2012 年，发布政府 BIM 战略规划 2015 年，发布数字建造英国 Level3 战略计划 2016 年，政府项目全面 BIM 化

（续）

国家	研究内容及成果
新加坡	1995 年，启动 CORENET 以推广及要求建筑行业对 IT 于 BIM 应用 2004 年，使用 BIM 与 IFC 为基础的网络提交系统 2005 年，BIM 技术全面引入新加坡 2008 年，实现世界上首个 BIM 电子提交 2010 年，BCA 实施 BIM 发展路线规划 2011 年，发布 BIM 电子提交指南 2012 年，发布新加坡 BIM 指南第一版 2015 年，发布新加坡 BIM 指南第二版

4. BIM 在中国应用现状

我国国内对于 BIM 的研究起步相对较晚，自 2002 年 BIM 概念进入中国以来，我国政府始终重视并支持对 BIM 领域的研究，政府的决策与推动力对 BIM 的发展起到显著作用，见表 4-2。随着 BIM 技术的应用推广，我国各大院校积极参与 BIM 课题研究，开设专业课程、组建 BIM 中心，助力培养 BIM 专业人才。在部分国家重点项目中，如奥运会鸟巢项目、水立方项目、世博会项目、天津火车站等，从设计、施工到运维等多阶段都积极尝试应用 BIM 技术，并且伴随着信息技术的飞速发展，BIM 技术与其他相关技术相辅相成、融合应用，探究 BIM 的深层次应用价值，为传统建筑行业带来了前所未有的技术变革。

表 4-2　我国 BIM 政策发展

年份	文件	内容
2011	《2011—2015 年建筑业信息化发展纲要》	首次将 BIM 纳入信息化标准建设内容
2013	《关于推进建筑信息模型应用的指导意见》	
2014	《关于推进建筑业发展和改革的若干意见》	推进建筑信息模型在设计、施工和运维中的全过程应用，探索开展白图代替蓝图、数字化审图等工作
2015	《住房城乡建设部关于印发推进建筑信息模型应用指导意见的通知》	2020 年末实现 BIM 与企业管理系统和其他信息技术的一体化集成应用、新立项项目集成应用 BIM 的项目比率达 90%
2016	《2016—2020 年建筑业信息化发展纲要》	BIM 成为"十三五"建筑业重点推广的五大信息技术之首
2017	《建筑业 10 项新技术（2017 版）》	将 BIM 列为信息技术之首
2017	《关于促进建筑业持续健康发展的意见》	加快推进建筑信息模型（BIM）技术在规划、勘察、设计、施工和运营维护全过程的集成应用
2017	《建筑信息模型施工应用标准》	提到从深化设计、施工模拟、预制加工、进度管理、预算与成本管理、质量与安全管理、施工监理、竣工验收等方面，提出建筑信息模型的创建、使用和管理要求
2018	各地出台对应的落地政策，全国有接近 80% 省市自治区发布了省级 BIM 专项政策	

（续）

年份	文件	内容
2019	《住房和城乡建设部工程质量安全监管司2019年工作要点》	推进BIM技术集成应用，支持推动BIM自主知识产权底层平台软件的研发，组织开展BIM工程应用评价指标体系和评价方法研究，进一步推进BIM技术在设计、施工和运营维护全过程的集成应用
	《关于推进全过程工程咨询服务发展的指导意见》	大力开发和利用建筑信息模型（BIM）、大数据、物联网等现代信息技术和资源，努力提高信息化管理与应用水平，为开展全过程工程咨询业务提供保障
	行业标准《建筑工程设计信息模型制图标准》、国家标准《建筑信息模型设计交付标准》	进一步深化和明晰BIM交付体系、方法和要求，为BIM产品成为合法交付物提供了标准依据
2020	发布工作要点，推广施工图数字化审查试点，推进BIM审图模式	
2021	《中国建筑业信息化发展报告（2021）》	大力发展数字设计、智能生产、智能施工和智慧运维，加快建筑信息模型（BIM）技术研发和应用
2022	《"十四五"建筑业发展规划》	提出"2025年基本形成BIM技术框架和标准体系，推进自主可控BIM软件研发"

三、BIM 相关软件

由于 BIM 涉及建筑、结构、水暖电、能耗、仿真、GIS、VR、AR 等范围之广，包括的软件非常之多，据不完全统计大概包括 70 款以上。常见 BIM 核心建模软件的初步分类图如图 4-2 所示，常用的 BIM 软件主要有以下几款。

（1）Revit　目前我国普及最广的 BIM 软件，主要功能为参数化建模、渲染、算量、出图、文档编制。其以 Revit Architecture 为核心，在 Revit Architecture 中所有模型信息都储存在单一模型中，修改或变更任一构件，所有模型相关视图都会随之更改，平立面以及三维视图关联性强，大大节省绘图人员时间。此外，在设计进行期间，Revit 内建的干涉检查工具可找到模型中一组已选元素或所有元素之间的无效交点，以协调主要建筑元素和系统，有助于避免冲突，降低变更以及成本溢出的风险。

（2）Navisworks　它能够将很多种不同格式的模型文件合并在一起，将其作为整体的三维项目。基于此，产生了

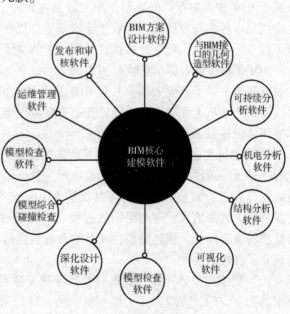

图 4-2　BIM 软件分类图

三个主要的应用功能：漫游、碰撞检查、施工模拟。漫游即在里面走动，观察所绘制的模型；碰撞检查即能很轻松地发现哪些管道、线路之间发生了碰撞；施工模拟即把施工过程做成动画，使各方轻松掌握施工进度，超前实现施工项目可视化。使用 Navisworks 加强了建筑、设计和施工团队对项目成果的控制，即使在复杂的项目中也能提高工作效率、保证工程质量。

（3）Tekla Structures　它是涵盖概念设计、细部设计、制造、组装等整个结构设计流程的 BIM 软件，功能包括 3D 实体结构模型、结构分析完全整合、3D 钢结构细部设计、3D 钢筋混凝土设计等。借助这个模型，数据整合在同一数据库内无须转换，各方共享核心数据库，使用者可跨越企业和项目阶段，在设计、制造、安装过程中进行实时协同作业。

（4）ArchiCAD　它是最早占有市场的核心 BIM 建模软件之一，针对建筑设计推出的设计软件，拥有平、立、剖面施工图设计、设计图档、参数计算等自动生成功能，支持 BIM 工作流程，可实现模型在建筑全生命周期的运用。其工作流集中且拥有开放的架构并支持 IFC 标准，其他软件同样可以参与虚拟建筑数据的创建和分析，软件间实现协同工作。

四、BIM 在智能建造中的应用

建筑业作为我国国民经济的重要支柱产业，在国家建设与社会经济向好发展中发挥了重要作用。当前，在新一轮科技革命与产业变革中，建筑行业应坚持以新一代高新技术为驱动助力智能建造，以期实现建筑业绿色可持续发展。智能建造通过互联网和物联网传递数据，借助云平台的大数据挖掘与处理能力，将各建设项目串联为一个整体，使工程各参与方可实时了解各项目全生命周期内运行的方方面面，以此使各阶段、各专业领域不再相互独立。

真正实现智能建造的基础前提是建造对象与建造过程的高度数字化，实现这一目标唯有依托于 BIM 技术建立数据模型。作为智能建造理念的核心支撑点，BIM 技术承载了项目全生命周期内各参与方信息、集成了建筑全生命周期的所有信息，是建筑工程物理特征和功能特征信息的可视化、数字化载体，从根本上解决了建筑业数字化问题。

BIM 是集成的数据信息模型，而大量的数字化信息是实现智能建造的前提，BIM 的出现为智能建造提供了必要条件，并且 BIM 强大的协同功能也为智能建造提供了高效的管理平台。BIM 技术从工程项目初始设计规划贯穿应用至其他各阶段，BIM 技术在智能建造中的具体应用体现在以下几点。

（1）建筑实体数字化　实现建筑实体数字化的重要手段即通过 BIM 技术建立数字模型。工程项目每一阶段的工作人员认真收集相关数据信息，制成信息报表提交给项目负责人，在对数据信息进行审核分析后，将其反馈至 BIM 建模体系中，进而构建 BIM 三维模型。BIM 建模实质上就是信息创建与组织的过程，信息通过 BIM 软件最终形成与其相对应的反映项目性质的数学模型。通过建模，项目的所有信息得以数字化表达并能实现集成，同时也真正地建立了有机的关联。

（2）要素对象数字化　要素对象数字化是项目数字化的手段，基于 BIM 技术和物联网技术的融合应用，实现"人、机、料、法、环"等要素的数字化，减少数据的填报，以保证数据的真实、透明、同步，进而提高数据获取的实时性与真实性，为工程项目实现精益管理和智能决策提供数据支撑。

（3）施工过程数字化　建筑实体数字化作为数据载体、要素对象数字化作为施工管理依据，将施工项目中进度、成本、质量、安全等管理过程运用数字化形式展现，实现项目从规划、施工、运维全流程管理水平提升。此外，利用 BIM 技术构建的数字模型，对工程项目进行施工进度仿真模拟及项目实施模拟，发现可能存在的问题，以便采取有效措施，实现对传统施工方式的替代与提升。

（4）管理决策智能化　通过对项目建筑实体、要素对象、施工过程的数字化，形成工程项目的数据中心，打通数据之间的内在联系。伴随着施工进度的推进，大量可供深加工及再利用数据信息在满足现场管理需求的同时，也能够及时为各管理层级提供决策辅助支持。基于信息共享、可视化协作，使项目施工方式和管理方式得以变革发展，促进各参与方之间工作效率的提升。

第二节　面向 BIM 的动态智能管理机制创新

国内工程项目实践者经过长期的工程管理实践，积累了大量的工程管理经验并形成了相对固定有效的管理模式，由此形成了传统的工程项目管理流程。该套管理流程的形成建立在传统建设过程中的生产关系之上，而在工程项目管理方式饱受诟病的当下，随着外界环境技术条件的不断改善及工程项目管理手段的日益迭代，有必要面向新的技术环境对传统工程项目管理流程做出适当的改变。

一、传统建造模式管理机制不足及问题

工程项目的管理活动是由一系列具有依赖作用关系的若干要素或部分共同构成的有机整体，工程项目管理活动的实施是一个具有动态性、非规律性的复杂过程，该过程通常伴随着庞大且冗杂的工程项目信息流。传统管理模式情境下的这些信息传递方式往往面临着诸多弊端，如工程项目信息通常难以避免层出不穷的冗余、缺失、滞后及失真等问题，由此而形成的"信息孤岛"现象（图 4-3）更是成为工程项目管理控制活动中的严重障碍，而 BIM 技术的采纳则被视为有效缓解上述问题的重要途径。

成本、进度、质量被称为工程项目建设的三大目标，是工程项目各阶段的主要工作内容，也是工程建设中项目业主、承包商、监理单位等各方主体工作的中心任务，因此，如何管理并有效实现成本、进度、质量这三大目标是整个工程项目的重点。

1. 质量管理

质量管理是指在实现工程项目总目标的过程中为满足项目质量要求而开展的相关监督管理活动。在工程建设中，影响工程质量的因素包括"人、机、料、法、环"五因素，即人工、机械、材料、方法、环境，因此，建筑工程施工过程中应对上述因素加强控制，确保建筑施工工程质量。经过长期的发展，建筑业已积累了丰富的管理经验，逐渐形成一系列管理方法，但由于受实际条件、人员技能、操作工具、环境突发性的影响，使得方法理论作用得不到充分发挥，最终无法实现工程质量目标。

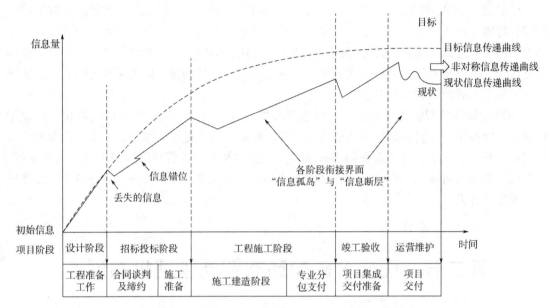

图 4-3　工程建设项目各阶段的"信息孤岛"效应

工程施工过程中，施工人员技能、各工种间协调配合、物料机械设备使用、工程质量效果等问题都会对工程质量造成一定影响，具体表现在以下几个方面。

（1）人员方面　施工人员的技能掌握、施工心态、职业操守等素质直接决定着工程质量的高低优劣，但目前我国建筑市场上，未参加技能培训、无证上岗等现象普遍存在，施工人员队伍总体专业技能程度偏低；其次，工程项目建设是一个系统、复杂的过程，需不同专业、不同工种之间沟通协调、相互配合才能很好地完成，但实际过程中，由于专业与所属单位的不同，事前协调沟通难以进行，施工过程中因各工种间配合不好相互干扰、相互破坏而导致进展不连续，甚至出现管道、结构的碰撞；另外，施工作业中，一旦发现施工问题，相关工作人员首先对发现的问题整理记录后发送给相关设计、施工单位，相关单位收到后对问题进行讨论确认解决，最后移交给施工方整改，整个周期过长、涉及人员过多，且整改期间内施工进度处于推进状态，之前发现的问题会被后面的工序覆盖，使得整改困难、周期拉长。

（2）物料方面　材料是建筑物构件组成的基本，因此，国家对建筑材料的质量有着严格的规定划分，但在实际施工中，个别施工单位为追求额外的效益，往往放松对材料质量的管理，在建设过程中偷工减料或使用不规范的材料。机械是推动建设过程的重要部分，随着社会生活质量水平提高与施工技术的发展，施工难度高的工程逐渐增多的同时，也提升了对机械设备的要求，部分企业因缺乏资金技术支持，机械设备不进行修理维护、超出使用寿命的设备仍继续运作，机械选择与组合配备的不合理导致使用率降低，无法实现效益最大化。

（3）图纸方面　项目施工中，施工单位根据设计单位出具的施工图进行作业，由于可视化效率低，无法准确预知完工后的效果，实际效果往往与设计单位提供的效果图存在出入，严重情况下还会出现管线布置杂乱等质量问题；而监理人员在还原相关问题时，常见的资料手段就是照片，质量问题以照片 2D 形式描述，对于施工过程中三维空间的信息表达困难，存在较大的失真性，难以还原施工现场的真实问题，不利于工程质量的控制管理。

2. 进度管理

进度管理是指对项目全生命周期内各阶段的工作内容、工作程序、工作时间及逻辑关系制定进度计划并将其付诸实践。科学合理的进度计划是项目实例实施的基础，为使拟定的计划具体可行，在实施过程中实时监测实际进度与计划进度的运行情况，并对各进度进行规划、控制、调节，以确保每阶段预定的目标都能按期达成，从而保证项目总目标的实现。

施工进度管理影响着工程项目的财务成本、交付时间与运营效率，在项目整体控制中起重要作用。随着项目进度管理理论的发展与机制的成熟，我国工程项目进度管理水平已得到显著提升，但仍出现工期延后的情况，究其原因在于传统进度管理模式存在一定的缺陷，具体有以下几点。

（1）不利于精细化管理　由于管理人员精力、能力的有限性与项目监督管理影响因素的繁多性，导致管理人员无法充分考虑各种因素对进度的影响程度，施工计划中存在的缺陷直到施工进展中才显露，致使工期压力增大、项目进度滞后；且传统项目进度管理方法很大程度上依赖项目管理者的经验，受主观因素影响较大，不利于项目进度管理精细化、规范化。

（2）图纸可视性弱　随着建筑业异型曲面的应用发展，因二维 CAD 设计图形形象性差、可视性弱，且图纸表达形式与现实习惯思维不同，非专业人员认识理解图纸困难，不方便各专业之间的协调沟通；目前工程项目进度管理的主要工具是网络计划图，但其计算复杂、理解困难、表达抽象，不能直观展示项目进度，不利于与外界沟通交流的同时，也难以实现对项目实际进度的跟踪监管。

（3）优化协调困难　工程项目参与方众多，项目进度计划在实施过程中不可避免地会因设计变更、施工条件、实地情况等众多影响因素而调整，但传统进度计划调整方法工作量大、缺乏灵活性，且参与各方存在信息差、项目整体性表达受限、无法实现无障碍合作，致使计划优化调整困难、实际进度易与计划进度脱节、进度管控效力不足。

3. 成本管理

成本管理是企业为降低建筑工程项目或劳务、作业等的成本而进行的各项管理工作的总称；是企业在生产耗费发生前和成本控制过程中，对各种影响成本的因素条件采取一系列预防调节措施，实现以最小成本获取最大收益的管理行为。成本管理的内容可精炼为"全员性""过程性"和"实时性"三点。

全员性：建筑成本管理工作覆盖施工企业及施工项目的各个管理岗位。工程项目的每一项活动都会对施工成本造成影响、每一管理岗位都与成本管理存在关联，也就是说成本是业务管理的经济结果按会计方式进行的归集，是全员协作的结果，而非单一的会计部门工作。

过程性：建筑成本管理的对象是每一项直接耗费及其关联过程，控制内容包含成本计划、计划执行、成本监督、成本核算和成本考核。

实时性：在实际建筑施工过程中，项目成本受天气、器具、技术等因素的影响会有许多变化，与其对应的项目成本管理行为也应进行修改，以更好地实现成本管理目标，这就要求成本管理能够实时地对施工过程中出现的问题做出反馈。

工程成本管理一直是项目管理中的重难点。项目建设中每一施工阶段都涉及大量的材料、机械、工种及各种费用，人、机、料和资金消耗数据量巨大，且在实际成本核算工作中，需要预算、仓库、施工、财务多部门多岗位协同配合，才能汇总出完整的实际成本，随着工程进展，以传统管理手段应付进度工作已自顾不暇，难以做到成本分析及管理优化工作。此外，人、机、料甚至一笔款项往往用于多个项目，消耗量和资金支付情况复杂，追溯分解困难，对工作人员的专业性要求较高；对于材料、人工无法做到账实对应，即材料进库未付款、付款未进库、出库未使用或使用未出库等情况，工人干活未结算、工人结算未干活等情况，难以做好时间、空间、工序的对应工作。

在传统的施工阶段，成本管理工作主要面临三点问题：

（1）管理过程被动不连贯 在传统成本管理模式下，以建筑实体的计量和计价为基础，信息化程度低，成本管理过程为先完成项目设计再进行成本控制，拉长了预算与结算之间的过程，使得管理过程被动、不连贯，进而导致成本管理工作受限。

（2）实时性较弱 传统成本管理中，数据采集具有延滞性，数据信息获取速度较慢，特别是在施工过程中设计发生变更的情况下，使得成本管理工作中缺乏实时的数据，无法及时修正数据，导致造价不准确，不利于整体项目成本的管理。

（3）污染环境 建筑施工过程中消耗大量钢材、木材、水泥的同时，在电、水能源支持作业下也会产生众多粉尘、二氧化碳等，最终势必会对自然环境造成破坏，但传统成本管理尚未关注、重视到施工过程中资源使用、能耗节约方面的工作。因此，成本管理不仅是财务意义上的利润最大化，也应做到低碳环保最优化。

进度、成本、质量三者之间相互影响、相互制约，加快工程进度提高成本的同时，可能会降低质量，传统项目进度管理缺乏切实有效的技术和方法，难以使三者达到最优平衡状态，特别在工期滞后时段易陷入高成本赶工但质量不合格而返工的恶性循环中。

二、面向 BIM 的动态智能管理机制的优势

BIM 技术自出现以来就被广泛应用于建筑的各个领域，使得工程项目的管理控制过程发生了显著变化。在工程项目管理过程中，BIM 技术为工程项目各阶段、各参与方提供了协调工作的技术支持与管理工具，使得传统工程项目管理控制活动的信息传递方式发生了变化，即发生了围绕 BIM 技术平台为核心的工程项目信息链重构，如图 4-4 所示，各参与方实现了信息集成、数据交换、即时沟通、可视化协调，从而弥补了传统管理模式的缺陷。

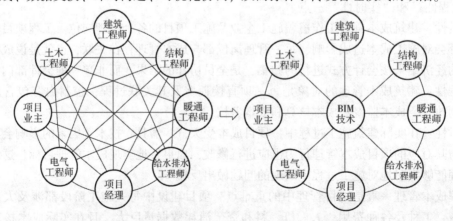

图 4-4　BIM 实施情境下工程项目信息传递方式的转变

就项目运行关键阶段交易衔接界面内的业务流程与信息传递而言，其工作内容和工作性质具有较大差异，各参与方既要从宏观上了解其流程协同效应的变化趋势，又能从微观上明确当前流程协同时点是否为本阶段业务流程风险控制的均衡运行终点。基于 BIM 数据平台构建的协同信息传递价值链模型与传统项目管理业务流程的优劣势对比分析见表4-3。

表 4-3　优劣势对比分析

对比内容	传统项目管理业务流程	基于 BIM 数据平台构建的协同信息传递价值链模型
信息共享和使用	各阶段割裂留滞，形成"信息孤岛"	通过对链路进行层次分析、资源形态划分，整合各阶段及各方的成本进度信息传输流程，使之不再处于割裂状态
信息阶段过渡	受各方数据转录流程、数据形式兼容性及参与方空间地域分布所限，建设项目信息在阶段过渡时极易流失或延误	信息价值链模型自项目规划阶段建立，信息和数据随建设项目的进展不断丰富完善，不同阶段的参与方可从中提取所需资料，改善各方信息因素传输流程
信息关联性	信息关联性差，缺乏统一的信息创建、交互与共享平台，无法实现信息在各参与方数据库之间的互联	具有模糊关联属性，将协同信息价值链模型的形成机制及其中涉及信息输入端、信息流程域、价值输出端的各种影响因素都纳入与之对应的同一信息流程动态演变系统中
信息传递效率	参与方内部及各方之间信息上传下达链路较长，信息传递效率较低	信息传递方将 BIM 平台生成的文档通过协同网络平台传递给信息接收方，信息接收登录平台后即呈现该 BIM 文档，可大幅提升异地工作的信息传递效率
信息开放性	各方信息难以有效集成于同一数据平台，信息开放程度较低	有助于真实反映项目各参与方信息价值链持续性协同的动态演化过程，以及当前系统是否达到业务流程最优的均衡状态

借助 BIM 的协同应用以整合工程建设信息资源的同时，采用工程建设方主导、BIM 咨询方管理、各项目参与方共同实施的模式进行工程 BIM 应用实施，BIM 实施情境下的工程信息基本传递过程如图4-5 所示，该应用模式贯穿项目始终，克服了传统工程项目建设过程中链状信息传递方式的信息延迟、缺损及失真等问题，提高了项目各参与方的信息利用率，缩短了信息传递路径，进而使建设单位提高了项目管理水平，实现了全过程精细化协同管理，同时协助建设单位探索信息化施工管理的技术手段和方法，加速促进企业实施项目管控的智能化和科技化。

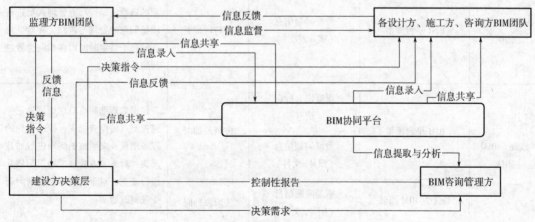

图 4-5　BIM 实施情境下的工程信息基本传递过程

三、基于 BIM 技术的管控分析

1. 基于 BIM 的质量管控

基于 BIM 平台的质量管控是以 BIM 协同管理平台为基本依托，以平台配套的信息采集工具为基本手段，以现场质量及文明施工为主要管控对象，对施工现场重要生产要素的质量状态进行管理控制，该工作有助于实现工程质量的动态管理。可以在原有工作流程的基础上，进一步确保工程项目的效益目标得以实现。具体管控流程如图 4-6 所示，该管控流程的信息传递基本过程见表 4-4。

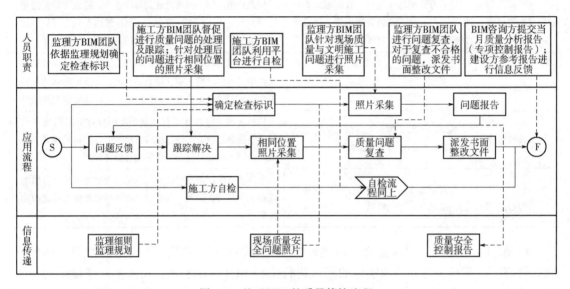

图 4-6　基于 BIM 的质量管控流程

表 4-4　基于 BIM 平台的质量管控信息传递过程

发起对象	接收对象	信息内容	时间节点	工作职责
各施工方 BIM 团队	BIM 平台模型	质量问题信息（照片/文件）	按阶段即时	基于 BIM 平台进行工程质量问题的自检；督促己方管理人员进行质量问题的处理与跟踪，并对处理后问题于特定时间内在相同位置进行照片采集
监理方 BIM 团队	BIM 平台模型	质量检查标识信息	按阶段即时	根据监理细则与监理规划确定关键控制点的检查标识；针对发现的现场质量及文明施工问题进行照片采集；对施工方处理后的问题照片进行复查，对于复查不合格的问题派发整改通知
	BIM 平台模型	质量问题信息（照片/文件）	按阶段即时	
	施工方 BIM 团队	质量问题信息（照片/文件）	按阶段即时	

（续）

发起对象	接收对象	信息内容	时间节点	工作职责
BIM 咨询方	建设方 BIM 团队	质量控制报告	按阶段即时	按约定阶段基于 BIM 模型质量信息进行工程质量分析专项控制报告的编写与提交
建设方 BIM 团队	施工方 BIM 团队	质量控制报告	按阶段即时	接收 BIM 咨询方的质量分析专项控制报告；参考报告进行质量控制与信息反馈

工程项目施工质量控制过程中，BIM 技术的引入为施工管理人员提供了一种新型管理模式，使工程项目图纸由传统的二维平面图叠加变为数字化、信息化的三维可视化形式。利用 BIM 技术，施工管理人员可在线上快速得到建筑构件信息及现场人、机、料、法、环实况信息，实现远程控制管理；对施工项目进行虚拟建造，先试后建，分析不同施工方案的可行性与优越性，并在综合模型中进行直观的碰撞检验，排除施工过程中的冲突及安全问题，避免主观失误；通过应用 BIM 及其他相关技术，对施工现场进行指导、跟踪、可视化分析，施工各方可实时查看建筑质量信息，弱化时间差对建筑施工带来的影响，解决传统质量管理模式存在的问题，使其更加充分有效地为工程项目质量管理工作服务。

2. 基于 BIM 的进度管控

进度管控 BIM 应用的基础是进度管理模型，通过 BIM 软件将实际进度信息添加或连接到进度管理模型，进行比对分析，一旦发生延误，可根据事先设定的阈值进行预警，以达到进度管理的目的。具体管控流程如图 4-7 所示，该管控流程的信息传递基本过程见表 4-5。

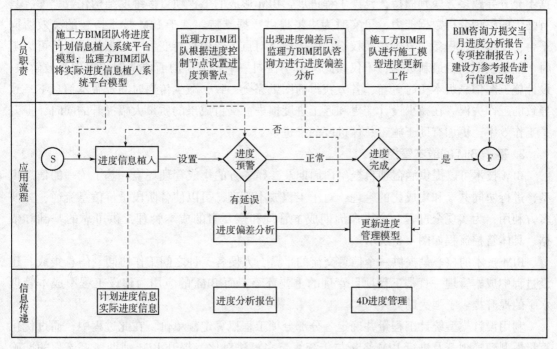

图 4-7　基于 BIM 技术的进度管控流程

表 4-5　基于 BIM 平台的进度管控信息传递过程

发起对象	接收对象	信息内容	时间节点	工作职责
施工方 BIM 团队	BIM 平台模型	计划进度信息	按阶段即时	计划进度信息的植入；施工模型进度的更新；接收管理方的进度信息反馈
		模型进度更新信息		
监理方 BIM 团队	BIM 平台模型	实际进度信息	按阶段即时	实际进度信息的植入；进度管控信息（关键进度预警点）的植入；出现进度偏差的分析与信息反馈
		进度管控信息（关键预警点）	按阶段即时	
	施工方 BIM 团队	进度偏差管控信息	进度偏差发生	
BIM 咨询方	建设方 BIM 团队	进度分析专项控制报告	按阶段即时	按约定阶段基于 BIM 模型进度信息进行进度分析专项控制报告的编写与提交
建设方 BIM 团队	施工方 BIM 团队	进度偏差管控信息	进度偏差发生	接收 BIM 咨询方的进度分析专项控制报告；参考报告进行进度偏差的控制与信息反馈

　　BIM 技术的引入突破了二维限制，为工程项目进度管理带来了新的体验。施工进行前，运用 BIM 设计虽减慢了设计进度，但实际设计过程中通过碰撞检测等功能解决了更多施工过程中潜在的问题，使施工阶段的问题大大减少。传统工程实施中，由于决策依据不足、数据不充分导致多方谈判僵持，延误工程进展，BIM 形成的工程项目多维度结构化数据库，具有强大的整理分析数据能力，可实时为决策提供数据支持。基于 BIM 技术搭建的高效协同平台，项目全过程参与方可在授权下，由传统点对点传递信息转变为一对多传递，且可以随时、随地获取项目最新数据；不仅如此，由于在同一平台下，沟通协调问题得到有效解决，设计施工图信息版本实时更新、各方获得的图纸完全一致，减少传递时间及版本信息不一致导致的工作失误。在减少设计变更和返工进度损失、交付成果的质量大幅提升的同时，提升了工作效率，更加有助于施工总体进度的推进。

3. 基于 BIM 的成本管控

　　BIM 技术可以提供涵盖项目全生命周期及参建各方的集成管理环境，基于统一的信息模型，进行协同共享和集成化的管理；对于工程成本管理，可以使各阶段量价信息流通，方便多方利用，为实现全过程、全生命周期成本管理和全要素的成本管理提供可靠的基础和依据。具体管控流程如图 4-8 所示。

　　BIM 技术的核心是提供一个信息交流的平台，方便各工种之间工作协同、信息集成。建设过程中成本管理一直是工程项目管理的重要环节，而 BIM 的应用为建设工程中成本管理水平的提升提供了强大助力。

　　利用设计模型统计工程量并确定各分部分项工程概算定额单价，在此过程中，通过优化算量模型建模规范及进行 BIM 算量与传统算量多算法对比，提升 BIM 辅助概算流程的准确率，避免人为错误和因素的影响；基于此数据信息，可多维汇总分析更多种类、更多统计分析条件的成本报表，直观反映不同时间点成本需求；此外，通过 BIM 模型将设计变更意图关联到模型中，通过模型的调整能及时发现工程量成本变化，明确各阶段的人、材、机资源需求，确保目标成本确定的合理性，实现资源成本实时动态精细化管理。

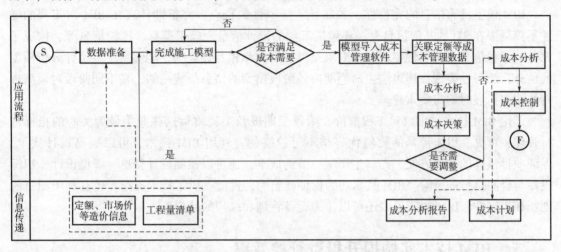

图 4-8　基于 BIM 技术的成本管控流程

　　传统成本管控模式下的业务信息流链路复杂、协同程度较低，给成本管控带来许多挑战，而基于 BIM 模型的成本管理流程可快速解决工程量核对问题，极大地简化各方成本管理过程中存在的重复性工作，提高工作效率及信息传递的准确率。基于 BIM 的成本管控流程将传统模式下以"文本"为对象的单一顺序化工作流程改变为以"已完成模型"为对象的协同化网络工作流程，将各方成本管理的规则、平台、方法高度统一于 BIM 精细化模型中，使业主方、施工方及监理方成本管控工作互通互联，避免结算争议、提高计量精细化程度的同时，提高管理效率，高效完成项目成本管控。

第三节　BIM 技术用于投资管控的优势

一、BIM 技术促进各阶段建筑信息集成与传递

　　在工程项目的全生命周期中，工程信息量庞大、工程信息形态复杂。工程信息的主要特点有：①表现形式多样，如规划阶段的可行性研究报告、设计阶段的设计图、施工阶段的工程进度横道图、成本预算文件等；②关联性大，各种工程信息之间相互影响，如设计变更会引起工程成本、工程进度等的变化；③产生源头多，项目参与方多，每个项目参与方都需要创建管理各自的目标信息；④多变性及抗干扰性差，建设项目的复杂性使得影响项目的因素多，导致工程信息多变。运用 BIM 技术，对工程项目全生命周期内各阶段的工程数据进行积累、扩展、集成和分享，为建筑全生命周期信息管理服务。

　　在项目全生命周期中，BIM 模型不是"静止"的，而是"动态"生成的。BIM 模型是

统一的，在建设项目从规划到运营的全生命周期，工程信息逐步集成，最后形成描述建筑全生命周期的工程信息集合，并被各参与方使用。BIM 模型是动态生成的，每个阶段运用各自的软件系统建立子模型，并应用系统通过提取子模型和集成子模型实现数据的集成与共享。

BIM 模型具有信息的完整性、关联性、统一性的特点。完整性体现在 BIM 对工程的描述不仅局限在 3D 的几何信息上，还包括工程的设计信息、施工信息、维护信息等，构成了完整的工程信息；关联性指模型中对象是可识别的和相互关联的，能够系统地统计分析模型的信息；统一性表现在建筑全生命周期内各阶段模型的信息是统一的，在不同阶段对模型进行修改或扩展时不需要重建。

运用 BIM 技术，可以对工程造价、项目工期以及工程质量这些业主最为关心的指标进行管理，可见，BIM 带来的价值优势是不可忽略的。利用 BIM 技术，可以提高设计质量，保证项目预算的准确方便，提高生产率、节约成本，还可以控制设计变更，降低设计、招标投标与合同执行的风险。BIM 技术还为保证建筑物的性能提供了技术支撑，也有利于项目的创新和先进性，BIM 竣工模型还可以作为设备管理和维护的数据库。

二、BIM 技术实施提升投资管控效率

相对建设工程项目全生命周期管理来说，BIM 的主要作用是把各种软件集合到一个大型的、共同的工作平台上。BIM 平台的参数化及自动化算量等功能能够为工程项目各阶段带来好处，改善了工程项目各个阶段造价管理，从而为实施全生命周期管理建立了基础。

例如，建筑项目基于 BIM 的方案模型一旦建立完成，BIM 软件能够自动、准确、快捷地计算出项目的工程量。而利用 CAD（Computer Aided Design，计算机辅助设计）绘制技术的设计图中，造价人员只有在输入线条的属性之后，才能得到相关信息。此外，利用 BIM 平台，线条设计元素很快就会被相应的各种属性的建筑物构件替代，实现三维算量从半自动化发展到自动化的过程。BIM 平台将造价工程师从先前的算量工作中拯救出来，使其节约更多的时间、节省更多的精力用于价值更高的询价、评估风险等工作。

另外，利用 BIM 的自动化算量功能，能够有效避免人为因素所造成的工程量计算错误，进而得到准确、客观的计算数据。同时，BIM 技术大大提升了工程造价预估的准确性，提高了整体造价工作效率。基于 BIM 平台的全生命周期成本管控如图 4-9 所示。

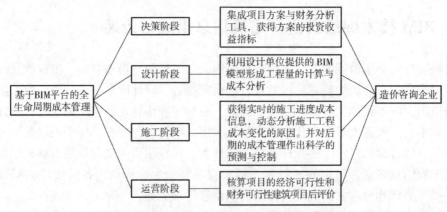

图 4-9　基于 BIM 平台的全生命周期成本管控

BIM 共享平台能够实现各种不同造价软件之间的兼容性。此外，造价管理软件、施工模拟软件等可以利用 BIM 平台相互连接。各方的数据、信息、指令等可以较为便利、便捷地实现转换，而不再是利用传统的纸质或者口头的传送方式。各种相关联的数据可以及时得到有效反馈，各个项目阶段的造价管理可以更加高效。

BIM 具有协调性、优化性、信息集成性、可视化、可出图、参数化、模拟性等优点。BIM 技术在建设工程项目各个阶段都起着重要的作用，从而在一定范围内解决了工程项目各个阶段的造价管理问题。

三、BIM 实现项目各阶段造价管理的协调和合作

在建设工程项目全生命周期造价管理实际落实的过程中，不同阶段、不同参与方之间会产生相应的造价管理协调问题、沟通问题。这些问题在某种程度上制约着建设工程项目全生命周期造价管理的成功实施和落实。建设工程项目全生命周期造价管理落实过程中不同参与方、不同阶段的协调问题，能够通过利用 BIM 技术的可视化、信息共享、可追溯性的特点来实现。利用 BIM 技术实现不同参与方、不同阶段的工程项目造价管理合作以及协调，有力地促使建设工程项目全生命周期造价管理工作成功实施。

打破建设工程项目实施进程中纵向信息共享壁垒以及横向信息共享壁垒，可以通过把 BIM 技术引进工程项目全生命周期造价管理中来实现。在建设工程项目实际建设过程中，BIM 技术的利用能够促进信息互用。信息互用也就是在建设工程项目的实际实施过程中，不同参与方、项目实施不同阶段、不同的 BIM 应用软件能够对各类信息进行信息共享与信息互换。只有落实了信息互用，才能推动不同阶段、不同参与方的合作与协调，提高工程项目决策的速度以及项目质量，推动项目不同阶段造价管理之间、不同参与方造价管理之间各个方面的动态联系，进而促进建设工程项目全生命周期管理的成功落实。

海南陵水黎安国际教育创新试验区图书馆（暨国际学习中心）项目中，以图书馆作为 BIM 重点应用区，可见经济效益估算累计约 303 万元；海口市江东新区高品质饮用水水厂项目应用 BIM 技术，初步估算为项目节约成本约 250 万元。

第四节　BIM 技术在设计阶段的应用

BIM 最早应用于建筑设计，然后扩展到建筑工程其他阶段。BIM 技术已广泛应用于建筑设计的方方面面，如设计创作、方案论证、协同设计、建筑性能结构分析、工程量统计及绿色建筑评估等。在项目设计过程中主要任务是：初始计划、成本管理、技术准备、施工图设计。项目设计阶段对整个项目的影响十分巨大，尤其是对成本影响最大。有关数据表明，一般情况下在设计上的花费往往只占项目总费用的 1% 左右，但其对项目产生的影响程度却高达 75% 左右，项目的方案设计的好坏既影响着项目开始的成本，也影响着建筑质量、建筑花费时间、建筑材料等建筑资源；在 BIM 技术领域，设计阶段又是 BIM 模型开始生成的重要阶段，因此无论是从设计阶段对于整体项目的重要性，还是 BIM 设计模型对后续阶段的

适用性，设计阶段的 BIM 应用都具有重要意义。

设计阶段包括前期规划阶段、方案设计阶段、方案深化阶段和出图阶段，运用 BIM 技术验证项目可行性、管理可预见的风险因素，对下一步工作进行推导和方案细化，降低项目后期成本投入、提高项目的效率并使项目目标得以实现。BIM 在设计阶段的具体应用见表 4-6。

表 4-6 BIM 在设计阶段的具体应用

阶段	详细阶段	具体应用
设计阶段	前期规划阶段	通过使用 BIM 技术来进行场地分析，可以提前了解施工环境，避免因对场地不熟悉而导致施工过程遇到不利因素影响施工进度、增加成本等风险
	方案设计阶段	运用 BIM 模型的空间规划功能使设计出的方案更合理，减少设计碰撞的产生，使设计师更快地发现碰撞部位，及时调整管线，减少返工，最终实现零碰撞，以最实际的方式降低后期实施风险
	方案深化阶段	BIM 技术在三维环境下进行建筑设计，可以对一些二维设计中容易忽视的细节部分进行精细化设计，从而提高设计质量，减少因设计错误而带来的各种风险因素
	出图阶段	利用 BIM 模型直接生成二维图纸可以避免很多人为失误产生的错误，将二维图纸导入 3D 建筑模型中可以迅速发现管线之间的碰撞问题，进而解决问题，更快捷地进行管理

一、前期规划阶段 BIM 的使用

选择合适的项目方案是对工程成本控制的前提条件，据有关数据表明，工程造价受决策阶段的影响高达 80% 左右，因此在项目开始阶段就应注重对建筑设计应用的管理。在项目的规划决策过程中业主首先对项目在技术经济方面的可行性进行研究、对实施的难易程度进行论证、在不同的方案中选择最合适合理的投资方式进而决定项目的成本。

在规划决策阶段 BIM 的主要工作是：场地分析决策、协助业主选择方案等。正是因为 BIM 技术的使用促使了建设方在进行可行性研究时有了准确的数据依据，对降低该过程的风险影响起了很大的作用。建设单位可以利用 BIM 技术得到用于设计的建筑模型，利用这个模型业主可以完成选择方案和施工模拟，这样一来建设单位可以缩短建设周期、降低项目投资、获得更高质量的成果，最终可以更好地控制风险因素以实现最优目标。BIM 在规划决策阶段的应用见表 4-7。

表 4-7 BIM 在规划决策阶段的应用

序号	具体过程	涉及的技术	应用内容
1	场地分析决策	BIM 技术与 GIS（地理信息系统）技术	对空间布局进行模拟，促使现场布局更合理，减少因达不到业主的要求而重新返工，避免了工期的延误、资源的浪费，由于前期很好地对风险进行控制使后期管理工作更方便
2	协助业主选择方案	BIM 的虚拟施工技术	方案论证阶段还可借助 BIM 技术带来的便利的、低廉的多种方案供业主选择，业主可以通过 BIM 的模拟分析功能，迅速找出最优方案

1. 场地分析决策

场地分析是对建筑物的定位、建筑物的空间方位及外观、建筑物和周边环境的关系、建筑物将来的车流、物流、人流等各方面的因素进行集成数据分析的综合。在实际施工时，因施工现场空间狭小及建设可持续发展绿色建筑等因素的影响，只有使用具量化的信息才能确定建筑物的具体位置和空间形状。基于传统的分析方法存在不能很好地进行准确的量化分析、人为因素过多、不能同时处理过多的信息等缺点；而将 BIM 技术和 GIS（地理信息系统）技术相联系并引入场地分析过程中，可提前了解施工环境并对空间布局进行模拟，使建筑物与周围环境更融洽、现场布局更合理；也可以实时在拟建建筑物内漫游，使业主更快速地了解建筑物内部布局，提前发现错误并采取应对措施，最终使通过场地分析得来的决策和决定建筑物的位置等更准确，减少不准确的决策而带来的风险。

通过场地布置与漫游，一方面业主可以更清楚地得到自己想要的建筑物，减少因达不到业主的要求而重新返工，避免了工期延误、资源浪费，由于前期很好地对风险进行控制使后期风险管理工作更方便；另一方面使施工单位对拟建建筑物有个大体的了解，从而在施工时效率得以增高进而缩短工期，达到有效控制施工进度的目标。

【案例1】

天津市建筑设计院科研综合楼工程共分两栋建筑，场地的南侧布置 L 形科研楼，北侧现有的 B 座办公楼拆除后兴建停车楼，保留现有中心绿地，总建筑面积 $31600m^2$。在工程项目的决策阶段就充分利用 BIM 技术结合 GIS 系统对建筑物空间内的原始场地使用 Civil 3D 软件进行三维建模，并对建模信息进行有效分析，利用分析模型，设计师对场地环境的优劣势进行总结，并结合规划部门要求、分期建设等多方面因素，经过多方案对比后得出较为合理的建筑形体，如图 4-10 所示，建成后与周围环境融为一体，已经成为新区的城市图标。

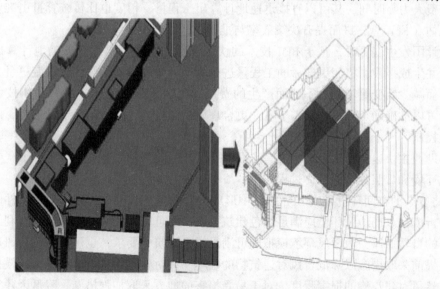

图 4-10　科研综合楼建筑形体图

【案例2】

三亚崖州湾科技城深海科创平台项目中，存在现场工序复杂、机械较多、场布变换频繁、各工种需穿插施工、场地受限等各种问题，运用 BIM 技术对现场平面进行科学、合理的布置，可以减少现场材料、机具二次搬运以及避免环境污染。工程开工前，利用 BIM 技术对项目进行场地模拟布置，如图 4-11 所示，对生活区、办公区、施工区进行科学合理布局，保证施工现场卫生与安全。

图 4-11　BIM 辅助进行场地模拟布置

2. 协助业主选择方案

在论证施工方案中，建设单位利用 BIM 技术的可虚拟施工技术对设计阶段中涉及的建筑物空间位置、太阳辐射分析、自然风对建筑物的影响、自然天气条件分析、建筑周围适应性等提前进行论证，进而发现方案存在的隐藏问题，排除风险因素。BIM 技术不同于传统算量的高耗费人力与时间，其可以直接迅速地计算出工程量，精度也比传统算量更准确，能够准确实现估（概）算，进而提升决策效率与准确性，降低决策风险。

当设计图发生变更时，基于 BIM 技术的快速算量功能可以迅速、准确地计算出变更后的工程量并生成报表，将变更前后的工程量进行对比可明确得知具体的工程变更量，将其记录存档从而减少因变更工程量不清而产生的费用和工期索赔；此外，基于 BIM 技术的快速算量功能可以准确确定工程材料需求量，更合理地控制投资、减少不必要的浪费，以便进行成本风险控制。

为协助业主快速选择出合理方案，不仅用到 BIM 技术的快速算量功能，还需要对建筑物进行风环境和日照分析。具体过程如下：

1）将复杂的空间环境导入 BIM 软件中形成数据模型，然后导入流体力学软件以便进行风环境分析模拟。场地风环境应满足绿色建筑要求，而且若现场风速适宜，则有利于建筑内部过渡季的自然通风，通过风环境模拟既可满足绿色建筑的要求，也可以模拟台风对建筑物的影响，提前采取措施以降低台风对建筑物的破坏。在对建筑物进行风环境分析模拟后也可以了解自然风对建筑物的损害程度，对于易受损害的地方采取加强措施，降低因建筑物不稳定而引起各种事故发生的概率，方便后期的运维管理，运用 BIM 的风环境模拟功能能够在前期发现不稳定性因素并及时采取措施进行风险管理。

2）利用场地模型模拟自然界中太阳辐射并进行分析。例如，若拟建建筑周围建筑物密集不利于自然采光，太阳辐射量呈南北梯度分布，冬天时达到最大量，在了解太阳辐射对建筑物的老化影响时可以采取措施减缓建筑物的老化速度以达到延长建筑物使用年限的目的。运用 BIM 技术对建筑物进行太阳辐射模拟后了解建筑物的采光规律，制定出最合理的照明系统，减少不必要的浪费，为后期的运维管理提供数据支持，可以根据数据进行运维阶段的风险管理，使风险管理更科学化、准确化。

【案例3】

天津市建筑设计院科研综合楼的光照、风环境的操作模拟截图如图 4-12 所示。进行光照分析时提取了四个季节中任意时刻光照分析过程，以便获得最大的太阳能，减少整个建筑物的能耗。通过对建筑物光照、风环境的模拟分析可以减少建筑物的能耗使其达到绿色节能的建筑要求，以便业主迅速地选出建筑方案，减少设备损耗以便在运维阶段更方便地对设备进行维修，在前期的模拟分析降低损耗设备的风险因素发生概率，从而利于运维阶段的管理。

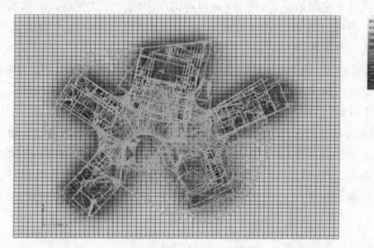

图 4-12　某建筑物光照、风环境操作模拟截图

二、方案设计阶段 BIM 的使用

传统设计项目中，各专业设计人员分别负责其专业内的设计工作，每个专业都有一套图纸，而设计项目一般通过专业协调会议或相互提交设计资料实现专业设计之间的协调，但这种协调方式难以实现实时的信息共享，易出现信息差及信息孤岛现象，因此造成了设计的低效性。在工程项目现场因专业之间协调不足出现冲突是当前非常突出的问题，这种协调不足也导致施工过程中冲突不断、变更不断。按照原先的方式设计的施工图非常复杂且容易出错，面对施工图中的错误需要很多时间去发现，但往往发现的只是表面问题，比较深层次的问题却很难发现，从而给项目的实施埋下隐患，这些风险因素最终会给整个项目带来十分巨大的损失。

面对这些风险因素可以通过 BIM 技术解决，一种是在设计过程中通过有效适时的专业间协同工作避免产生大量的专业冲突问题，即协同设计；另一种是 BIM 软件可以对不同专业不同结构的错误进行修改，当发现问题时运用 Revit 在建筑三维模型中进行修改，即碰撞检验。BIM 在方案设计阶段的应用见表4-8。

表 4-8 BIM 在方案设计阶段的应用

序号	BIM 应用	具体内容
1	协同设计	BIM 为各专业之间实现协同化设计提供了一个平台，从而解决了传统"分离式"设计方式和各专业之间的设计碰撞问题
2	碰撞检查	通过 BIM 的可视化功能可使设计师直接在三维环境下找出各专业之间的空间碰撞问题，大大减少"错、碰、漏、缺"现象的发生，从而尽可能将设计风险消除在设计阶段，避免影响到后期的实施过程

1. 协同设计

设计中涉及的专业十分广泛，主要有设计思路、资料共享、对比检查、成本管控等；相比于同专业之间，不同专业之间产生的设计错误更多，有关资料表明，其主要原因是由于项目设计阶段的不同专业之间缺乏足够的沟通与协调。因此，为减少该风险因素出现的概率就需要设计协同化。通过运用 BIM 软件可以建立一个虚拟平台使各个专业的人相互沟通，以此解决原先分离式设计方法带来的各种缺陷。

BIM 的协同作业方法：根据项目所具有的特定组织方式而采取特定的 BIM 软件，对拟建建筑进行三维建模，提出根据项目产生的问题而对应的解决方法，将设计方、建设方、建筑工程师、安装工程师、MEP 工程师、施工方、运维方等项目各方都通过运用 BIM 技术而建立的项目管理的基础上进行沟通、共同工作，以此提高建设方、施工方、设计方、设备维护方的工作效率，减少各方的设计隐患，BIM 全生命周期模型如图 4-13 所示。此外，利用 BIM 模型直接调取空间数据可以实现信息的实时查阅，在后续施工阶段可以对比某一时刻的施工进展来确定工期是否延误，在运维阶段可以为设备的维护提供准确的数据支持以便更高效地维护。

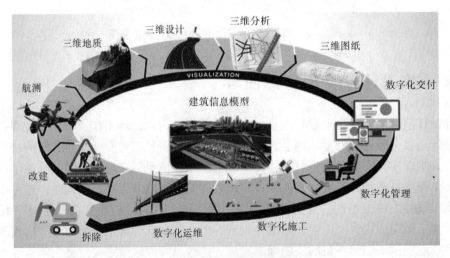

图 4-13 BIM 全生命周期模型

在项目的设计阶段，BIM 的协同工作方式能使各方通过共同的信息来避免因信息交流不畅而带来的风险危害。比如，安装工程师设计的水、暖、电管道与结构工程师的梁、板、柱的位置不相符导致的碰撞问题就可以通过 BIM 软件的协同功能来解决。一份来自美国军方的 BIM 数据表明，运用 BIM 技术可以更好地完成设计工作，能够节约不必要的浪费达 5%，这证明了协同设计在减少设计错误的同时还能进行成本控制。

2. 碰撞检查

首先基于原先不同的专业独自完成自己专业内设计工作的"隔断式"现实情况导致不同专业之间缺乏足够的沟通，而且项目的规模不断扩大，参与人员不能满足工作要求，此外二维设计图不能用于空间表达使得设计图中存在许多意想不到的碰撞盲区，致使不仅设计往往存在专业间碰撞，如建筑与结构专业：标高、剪力墙、柱等位置不一致、梁与门冲突；结构与设备专业：设备管道与梁柱冲突等，而且机电设备和管道线路的安装方面的交叉碰撞问题也时有发生。

BIM的可视化能够在设计阶段通过碰撞检查来解决这些问题，在3D模拟环境中，对水电管线进行模拟施工，在前期检查阶段了解管线与构件之间的交叉重合进而发现其中的设计缺陷。碰撞检查一般从初步设计后期开始进行，随着设计的进展，反复进行"碰撞检查—确认修改—更新模型"的BIM设计过程，直到所有碰撞都被检查出来并修正。经过对碰撞问题的分析得出相应的结论并生成有用的数据，根据结果解决设计图中"错、漏、碰、缺"错误，减少因此产生的返工，从设计阶段降低风险因素发生的概率。

【案例1】

以上海虹桥医学中心的BIM管线碰撞检测为例，利用BIM模型检查出人防地下车库机电安装工程中进水管与电路管线发生碰撞、消防系统与风系统发生碰撞等几百处碰撞，提前反映施工设计问题，采取对应措施，避免返工与浪费，有利于对项目进行成本风险管理进而提升整体的效果。

【案例2】

三亚崖州湾科技城大学城学术交流中心项目中，利用BIM技术对项目大型钢结构网架体系进行数学建模，生成施工级深化模型，对空间进行分析，对未来吊顶位置安装设备部分进行碰撞检查，如图4-14所示，生成碰撞报告并提出优化方案。利用BIM技术的碰撞检查技术，可以减少设计及施工阶段的不确定性风险因素，以最实际的方式降低风险的危害。

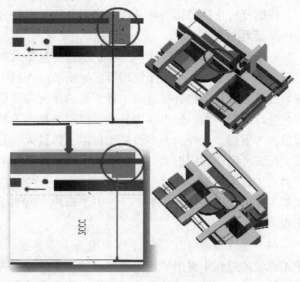

图4-14　碰撞检查截图

三、方案深化阶段BIM的使用

将BIM技术在3D环境下模拟建筑施工工艺并应用，使工作顺序和信息交流方面有了很大的进步，更好地完成了设计图深化。并且充分利用软件后提高了设计效率，检验了模型的结构合理性，计算了空气力学和材料力学的数值指标，将得到的结果录入BIM 3D模型中，并加以改进使设计方案更加合理。

1. 结构分析

最早使用计算机进行的结构分析包括三个步骤,分别是前处理、内力分析、后处理。其中,前处理是通过人机交互式输入结构简图、荷载、材料参数以及其他结构分析参数的过程,也是整个结构分析中的关键步骤,所以该过程也是比较耗费设计时间的过程;内力分析过程是结构分析软件的自动执行过程,其性能取决于软件和硬件,内力分析过程的结果是结构构件在不同工况下的位移和内力值;后处理过程是将内力值与材料的抗力值进行对比产生安全提示,或者按照相应的实际规范计算出满足内力承载能力要求的钢筋配置数据,这个过程人工干预程度也较低,主要由软件自行执行。在 BIM 模型支持下,结构分析所需的简化关联关系,能依据构件的属性自动将真实的构件关联关系简化成结构分析所需的简化关联关系,能依据构件的属性自动区分结构构件和非结构构件,并就非结构构件转化成加载于结构构件上的荷载,从而实现了结构分析前处理的自动化。

2. 性能分析

利用 BIM 技术,建筑师在设计过程中赋予所创建的虚拟建筑模型大量建筑信息(如几何信息、材料性能、构件属性等)。只要将 BIM 模型导入相关性能分析软件,就可得到相应分析结果,使得原本 CAD 时代需要专业人士花费大量时间、输入大量专业数据的过程,如今可自动轻松完成,从而大大缩短了工作周期,提高了设计质量,优化了为业主的服务。

性能分析主要包括能耗分析、光照分析、设备分析、绿色评估等。

3. 工程计量

三亚某人工岛填海造陆项目中,工程计量是大型填海项目的核心任务,因填海工程施工过程复杂、施工工艺及工序烦琐等,导致填海项目工程计量工作量大,且填海项目工程计量精确度和快慢程度将直接影响工程预算的速度和质量。与传统建设项目相比,大型填海工程存在受环境影响大、施工环境复杂、资源消耗多等特点,因此快速、准确地统计填海项目工程量尤为重要。此外,大型填海工程由于体量大、复杂程度高、施工难度大,从投资控制角度,投资者需清晰把握项目投资资料、资金以及相关技术。通过查阅文献,发现大体量、投资多的工程项目均存在由于工程量计算误差导致浪费的现象(例如:深圳机场三跑道扩建工程、深中通道人工岛工程等)。为了解决工程计量的问题,详细研究了工程计量的发展历程。

(1)手工算量　工程量计算初期为手工算量。随着手工算量的发展,部分工作人员在手工算量的过程中得出了相应的工程量计算经验,并总结了大量快速计算工程量的方法及算量表格,从而加快了计算的速度,提高了工程计量的质量。

(2)软件表格法算量　基于原始的手工计算理念,软件表格法算量是对手工计算法的优化及简化,并且工作人员可以自主地输入算量表达式。

(3)BIM 自动算量法　此方法以计算规范为基础,利用相关软件建立项目算量模型,基于算量模型输出工程量明细表。

与传统工程相比,大型填海工程施工过程更加复杂。为准确快速计算填海项目各结构工程量,利用 BIM 技术建立大型填海工程模型自动计算工程量。大型填海工程施工过程复杂、施工难度大,且工程计量是大型填海项目的核心任务,基于 BIM 技术的大型填海项目工程计量可快速统计填海各部分工程量,并减少由于人为原因造成的工程量统计错误,大大提高了工程计量的准确性。

四、出图阶段 BIM 的使用

三维设计过程的核心是模型而不是图纸，所有图纸都直接从模型中生成，图纸成为设计的副产品。传统的二维图纸生成往往需要花费大量的人力、物力与时间，BIM 技术改变了以往的建筑图纸生成方式，使用 BIM 软件可以用三维模型直接生成，能让人更直观地理解复杂的建筑空间模式、更加容易快捷地理解设计图的含义，提高设计质量的同时也大大降低了各种成本。不仅建筑专业的图纸能简单生成，其他专业的图纸也能快速生成。

此外，二维图纸中可能存在大量的错误，检查与修正又需要花费大量的时间，并且通过二维图纸检查出的错误往往只是表面错误，结构上的错误无法在图纸上直接检查出来，如管线之间的碰撞问题、结构之间的规划是否合理等。通过 BIM 的 3D 模型直接出图就避免了人工出图过程中所犯的各种错误以及图纸不清晰等，能在出图阶段减少不确定性因素的出现，使设计进度满足施工要求从而避免进度延后的风险发生，更直接地控制进度，而且工程师充分利用 3D 建筑模型，能够根据实际需求生成相应的视图，比如平面图、立面图、剖面图、3D 视图甚至大样图，以及材料统计、面积计算、造价计算等都从建筑模型中自动生成，避免了因人为因素而带来的风险，降低风险发生的概率。

施工图表达了建筑项目的设计意图与设计结果，且其作为项目现场施工制作的依据，是建筑项目设计的重要阶段。BIM 在出图阶段的主要应用见表 4-9。

表 4-9　BIM 在出图阶段的主要应用

序号	BIM 应用	具体内容
1	施工图生成	基于 BIM 技术的数据关联性，软件可依据模型的修改信息自动更新所有与该修改相关的图纸，由模型到图纸的自动更新为设计人员节省了大量的图纸修改时间
2	三维渲染图出具	三维渲染图以一种简单直观的方式传达了有关项目的许多细节，使业主直观感受建筑项目的设计布局及仿真效果，避免后期更改带来的巨大成本，保证施工进度与质量、控制施工成本

1. 施工图生成

在以往设计过程中，当生成施工图之后，如果工程的某个局部发生了设计更新，则会同时影响与该局部相关的多张施工图，设计师需要花费大量的时间对施工图进行修改，这种问题在一定程度上影响了设计质量的提高。利用 BIM 技术的数据关联性可以解决这一问题。根据模型直接形成图纸，当设计师根据实际情况做出修改时系统将自动更改与之相关的其他文件，因此设计师不需要花费大量的时间去修改施工图，从而使生产效率大大提高，并且运用 BIM 技术可以根据变更要求对施工图进行调整，然后系统能自动计算出工程量并能生成变更前后的对比工程量清单，为后面的工期、费用索赔提供依据，减少因证据不清而产生的索赔纠纷、问题，在前期降低风险因素发生的概率从而方便后期的风险管理。

2. 三维渲染图出具

三维渲染图同施工图一样，都是建筑方案设计阶段重要的展示成果，既可以向业主展示建筑设计的仿真效果，也可以供团队交流、讨论使用，同时三维渲染图也是现阶段建筑方案设计阶段需要交付的重要成果之一。Revit Architecture 软件自带的渲染引擎可以生成建筑模型各角度的渲染图，同时 Revit Architecture 软件具有 3ds max 软件的接口，支持三维模型导出。Revit Architecture 软件的渲染步骤与目前建筑师常用的渲染软件大致相同，分别为：创建三维视图、配景设置、设置材质的渲染外观、设置照明条件、渲染参数设置、渲染并保存图像。

【案例】

新海钢大厦项目中设计团队应用 Revit 等软件实现 BIM 模型渲染并保存图像，其 BIM 模型渲染效果如图 4-15 所示。

图 4-15　BIM 模型渲染效果展示图

第五节　BIM 技术在施工阶段的应用

施工阶段是建筑实体形成的主要阶段，且施工过程中会消耗很多建筑材料。由于施工周期长、项目规模大、利益相关方多、受政府影响大、市场材料价格变化频繁等施工过程不确定性因素多，施工阶段的管理难度较大。因此，为了对工程的成本、质量、周期等有好的控制，对于该期间的管理是十分有必要的。结合 BIM 技术的施工管理能够对信息进行实时查阅，可以随施工过程的变化而变化并进行实时监控，以便更好地协调质量、周期、成本之间的关系，实现项目的整体目标。

一、招标投标阶段 BIM 应用

1. 基于 BIM 的工程量计算

在招标投标阶段，工程量计算是造价人员耗费时间和精力最多的重要工作，特别是清单模式下，无论是招标方还是投标方都需要计算两边工程量，招标方需要在对清单项目进行特征描述的基础上计算清单工程量和定额消耗工程量，而投标方需要核对招标方提供的清单工程量，同时还需要计算施工方案工程量。工程量的计算工作量大且复杂，人工计算很难快速准确地形成工程量清单。与传统的手动计算工程量相比，基于 BIM 技术的工程算量优势见表 4-10。

表 4-10　基于 BIM 技术的工程算量优势

序号	优势	具体内容
1	算量效率大大提高	在模型精度能够满足投标需要的情况下，可通过软件自动提取各类工程量，整个工程量提取过程仅需数分钟，较手动算量节约了大量的时间。同时 BIM 模式下，所有人的工程量提取均基于同一个模型，而不是每人进行一遍算量工作，可明显降低人员投入
2	算量准确性提高	软件自动算量可以精准计算到每个构件的工程量，既不会有重复也不会出现遗漏，可达到与模型 100% 的吻合。同时生成的工程量清单与模型存在内在的数据关系，当模型发生变化时，相应的工程量会随之改变，不会出现因更新不及时造成的工程量偏差情况

推广和应用 BIM 技术，工程造价咨询企业或建设企业可以从 BIM 模型中抽取工程量，再结合项目特征编制工程量清单，这在很大程度上减少了施工阶段的工程量纠纷。在招标过程中，拟建项目的建设企业可将 BIM 模型作为招标文件的一部分分派给投标企业，投标企业可以从 BIM 模型迅速获得工程量数据，再与招标文件工程量清单相比较，制定更好的投标策略。

【案例】

广西民族剧院项目位于南宁市江南区滨江公园亭子文化街内，为广西壮族自治区重点形象工程和重大推进项目。该项目建筑等级为甲等剧场，对工程结构、室内外精装修、舞台工艺设备安装等施工精度要求高。根据各分部工程的 BIM 模型进行算量，统计项目的土方、砖模、混凝土、钢筋、砖砌体、二次结构等工程量，将输出的工程量清单或下料单作为材料采购、现场施工、现场收方的参考。工程算量汇总过程如图 4-16 所示。

设计阶段—全专业Revit模型

招标投标阶段—裙房部分算量模型

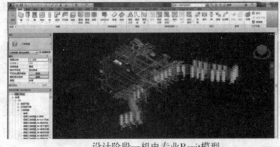
设计阶段—机电专业Revit模型

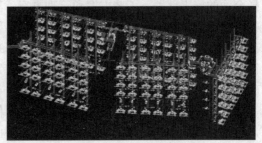
招标投标阶段—客房部分算量模型

图 4-16　工程算量汇总过程图

2. 基于 BIM 的多算对比分析

造价管理中的多算对比对于及时发现问题并纠偏、降低工程费用至关重要。传统的工程造价管理模式对过程管理较为粗放，常常以预算代替成本的管控。很多企业只关注项目一头一尾两个价格，过程中成本管理基本放弃了。项目做完了才发现实际成本与之前的预算出入很大，这个时候再采取措施为时已晚。目标成本与实际成本的对比是多算对比的核心，精细化造价管理需要细化到不同时间、不同构件、不同工序等。BIM 模型集成了构件、时间、流水段、预算、实际成本等信息，可以根据时间维度、空间维度、工序维度、区域维度对数据进行汇总统计，整理成相应的报表，再根据现场实际发生的材料等数据量和资金量进行分析对比，实现多维度的多算对比。利用 BIM 技术，可以实现三个维度八算对比，但是在工程中进行数据实时分析十分困难，而且通常只针对一个维度进行分析，不能找到问题所在。利用 BIM 可以进行三个维度八算对比，具体见表 4-11。

表 4-11　BIM 三个维度八算对比

三个维度	八算 （量、单价、合价）	WBS 投标	WBS 实施	计算依据	数据来源 基础数据
时间 工序 空间	中标价	√			√
	目标成本		√		√
	计划成本		√		√
	实际成本		√		
	业主确认	√			√
	结算造价	√			√
	收款	√			
	支付		√		

其中，三个维度即时间、工序、空间（区域），八算指的是中标价、目标成本、计划成本、实际成本、业主确认、结算造价、收款、支付。

3. BIM 技术辅助技术标编制

技术标编制宏观上可概括为两方面核心内容：其一，根据招标图纸内容和文件的要求选择合适的施工部署、工艺方案和管理方案；其二，将所选的部署、方案和方法通过直观简明的方法准确传达给招标人。而在施工单位传统的招标过程中，由于受到技术手段与表现方法的限制，一方面是更加复杂的施工工艺和管理方法，另一方面是传统的文字和二维图纸难以简明、清晰地对复杂工艺进行准确表达。特别是在面对结构复杂、体量大、技术难度大的工程和业主对技术标的苛刻要求时，以上两方面核心工作将面临更大的困难。

BIM 技术可视化在投标文件编制中主要体现在标书文件中的配图，通过配图对文字描述内容进行辅助表达，以解决传统招标过程中面临的困境。下面以三亚崖州湾科技城项目为例，根据投标文件中的章节分布进行可视化配图应用阐述，具体内容见表 4-12。

表4-12　分章节可视化的应用

序号	章节名称	配图内容	实现方法	示例
1	工程概括	以BIM模型图片展示建筑设计概括及周边环境	Revit、Tekla、Rhion等建模；Revit、Fuzor、Lumion渲染出图	 项目效果图
2	工程重难点分析及对策	利用BIM模型图片进行进一步阐述	BIM技术绘制重难点涉及的相关图纸	 复杂节点碰撞优化
3	施工总体部署进度	应用BIM模型配图阐述施工部署思路	BIM技术绘制施工分区分段图、工况图	 节点深化设计
4	主要分项工程施工方案	应用BIM模型图片辅助阐述复杂节点工艺及专业间配合	BIM技术绘制各方案相关配图	 多方案BIM可视化验证
5	施工现场平面布置	利用BIM配图阐述现场平面布置思路	BIM技术绘制各阶段平面布置图	 钢结构平面布置图
6	质量安全管理相关章节	利用BIM配图阐述质量、安全管理要求的标准做法	BIM技术绘制质量、安全管理中标准的质量节点构造等图	 安全管理可视化

二、施工准备阶段中的 BIM 应用

施工准备阶段的工作是指工程施工前所做的一切工作。它不仅在开工前要做，开工后也要做，它是有组织、有计划、有步骤、分阶段地贯穿于整个工程建设的始终。在施工准备阶段应用 BIM 技术的主要目的是辅助做好施工准备工作，充分发挥各方面的积极因素，合理利用资源，加快施工速度、提高工程质量、确保施工安全、降低工程成本及获得较好的经济效益。

（一）施工图 BIM 模型建立及图纸会审

建立施工图 BIM 模型是施工阶段 BIM 应用的第一步，也是所有 BIM 工作的基础。理想状态下，设计院应直接将 BIM 作为设计的工具，利用模型出图，并在施工阶段将 BIM 模型传递给施工单位。但目前大部分中小规模设计院还无 BIM 应用能力，或无法直接利用 BIM 出图。所以施工单位往往在施工阶段无法收到设计院 BIM 模型，需自己建模；或因设计院提供的 BIM 模型为翻模所建，故存在大量的图模不一致的情况。

由于施工在建模过程中需要对图纸进行反复查阅，所以施工管理人员应在施工图 BIM 模型建立过程中同时对图纸进行会审，将两者工作结合起来。根据 BIM 建立人员的不同情况，施工准备阶段 BIM 模型建立及图纸会审可分为设计院提供模型和 BIM 人员自建模型两种情况。

1. 设计院提供模型

部分项目业主会要求设计院建立施工图 BIM 模型，并提交给总承包单位在施工时进行应用。针对此情况，总承包单位在接收到 BIM 模型后，应组织各分包单位对 BIM 模型进行模型会审，模型会审与图纸会审可同时进行，协助工作团队发现图纸中的问题。与传统的图纸审核不同，结合设计院提供的施工图 BIM 模型与二维图纸的叠合，利用 BIM 的可视化优势，项目管理人员可检查单专业的准确性、多专业图纸的协调性。发现并解决图纸中的问题，提前在图纸会审中反映，减少后期设计变更。

检查设计院模型以及利用设计院模型辅助图纸会审的主要工作流程如图 4-17 所示。

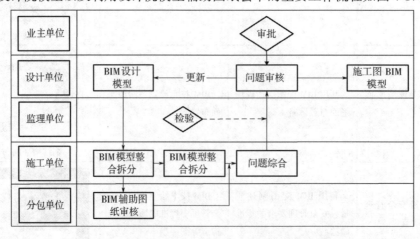

图 4-17 设计院提供模型的图纸会审工作流程

2. BIM 人员自建模型

若设计院不提供模型，则需要自行建立施工图模型。确定好各专业建模使用的软件，确定模型成果文件间的协同规则和交付格式。根据后期需要的 BIM 应用点，统一各专业模型内容。制定模型划分原则及模型设定。最后模型建立参照依据，过程中模型修改及管理标准。

（二）实现合理施工组织设计

为了使施工过程更加高效合理而采取的施工组织设计，能够对人员和设备按资源需求进行统一调配。合理安排施工过程并合理安排施工中每个施工单元、每个施工单体、每种资源之间的关系才可以确定每个阶段的工作内容，才可以具体到控制每个阶段的风险。施工组织设计是集技术、经济和组织为一体的综合性解决方案，可以指挥项目全过程的各项活动，结合施工技术和管理，能够使施工过程更加合理高效。

施工组织设计一般包括：工程概括、施工部署及施工方案、施工进度计划、施工平面图、主要技术经济指标等内容。以往的施工组织设计是文字与图纸的结合，相关人员必须阅读大量的文字、浪费大量的精力来阅读图纸从而理解施工组织设计。BIM 技术辅助施工组织设计是在施工准备阶段利用 BIM 作为工具直接设计方案节点或依托 BIM 技术对施工过程中的各项工作进行复核校对。在施工组织设计中引入 BIM 技术，可以让工作人员快速准确地了解施工意图，这样可以减少人为错误引起的风险因素，更好地对施工阶段的风险进行管理。而且通过 BIM 的虚拟施工技术可以对施工工序、施工时间有更准确的了解，施工人员可以对原方案进行二次优化，提高施工效率和施工方案的安全性，提高施工质量，控制施工过程中因时间而变化的不确定性因素，并及时采取应对措施降低风险危害，更好地通过 BIM 技术对施工组织设计阶段产生的风险进行管理。

BIM 技术应用于水利水电工程施工组织设计可以精确到每个阶段的施工任务，确定每个阶段的施工工序，更好地监控每个阶段的不确定性因素，对风险进行管理。对于现实中难以施工的部分采用 BIM 技术进行模拟施工，当一些部分采用特殊的技术、方法和设备材料时，分析重点部分的质量控制点，保证施工质量达到要求，降低施工阶段的不确定性因素的影响，从而对施工质量进行控制。

（三）减少施工进度计划中风险事件的发生

工程项目施工进度计划是指每个施工工作阶段在空间和时间上进行合理的组织，从而更好地利用有限的资源，确保工期和施工质量都达到业主要求。基于项目时间长、成本高、条件复杂等特点，初始的施工进度计划安排不够合理，由此造成该阶段的风险因素多、风险管理难度大。传统方法中常用甘特图标志项目进度计划，但是该方法可视化程度低，无法满足工程的动态变化需求。而基于 BIM 的工序搭接功能可以实时监控施工过程的动态关系，有利于对风险因素的控制，使施工计划安排更符合实际情况，从而更好地对施工过程进行风险管理。

运用 BIM 软件的工序搭接功能可以知道在每个时刻的具体工作过程，合理地控制人、材、机的消耗量，防止项目成本超支、工期延误等风险发生，工序搭接可以控制每个施工过程所花费的时间，根据过程关系可以制订合理的施工进度计划，避免不确定性风险事件的发生，更好地对风险进行管理。

将 BIM 与施工进度计划在进度模拟的基础上相结合，将空间信息与时间信息整合在一个可视的 4D 模型中，能够准确地表达项目的施工过程。能够做到在项目施工之前发现并解决问题，避免不必要的返工从而减少浪费，对比实际与计划的进度发现差距并解决差距。当实际施工过程中遇见设计变更时，利用 BIM 软件改变施工进度，进度计划也会同步改变，也能够在 4D 施工模型中表现出来，从而有效地减少工期延误风险、成本超支风险等问题，达到对风险进行控制的目的。

通过 BIM 的 4D 模拟建立相应的建筑模型可以让业主更直观地了解拟建建筑的空间样式和外观特点，并与自己的要求相比较，更好地与业主进行沟通，避免因业主不了解拟建建筑而产生的分歧，减少项目前期的不确定性因素，规避风险危害，对风险进行管理。

三、建造阶段的 BIM 应用

1. 基于 BIM 的 4D 施工管理

海南兴隆希尔顿逸林滨湖度假酒店项目的施工过程中，传统的二维图纸不能清楚地表达建筑样式，由此降低施工的可能性，甚至导致施工质量不能满足要求、工期延误等问题。然而 BIM 技术的一大特点是三维可视化施工，即可以在实际施工之前对拟建建筑进行虚拟施工，从而提前发现施工中容易出现质量问题的地方，最终减少施工中的风险因素，减少返工次数。对缩短工期起了很大的作用，同时避免了资源的浪费。

在施工期间通过 BIM 模型还可以对施工方案中的细节问题进行预先考虑，利用 BIM 参数模型模拟施工，使施工方案得以优化。不仅提高了施工效率，还减少了设计变更带来的资金损失，使风险成本管理更加合理，这就是 4D 的价值体现，具体如图 4-18 所示。

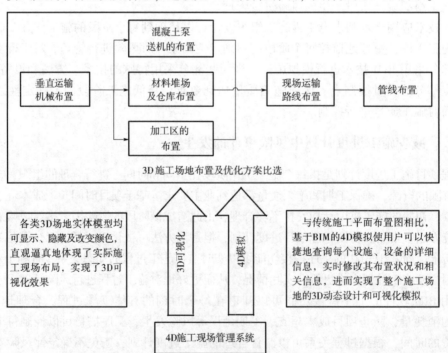

图 4-18　基于 BIM 的 4D 施工管理

在施工阶段引入 4D（3D 场地模型与施工进度计划相结合）思想，能够使施工过程与现场环境实现 4D 动态跟踪。在 4D 建筑模型中，可以随时查看任意阶段的施工对象与施工进度计划并显示当前施工状态。4D 状态模拟可以查询已完工工程量以及花费在其中的人、材、机等施工资源，确保施工资源的合理利用，避免浪费。在施工过程中详细了解施工进度与施工资源可有效地控制风险因素，以便对风险进行管理。

在施工过程中引用建筑模型并不断优化，包括对模型的整理优化、整合实际中所需的资源变成虚拟资源，最终满足施工过程中对 BIM 模型的要求。经过对模型的优化使模型更能贴近实际，帮助优化施工组织设计，最终得到需要的施工办法。例如，结合施工工序，增大安装管道的空间，优化了难以施工的管线部位。BIM 在施工阶段风险管理中的应用见表 4-13。

表 4-13　BIM 在施工阶段风险管理中的应用

序号	目标	具体做法
1	质量风险管理	通过对 BIM 模型进行模拟施工，使施工重点、难点部位可视化，提前预见问题，从而杜绝施工中因不确定性因素等给后期施工带来风险隐患，确保工程质量
2	成本风险管理	通过 BIM 技术与材料数据控制平台（LuBanMC）的应用可快速获取项目中的人、材、机数据，便于自动生成采购订单，将采购订单与实际值进行对比，生成对比图让成本控制人员一目了然，便于成本风险的控制
3	进度风险管理	通过使用 BIM 技术，并根据现场情况，及时准确地调整施工组织，提高施工效率，使施工组织始终保持合理、准确，便于施工进程中的风险控制

2. 基于 BIM 5D 的计划管理

建筑信息模型的 5D 应用即在建筑三维数字模型的基础上结合项目建设进度时间轴与项目工程造价控制，形成的 3D 模型 + 时间 + 费用的应用模式。在这种模式下，建筑信息模型集合了包括几何信息、物理信息、项目性能、建设成本、管理信息等建设项目所有的信息，可以为项目建设各参与方提供其所需的数据，涵盖了施工计划、造价控制等。参与正式施工前，项目方就可以在不同的时间节点上，通过建筑信息模型确定该时间节点的施工进度和施工成本，定期获得项目的具体实施状况，并得出各节点的造价数据，以方便实现限额领料施工，也可以实时修改调整项目，实现成本控制最大化。基于 BIM 5D 计划管理的优势见表 4-14。

表 4-14　基于 BIM 5D 计划管理的优势

阶段	各阶段具体实施内容和步骤
资金管理优化	无论业主方还是施工企业都需要编制资金需求计划，利用 BIM 模型，可以快速测算项目造价，还可以进行项目的前期预算以及最终结算。将进度参数加载到 BIM 模型，把造价与进度关联，可以实现不同维度（空间、时间、工序）的造价管理，可以根据时间节点或者工程节点制定详细的费用计划
资源管理优化	施工进度计划绑定预算模型后，基于 BIM 模型的参数化特性，以及施工进度计划与预算信息的关联关系，可以根据施工进度快速计算出不同阶段的人工、材料、机械设备和资金等的资源需用量计划。在此基础上，工程管理人员可以通过形象的 4D 模型科学合理安排施工进度，能够结合模型以所见即所得的方式进行施工流水段划分和调整，并组织安排专业队伍陆续或交叉作业，流水施工，使工序衔接合理紧密，避免窝工，这样既能提高工程质量，保证施工安全，又可以降低工程成本

（续）

阶段	各阶段具体实施内容和步骤
施工管理优化	BIM 5D 是在3D 模型的基础上建立该工程的计划清单，并与进度工序 WBS（Work Breakdown Structure，工作分解结构）节点关联，建立全面的动态预算及成本信息数据，形成 BIM 5D 模型。在计划阶段，项目管理者可以根据模型结合进度和造价进行施工模拟，通过优化算法，平衡不同施工周期内的人、材、机需求量，使得资源不发生大起大落。同时自动生成资源计划，也可以生成指定日期的材料使用周计划，包括每项材料的名称、单价、计划用量、费用等信息。在施工过程中，通过模型自动生成不同周期内的人、材、机需求量，编制资源需用计划。自动统计任意进度工序 WBS 节点在指定时间段内的工程量以及相应的人力、材料、机械预算用量和实际用量，并可以进行人力、材料、机械预算用量、实际进度预算用量和实际消耗量的三项数据对比分析和超预算预警提示。方便地查询分部分项工程费、措施项目费以及其他项目费等具体明细
成本管理优化	包括建筑工程施工资源的动态管理和成本实时监控，可以针对施工进度对工程量及资源、成本进行动态查询和统计分析，有助于全面把握工程的实施和进展，及时发现和解决施工资源与成本控制出现的矛盾和冲突，可减少工程超预算，保障资源供给，提高施工项目管理水平和成本控制能力。例如，通过显示某流水段在同样时间段内的计划进度预算成本、实际进度预算成本和实际消耗成本，进行进度偏差和成本偏差分析

通过 BIM 技术可以将变更的内容在模型上进行直观调整，自动分析变更前后模型的工程量，为变更计算提供准确可靠的数据，使得烦琐的手工变更算量智能便捷、底稿可追溯、结果可视化，帮助工程造价人员在施工过程中和结算阶段便捷、灵活、准确、形象地完成变更单的计量工作，化繁为简，防止漏算、少算、后期遗忘等造成的不必要的损失。

3. 实现了信息共享

信息共享实质是指在 BIM 模型服务器数据文件的基础上进行集体共享，施工、运维等不同专业在同一个平台上共同工作。在每个项目中，不同承包商之间的协调沟通是非常有意义的，尤其是项目范围大、构造复杂、功能复杂的施工项目。基于 BIM 技术的特点使各利益方便于交流、合作更加方便、管理决策更为有效快捷，是由于在信息交流过程中，建设方、设计公司、施工方、专业分包、设备供应商、顾问公司等众多单位在同一个平台上实现数据共享，因此基于 BIM 技术的信息共享技术可以在前期充分地进行信息交流，从而避免很多设计错误，更好地进行风险管理。

4. 做到了施工资源的动态跟踪

随着我国建筑业的制度化、信息化水平的提高，项目中的设备技术日益复杂，越来越多的施工单位更加青睐于将已完成的建筑构件运往现场进行组装。所以对施工过程影响最大的就是建筑构件能否及时运往现场以及是否满足设计要求、质量是否达标。并且施工阶段时刻处于变化中，由于材料设备项目投资主要是人来控制，目前的设备、投资管理软件只能帮助管理者进行必要的计算和统计，无法对施工资源和成本进行实时监控和精细管理。

基于建筑项目的材料设备和投资管理的复杂性以及项目投资超支现象，通过 BIM 技术建立 4D 资源管理信息模型，对施工过程中人、材、机等资源的动态管理和工程成本的实时监控，减少工程超预算现象，使施工阶段的实际情况时刻处于人们的控制之中以防风险因素的发生，加强对风险的管理，提高企业施工阶段的资源管理和投资控制能力。

在 BIM 的建筑材料实时管理模拟建造的根本上加大对建筑资源的了解管理，创建 4D 建筑材料管理系统，实时监视建筑设备资源的管理与成本投资，对工程施工进度和资源量的动态查询和统计分析，以便进行成本控制，使管理人员更全面地了解项目的实际情况，从而更加高效地解决资源与成本之间的问题，可以控制项目投资预防超出预算，因此运用 BIM 的施工资源信息模型技术可以提高项目管理能力与风险管理水平。其中运用到的 4D 资源模型包括信息模型、4D 信息模型与预算信息模型的集成与扩展，包括了建筑结构信息、进度信息、WBS 划分信息、预算信息等。

建筑材料实时管理包括计划使用材料管理和查询分析材料使用率两大功能：①计划使用材料管理系统能够自行计算任意 WBS 节点的年、月、日各项施工资源计划用量，以便高效安排施工人员的调配、购买建筑材料、运送大型器械等工作。本功能的主要特色是当施工过程中发生变化时，比如进度计划改变、WBS 任务划分改变、设计变更等动态改变资源使用计划。②通过建筑资源实时掌控电子软件的使用，可以实时掌握 WBS 节点任意时段内的人、机、材资源对于计划进度的使用量，对于实际施工的初始用量以及实际消耗量，并分别比较分析三者之间的差别。这样可以在计划用量与实际用量出现差别时采取相应措施，减少预算超支的现象，对于成本超支的风险可以有效控制，更好地进行成本风险管理。

四、验收交付阶段的 BIM 应用

竣工阶段的竣工验收、竣工结算及竣工决算，直接关系到建筑企业与承包企业之间的利益，关系到建设工程项目工程造价的实际结果。竣工阶段管理工作的主要内容是确定建设工程项目最终的实际造价，即竣工结算价格和竣工决算价格，编制竣工决算文件，办理项目的资产移交。这也是确定单项工程最终造价、考核承包企业经济效益以及编制竣工决算的依据。

基于 BIM 的结算管理不但可以提高工程量计算的效率和准确性，而且对于结算资料的完备性和规范性具有很大的作用。在造价管理过程中，BIM 模型数据库也不断修改完善，模型相关的合同、设计变更、现场签证、计量支付、材料管理等信息也不断录入与更新，到竣工结算时，其信息量已完全可以表达竣工工程实体。BIM 模型的准确性和过程记录完备性有助于提高结算的效率，同时，BIM 可视化的功能可以随时查看三维变更模型，并直接调用变更前后的模型进行对比分析，避免在进行结算时描述不清楚而导致索赔难度增加，加快了结算和审核速度。

（一）BIM 成果交付

1. BIM 成果交付形式

BIM 技术的应用成果交付方式，随着目前 BIM 技术的深入应用、软件功能的强大结合，越来越多的 BIM 成果交付方式进入交付选择中来，常见的交付形式主要为以下四种：

（1）模型文件 BIM 模型成果主要包括建筑、结构、机电、钢结构和幕墙专业所构建的模型文件，以及各专业整合后的整合模型。BIM 模型的交付目的主要是作为完整的数据资源供建筑全生命周期的不同阶段使用。为保证数据的完整性，应保持原有的数据格式，尽量避免数据转换造成的数据损失，可采用 BIM 建模软件的专有数据格式。

（2）文档格式 在 BIM 技术应用过程中所产生的各种分析报告等由 Word、Excel、PowerPoint 等办公软件生成的相应格式的文件，在交付时统一转换为 pdf 格式。常见的文档资料成果有模型碰撞检测报告、优化分析报告、检测报告、方案等。

（3）图形文件 图形文件主要是指按照施工项目要求，针对指定位置经 Autodesk Navisworks、Lumion、Fuzor 等软件进行渲染生成的图片，格式为 jpg、png 等。该交付形式主要以静态的视觉文件直观反映 BIM 成果交付信息。

（4）动画文件　BIM 技术应用过程中基于视频动画、模拟软件按照施工项目要求进行漫游、模拟，通过专业动画软件、录屏软件录制生成的 avi、MP4 等格式视频文件。动画文件使 BIM 成果表达更加形象生动、直观明了。

2. 针对企业的 BIM 成果交付

针对企业的 BIM 成果交付包括：各专业 BIM 模型的最新版本及整合后的 BIM 模型，具体见表 4-15。

表 4-15　针对企业的 BIM 成果交付内容

类别	工程资料名称
决策立项文件	项目建议书
	项目建议书的批复文件
	关于立项的会议纪要、领导批示
	专家对项目的有关建议文件
	项目评估研究资料
建设用地文件	规划意见
	建设用地规划许可证
	国有土地使用证
	城镇建设用地批准书
勘察设计文件	工程地质勘查资料
	设计方案审查意见
	初步设计及说明
	施工图审查通知
	设计中标模型及初步设计模型
竣工验收及备案文件	建设工程竣工验收备案文件
	工程竣工验收报告
	建设工程规划、消防等部门的验收合格文件
其他文件	工程未开工前的原貌、竣工新貌照片
	工程开工、施工、竣工的录音录像资料
	建设工程概括
	工程项目质量管理人员名册
B 类资料	见证资料
	监理通知
	监理抽检记录
	不合格项处置记录
	旁站监理记录
	质量事故报告及处理资料
	工程质量评估报告
	工程变更单

3. 针对业主的 BIM 成果交付

针对业主的 BIM 成果交付包括：各专业 BIM 模型的最新版本及整合后的 BIM 模型，具体见表4-16。

表 4-16　针对业主的 BIM 成果交付内容

类别	工程资料名称
施工管理资料	施工日志
	工程技术文件报审表
施工技术资料	图纸会审记录
	设计变更通知单
	工程变更洽商记录
施工物资资料	主要设备（仪器仪表）安装使用说明书
	智能建筑工程软件资料、安装调试说明、使用和维护说明书
	各类进场材料试验报告、复试报告
施工记录	隐蔽验收记录
施工试验资料	各类材料的抗压强度报告、抗渗试验报告、配合比
	探伤报告及记录
	工艺评定
	施工检测运行、试验测试记录
施工记录	结构实体混凝土强度验收记录
	结构实体钢筋保护层厚度验收记录
	钢筋保护层厚度试验报告
	检验批质量验收记录表
	分项工程质量验收记录表
	分部（子分部）工程验收记录表
竣工质量验收资料	单位（子单位）工程质量竣工验收记录
	单位（子单位）工程质量控制资料核查记录
	单位（子单位）工程观感质量检查记录
	室内环境检测报告
	工程竣工质量报告
	建筑节能工程现场实体检验报告

（二）BIM 辅助验收及交付流程

传统的竣工验收工作由建设单位负责组织实施。在完成工程设计和合同约定的各项内容后，由施工单位对工程质量进行检查，确认工程质量符合有关法律、法规和工程建设强制性标准，符合设计文件及合同要求，然后提出竣工验收报告。建设单位收到工程竣工验收报告后，对符合竣工验收要求的工程，组织勘察、设计、监理等单位和其他有关方面的专家组成验收组，制定验收方案。在各项资料齐全并通过检查后，方可完成竣工验收。

基于 BIM 的竣工验收与传统的竣工验收不同。BIM 的工程管理注重工程信息的实时性，项目的各参与方均需根据施工现场的实际情况将工程信息实时录入到 BIM 模型中，并且信息录入人员须对自己录入的数据进行检查并负责到底。在施工过程中，分部（分项）工程的质量验收资料，工程洽商、设计变更等都要以数据的形式存储并关联到 BIM 模型中，竣工验收时信息的提供方须根据交付规定对工程信息进行过滤筛选，不宜包含冗余的信息。

竣工 BIM 模型与工程资料的关联关系：通过分析施工过程中形成的各类工程资料，结合 BIM 模型的特点与工程实际施工情况，根据工程资料与模型的关联关系，将工程资料分为三种：①一份资料信息与模型多个部位关联；②多份资料信息与模型一个部位发生关联；③工程综合信息的资料，与模型部位不关联。

将上述三种类型资料与 BIM 模型连接在一起，形成蕴含完整工程资料并便于检索的竣工 BIM 模型。

基于 BIM 的竣工验收管理模式的各种模型与文件的模型与文件、成果交付应当遵循项目各方提前制定的合约要求。

第六节　BIM 技术在运维阶段的应用

2004 年美国国家标准与技术协会（NIST）开始了一次科学研究，建设单位在运维阶段花费的成本占总成本的 66.7%。不正确的运维管理方法会使运维阶段的总成本激增、不能高效地进行运维管理、缩减建筑物的使用寿命等。对于运维阶段产生的风险，传统方法不能较好地管理这些风险，但是在该阶段引入 BIM 技术后可以有效地发现这些风险并及时采取相关措施，从而规避运维风险。

BIM 参数模型的主要应用价值体现在以下两个方面：①运营维护所需要的信息全部存在于 BIM 模型中；②能够及时、方便地对运维信息进行修改、查询、使用。

根据以上描述，通过对 BIM 技术的使用可准确掌握建筑设备的有用信息，更高效地维护和维修建筑设备，降低运维成本，并可知道突发事件的应急处理措施，降低运维阶段的综合风险。

一、公共安全管理

1. 火灾消防管理

对于突发事件的应急处理方面，以往的处理方法只注重事故的响应和救援，将 BIM 技术运用到运维管理中对突发的危险事件进行管理，包括预警、发现和采取措施。

消防方面，管理系统可以通过喷淋感应器感应信息，如果发生了火灾事故，在计算机里的 BIM 信息模型界面中，就会自动触发火警警报；能够立即发现发生火灾房间的空间位置并能对火灾进行疏散动态模拟；控制中心可以及时查询相应的周围环境和设备情况，为及时疏散人群和处理灾情提供重要信息，这样在运维阶段运用 BIM 技术应对突发事件可以及时发现危险事件，进行疏散预习及疏散引导，并采取应对措施以防事件损失扩大，很好地对火灾风险进行管理。

【案例】

三亚崖州湾项目作为共享开放式大学城、公共教育平台和深海科技产学研基地，除各高校研发孵化基地，还包含图书馆、展览馆等公共服务设施，人口密集区域较多，做好应急避险方案措施对后续平台发展应用有重要意义。该项目作为高校研究实验基地，包含众多精密设备及运行维护人员，通过大量疏散方案仿真模拟可有效降低灾害发生时人员及财产损失。运用逃生模拟分析软件对建筑的 BIM 模型进行系统性分析，加载逃生路径和设置疏散人数并研究参数设置，得到疏散时间、疏散轨迹、疏散口人数曲线图和区域人数变化曲线图，以利于建筑师对设计进行针对性调整和优化。具体步骤见表 4-17。

表 4-17　智能疏散系统步骤

序号	内容	图例
1	进行疏散方案仿真模拟，建立海量疏散案例数据库	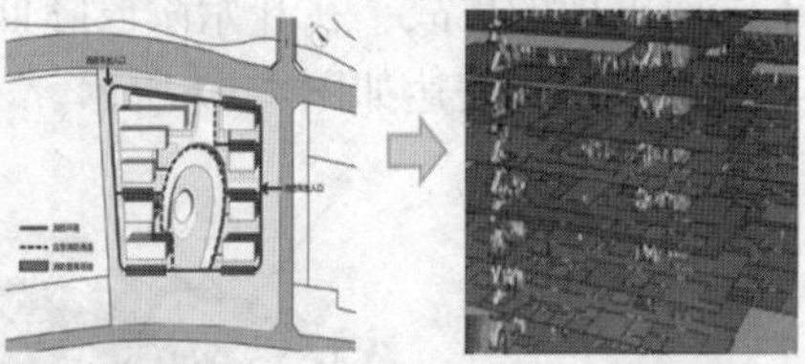
2	案例库关键字段及关键指标信息匹配	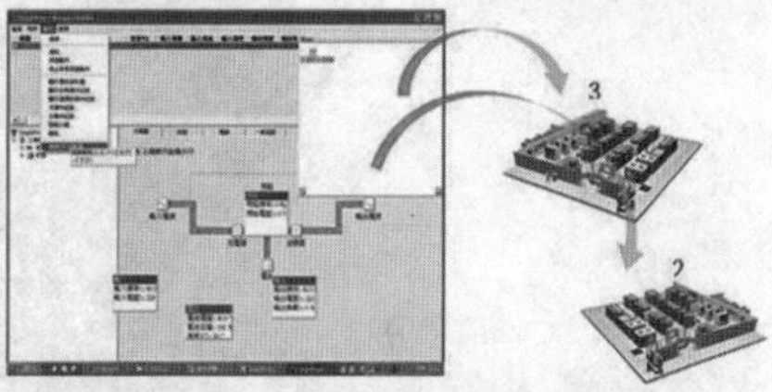
3	算法优化路径生成最优疏散方案	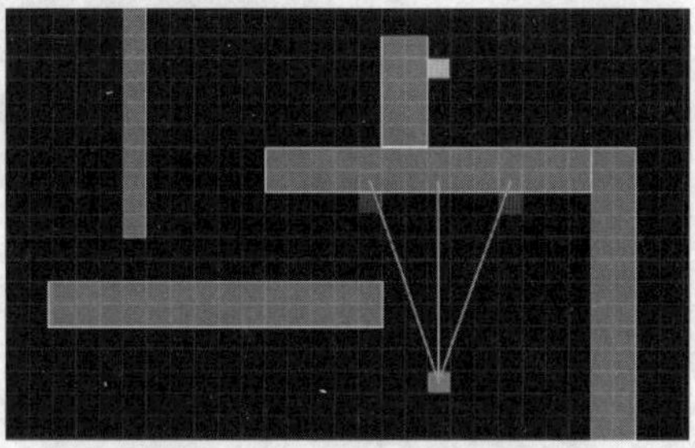

2. 安保管理

安保管理方面，传统安保系统依赖于显示摄像视频，类似于多双眼睛，而基于 BIM 的安保系统则为其配备了智慧的大脑。通过监控大屏幕可以对整个场地的监控系统进行操作管理，一旦发生突发事件，基于 BIM 的安保监控迅速与 BIM 模型的其他子系统协作共同进行突发事件管理。不仅如此，基于 BIM 的安保监控系统具有识别及跟踪功能，可识别不良非法人员并对其进行自动跟踪锁定。利用视频系统 + 模糊计算，可得出区域内大概人流量及车流量，进而为备用出入口、电梯管理及人流车流疏导疏散安排提供数据支持。

对于安保人员，将无线射频芯片植入其工卡内，一旦发生险情，管理人员可利用无线终端获取人员的具体位置，更好地指挥安保工作。

3. 隐蔽工程管理

在建筑设计阶段会有一些隐蔽的管线等信息是施工单位不关注或只有少数人知晓的，并且伴随着时间的推移、人员的更换，隐蔽部位的安全隐患日益突出，若不进行有效合理的管理将会造成巨大的悲剧。如2010年南京市某废弃旧塑料厂在进行拆迁时，因对隐蔽管线信息了解不全，工人不小心挖断地下埋藏的管道，引发了剧烈的爆炸。还有项目存在电力、光纤、自来水、中水、热力、燃气等几十个进楼接口，在封堵不良且验收不到位时，一旦外部有水，水就会进入楼内，而利用BIM模型可以对地下层入水口精准定位、验收，方便封堵，质量也易于检查，大大降低了事故发生概率。

运用BIM技术的运维管理可以对复杂的地下管网工程进行管理，如排污管、给水管、网络电线、电线以及相关管井，同时可以从电子图上直接读取位置。当需要对原有管网进行修缮时可以避开旧的管网，便于管网维修、更换设备和定位。设备维修人员可以共享这些电子信息，并可以根据变化随时调整信息，保证信息随时更新。这样可以避免因对原有管线了解不清而出现的事故，在开始阶段降低风险发生的概率，更好地对风险进行管理。具体隐蔽复杂节点可视化表达如图4-19所示。

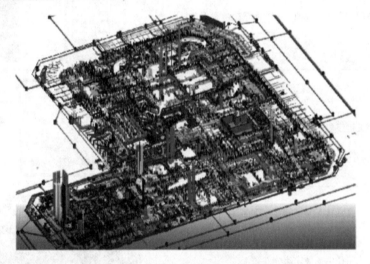

图4-19　隐蔽复杂节点可视化表达

二、资产管理

加强资产管理是做好财务工作的前提，资产管理是财务管理的一个重要组成部分，资产管理不到位会造成财务核算困难，导致公司运行效率低下，从而增加公司的运营成本。并且，针对国有资产而言，其作为国家发展的物质基础，能够保障人民的共同利益，在充分发挥国有资产的功能时更要保护国有资产的安全。

目前，由于我国多数企业资产管理仍采用资金加人工的传统模式，前期投入费用管理以项目为单位进行计算、汇总，项目横向直接联系较弱，后期管理阶段，资产维护需要投入大量的人员巡视检查，且需经过层层审批才能进行设备的维修替换，从而造成成本数据难以实现共享、上级领导对资产实际信息不了解等问题的出现，进而引发资产运维监管不到位、管理混乱的现象。因此，如何实时掌握全面的资产信息、精准追溯故障源头，利用信息技术创新资产管理方式，实现资产管理数字化和智能化，将直接关系到资产的使用寿命与企业对资产的运维管理水平。与传统管理模式相比，运用 BIM 技术进行运维管理可更好地实现信息的集成管理与资源的优化配置，依托三维数字分析为基础，从而使建筑道路、机器设备、管线布置等实现立体展现的效果。因此，开发基于 BIM 技术的数字化资产智慧管理平台，可以掌握资产全生命周期信息，实现在线资产管理、巡检养护、人员设置，改善资产使用率低下、资产数目不清、管理信息分散、运维滞后等问题，进而提升资产运维管理水平。

1. 可视化资产信息管理

传统资产信息整理录入主要由档案室资料管理人员采取纸质媒介进行管理，该方式既不利于资料的管理保存更不方便管理人员日常查阅；另外，现代建筑设备从设计到运营阶段具有种类多、专业性强、价值高、使用地点分散、资产更新维修频繁、资金比重大、运维管理难度大等特点。因此，当前公司、企业或个人对于资产信息的管理已由传统的纸质方式转变为数字化信息化管理，其中设备编码在设备资产管理中有着至关重要的作用。信息技术的发展使基于 BIM 的资产管理系统可以通过在 RFID 的资产标签芯片中注入资产的详细参数信息和自定义定期提醒设置；借助 3D 扫描技术软件进行全资产三维建模，将传统的二维平面转换为三维立体图，运用更加直观、易于理解的三维模型辅助运维管理人员确定设施设备的位置，及时进行调试与故障检修；此外，通过 GIS 技术建立资产可视化管理系统，对资产设备进行定位后，将电子地图与实际设备、资产卡片、地理信息等相结合，将所涉及的资产设备信息输出为资产地图展现在平台上，便于运维管理人员监管，从而实现资产数字化管理。数字化资产信息管理如图 4-20 所示。

图 4-20　数字化资产信息管理

【案例】

建筑部品（包含建筑构部件、设备、设施）是建筑工程项目的基本单元，将天津生态城项目的建筑设备以建筑部品的形式进行分类，构成运维阶段资产管理的基本单元。将建筑信息模型以建筑部品的形式进行分类编码，建立统一的建筑设备信息分类及编码标准，提出"基于 BIM 建筑信息模型的建筑设备信息分类及编码"，包括从设计到运维，建筑设备信息分类及编码体系的整体构建，完成基于 BIM 模型的建筑设备分类及编码，将建筑设备以建筑部品的形式进行分类及编码体系的构建，依据 ISO12006-2 标准体系，设计了建筑工程信息分类体系的构建过程及设备属性特征分类框架。通过分析 ISO 提供的模型，将建筑设备与建筑信息模型进行匹配整合，以建筑部品为特征的建筑设备信息分类如图 4-21 所示。

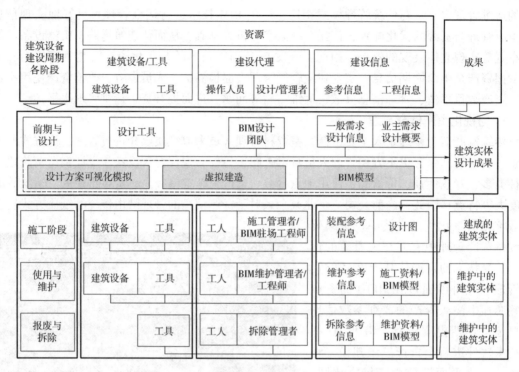

图 4-21 以建筑部品为特征的建筑设备信息分类

2. 数字化资产管理平台

随着"数字中国""智慧建造"等国家战略的推进,数字化工程项目建造和治理模式创新正逐渐成为工程项目建设管理的重要内容。通过 BIM 技术辅助工程项目建设,不仅能够保证工程建设的质量与工期,而且能够满足精细化与智能化建造的要求。但在项目交付后的运维阶段,使用单位仅依靠 BIM 模型数据无法对工程项目资产进行精细化管理,难以保证资产安全、提升资产管理水平。基于此,采用 GIS + BIM 融合技术,将 GIS 数据、BIM 数据与物联网数据进行多源集成,基于 GIS + BIM 搭建公共建筑资产数字化管理平台,实现建筑资产的有效管理,加强对公共建筑的智慧管控。

智慧城市建设需要多种技术相融合,如 GIS 技术和 BIM 技术的融合。GIS 可为项目提供外部的地理数据,BIM 可为项目提供内部的模型数据。依据 CityGML 与 IFC 标准,GIS 与 BIM 有以下三种融合方式:基于数据格式的融合、基于标准扩展的融合、基于本体的融合。天津生态城项目通过数据交换插件,将 BIM 模型在 GIS 中的坐标自动转换为 BIM 坐标和 GIS 球面坐标的对应关系,以此进行数据采集、数据分析、数据决策等,不仅实现了地理信息系统应用领域的拓展,而且提升了建筑信息模型的应用价值。公共建筑资产数字化平台建设思路如图 4-22 所示。

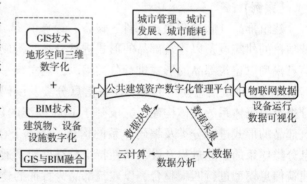

图 4-22 公共建筑资产数字化平台建设思路

公共建筑资产数字化平台增加硬件设备配置,在提高性能的同时对模型进行轻量化处理,满足平台秒级加载要求的同时,具备多种数据格式(BIM 模型、CAD 图样、文档表格等),兼容 dae、osgb、gltf 等数据格式,实现多行业(电力、市政、交通、民防等)全过程管理,实现区域内公共建筑的现实场景与数字城市的同步规划与建设。公共建筑资产数字化管理平台的数据中心包括基础地理数据、三维模型数据以及物联网数据,在数据中心的基础上搭建数据接口服务,实现数字化的资产管理监测和评估,其平台架构如图 4-23 所示。相较于单一的模型,该平台集成了公共建筑的地理信息模型,包括更加多样、完善的数据,切实体现了公共建筑的真实信息;支持多种数据的融合,如 GIS 数据与 BIM 数据的集成、BIM 数据与设备运行数据的集成等;采用"模型 + 数据 + 服务"的工作流,以数据流为核心,实现公共建筑资产数字化管理。

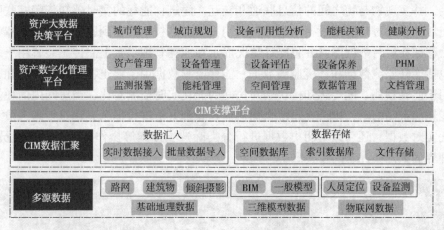

图 4-23　公共建筑资产数字化管理平台架构

公共建筑资产数字化平台主要应用包括以下几点:①资产管理。在各个公共建筑项目交付后,依据建设单位提交的项目基本信息和资产明细表,将基础信息录入平台,对资产进行初次盘点,并对各项资产设备张贴条形码,最后形成资产台账。为了有效掌握资产的使用情况,最大限度地维护资产使用权益,在每年年末需要对资产进行再次盘点,盘点记录均可在该平台查看下载。②设备管理。在智慧城区内公共建筑设备模型数据与物联网接口进行关联,并补充设备位置和设备分类等相关信息,便于利用关键词搜索设备构件。通过可视化的方式展示设备日常运行状态,提高设备管理的智能化水平。③备品/备件管理。为了保证公共建筑的正常运营,需要提前准备所需的零配件、器具、工具等。将备品/备件的名称、编码、规格型号、类型、生产厂家、供应商、参考价、库存上限、库存下限、总库存等数据录入该平台,建立备品/备件管理台账,便于随时掌握备品/备件使用情况。④设备维修。在传统管理模式下,设备维修流程烦琐,借助该平台,设备使用人员可以在手机 APP 端拍照上传故障设备,直接通知相应的维护人员。设备故障维修后再拍照回传,在平台中生成完整的维修记录。通过维修流程的改进,不仅保证了维修结果的准确性,而且提高了维修效率。⑤设备保养。设备保养是指对设备使用前和使用后的养护。在完成设备保养后,设备保养人员可以在平台对当前设备状态进行评估,并同步记录设备保养结果和设备状态指数,实现对设备使用寿命的预测,以提升资产使用价值,延长设备使用寿命。⑥设备巡检。通过资产数字化管理平台不定时地派发巡检任务,同时下发至维护人员的手机端,便于维护人员进行设备巡查。一方面，可以掌握设备运行状况以及周围环境的变化，有助于发现设备隐患及安全问题；另一方面，能够提升资产管理的数字化水平。

三、能耗管理

基于 BIM 的运营能耗管理可大大减少能耗。BIM 可全面了解建筑能耗水平，积累建筑物内所有设备用能的相关数据，将能耗按照树状能耗模型进行分解，从时间、分项等不同维度剖析建筑能耗及费用，还可对不同的分项进行对比分析，并进行能耗分析和建筑运行的节能优化，从而使建筑在平稳运行时达到能耗最小。

BIM 还能与物联网等相关技术结合，物联网技术的本质是通过互联网实现物与物之间的相互连接，并实现物与物之间的信息联通和交互。建筑物能耗的实时感知依赖互联网设备的布置，能耗数据通过传感器设备采集后，利用无线通信技术传输到服务器，服务器将数据进行处理后存储在后台数据库，并将能耗情况展示在能耗管理平台上。传感装置用于采集各类数据，包括能耗监测数据和环境监测数据，能耗监测数据用于建筑物能耗实时感知，环境监测数据用于能耗预测。能耗感知模块会对房间的能耗实时监测对比，当房间内的耗能超过历史消耗能耗的最高值时，则会在系统页面对建筑管理人员进行提示，建筑管理人员不仅可以查看能耗实时数据，还可以对历史数据进行分类筛选、搜索等操作，便于管理人员的决策。能耗管理界面如图 4-24 所示。

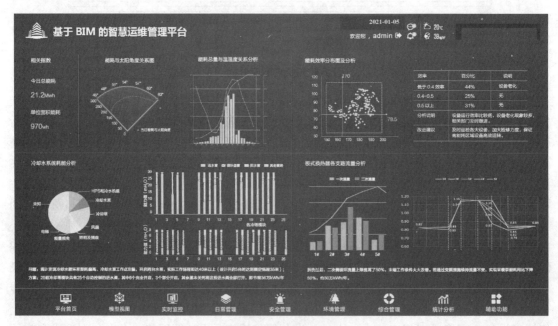

图 4-24　能耗管理界面图

1. 能耗优化

能耗优化主要功能表现为：①能耗数据采集、整合及发布。实时采集能耗数据，对数值和动态曲线在大屏和移动端进行观察，同时生成实时能量图表作为对能耗状态的记录，图表要显示出总能耗和各部门的单位能耗。②数据分析与单耗考核。能源管理系统可将各种类型

（电、水、气）和各主要耗能设备的能耗与上周同期值和上月值进行同比环比分析，检验节能效果，根据分析结果执行节能绩效考核，以及节能目标的修正。③能耗预测和阈值报警。能耗预测可根据历史运行数据，对能耗进行每日、每周和每月限值的设定，当能耗参数超过达到限定值的80%和100%两个值时，应对各部门相关负责人自动推送超能预警信息，及时进行能耗控制。其目标及实现路径见表4-18。

表4-18　能耗优化目标及实现路径

目标	实现路径
设立必要的能源信息采集与实时显示系统	通过电表、水表、热（冷）量表及其他传感器，对设备运行状况进行显示、报警，进行实时监控
对采集的数据进行分析，制定合理的措施	合理调度使用能源，保证不同工况之下，设备可以高效运行，达到节能运行的目的
严格运行管理和设备维修制度，保证在运设备完好率	通过对节能数据进行分析，发现问题，制定合理改进措施，以期达到节能管理的目标值

2. 输水系统监测

输水系统监测结合传感器数据和大数据分析算法，仿真预测管网运行状态。利用无人机倾斜摄影技术，对整个建设区域的地理、地貌、设施等进行数字化建设，创建工程范围内的实景模型，作为工程相关数据、BIM设计的底图，打造基于一张图的水环境综合整治智慧水务实施的蓝图。智慧水务平台将实景模型、水工建筑模型、管网设施等数据进行统一的管理、集成和展示，并在此基础上根据预测水量以及雨水入流，运用水力模型对排水管网积水风险、溢流风险、管网水量负荷风险、淤塞风险进行分析，为城市防洪提供解决方案，有效地集中数据和资源，避免各部门反复勘测且水平不一，强化信息化手段，分为水环境源头、过程、末端、系统各部分的智慧化运行和预警。

输水系统监测具体解决方案：雨水管理系统将雨水源头、汇流、终端等多层次技术措施相结合，采取分散式源头减排措施，增大就地入渗和蓄存回用量，延长径流排放时间；在转输过程中可对雨水进行截污、调蓄、滞留、净化、渗透或将雨水调蓄处理后再排放或利用；在雨水系统的终端，可采取转输、多功能调蓄或根据情况采用必要的净化措施，去除雨水中的污染物，再排放水体或进行回用。此外，利用可视化集成平台，可实现输水工程安全运行的可视化分析。通过直接单击监测仪器模型可以在三维虚拟场景内对该模型聚焦，并可以查看监测仪器监测时间、当前监测管网水流量和近期时间内时序图。利用管网水质在线实时监测数据，通过对水环境因子的污染等级进行评估，实现对水环境质量的科学评价和考核；利用环境质量监测数据做趋势分析，进行水环境质量的阈值预警和趋势预警。其平台界面如图4-25所示。

平台提供对监测数据处理和分析功能，可以对监测信息预处理（处理供水管道监测数据中含有的系统误差、随机误差和粗差），识别输水管道监测信息异常并提供预警信号，按照监测数据的异常程度将警情分为黄色预警、橙色预警和红色预警3种类别。当监测仪器数据异常时，在监测仪器上方会出现报警标志，单击标志及时查看异常数据的具体情况。

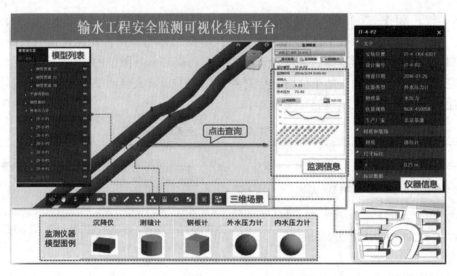

图 4-25　输水工程安全监测可视化集成平台界面图

第七节　本章小结

本章对 BIM 技术的内涵理念、发展应用展开详尽阐述，并基于面向 BIM 技术的动态智能管控创新机制进行了 BIM 应用及项目研究案例的介绍。以工业建筑的设计、施工、运维三大阶段为主，介绍 BIM 技术在其细化阶段具体应用的同时，结合相关实际案例对该项技术实施情景下的应用价值进行了阐述。

第四章课后习题

一、单选题

1. 信息模型在建筑工程全生命周期不同阶段的模型信息是统一的，一样的构件信息没有必要反复地输入，而且模型本身能够自动演化、计算、统计、解析，模型对象在不同阶段还可以简单地智能修改和扩展而无须重新创建，可以避免建筑工程信息来源不一致而出现的错误，体现了 BIM 的_____。

　　A. 关联性　　　　　　B. 一致性　　　　　　C. 完备性　　　　　　D. 协调性

2. 以下哪一项不属于方案阶段 BIM 应用_____。

　　A. 分配平面空间　　　B. 日照分析　　　　　C. 能耗分析　　　　　D. 方案比选

3. 以下关于施工现场管理 BIM 技术的说法中，错误的一项是_____。

　　A. BIM 技术三维施工布置图更直观，更符合施工真实情况，从而减少材料二次搬运费用

　　B. 将抽象的平面图转化为立体直观的实景模拟图，大大提高了沟通效率

C. 利用 BIM 技术可视化技术交底，可直观地展示难以表达的复杂节点

D. 利用 BIM 技术可以随意更改施工工序

4. 关于 BIM 碰撞检测应用，以下说法不正确的是_____。

    A. 仅可实现机电专业内碰撞检测

    B. 仅可实现与建筑、结构专业间碰撞检测

    C. 仅可实现本专业碰撞检测

    D. 可实现专业内、专业间碰撞检测

5. 下列不属于 BIM 核心建模软件的是_____。

    A. ArchiCAD   B. IMX   C. CATIA   D. Revit

二、多选题

1. BIM 特点包括_____。

    A. 可视化   B. 模拟性   C. 协调性   D. 互用性

    E. 优化性

2. BIM 技术在智能建造中的具体应用包括_____。

    A. 建筑实体数字化   B. 要素对象数字化

    C. 施工过程数字化   D. 管理决策智能化

    E. 施工进度可视化

3. 基于 BIM 5D 计划管理的优势包括_____。

    A. 资金管理优化   B. 资源管理优化

    C. 施工管理优化   D. 成本管理优化

    E. 进度管理优化

4. 下列选项中，属于 BIM 技术相对二维 CAD 技术优势的有_____。

    A. 模型的基本元素为点、线、面

    B. 只需进行一次修改，则与之相关的平面图、立面图、剖面图、三维视图、明细表都自动修改

    C. 各个构件是相互关联的

    D. 所有图元均为参数化建筑构件，附有建筑属性

    E. 可随意修改任何线条、标注、符号

5. BIM 技术具有单一工程数据源，是项目实施的共享数据平台，可解决分布式、异构工程数据之间的_____。

    A. 一致性问题   B. 施工问题

    C. 运营维护问题   D. 全局共享问题

    E. 信息存储问题

三、简答题

1. 什么是项目管理的三大目标？它们在项目管理全过程中具有哪些特征？

2. 简述 BIM 技术三大特性。

3. 简述施工阶段引入 4D 思想的价值体现。

第五章　物联网技术在智能建造中的设计与实施

第一节　物联网技术在智能建造中的应用现状

智能建造是信息化、智能化与工程建造过程高度融合的创新建造方式，它的本质是结合设计和管理实现动态配置的生产方式，从而对传统施工方式进行改造和升级。智能建造技术的产生使得各相关技术之间急速融合发展，并逐渐应用于建筑行业中的设计、生产、施工、管理等环节，以使其更加信息化、智能化，智能建造正引领新一轮的建造业革命。

物联网技术作为智能建造技术之一，随着互联网的不断发展，逐渐使智能建造的各项管理工作不再受到时空和时间的限制，各种信息产生之后，自动转换为符号，实现无阻碍传递。物联网技术的应用，使得各种有关智能建造的信息可以自动加工、处理并传递，整个过程一体化运行，实现了智能建造与物联网技术的有机结合，物联网技术在智能建造中发挥着重要的作用，不仅可以提高建设管理效率，保证施工安全，还能有效实现环境保护。物联网技术正适应建筑领域不断发展，以期更好地提高建筑的应用价值。

一、物联网技术在智能建造中的应用概述

物联网技术对于智能建造的影响可以说是无处不在，目前的智能建造中包括多个子系统，其中一卡通、安防、设备监控等已构成网络平台上的融合子系统，这些均属于物联网形态。物联网技术在智能建造上的设计与应用一般体现在相对宏观的建筑管理工作中，强大的信息技术与互联效应，不仅能够让普通的建筑材料等呈现出优越的外观，更能够让它们的价值与效用得到更加精准的分析与更加深入的挖掘。

智能建造中的物联网技术应用主要集中于建设工程项目全生命周期的施工阶段及运维阶段，施工阶段主要体现在施工现场监控、施工效率优化、施工安全管理以及施工过程管理等方面，运维阶段主要体现在建筑监控智能化、建筑楼宇智能化、建筑安防智能化、建筑消防智能化、建筑设备自动化以及建筑家居智能化等方面，具体如图5-1所示。

二、物联网技术在施工阶段的应用现状

在建筑施工过程中，管理工作的好坏会直接影响工程的质量、工期、成本和安全，随着网络科技的发展，互联网技术在建筑业的广泛应用也促使物联网技术与建筑业不谋而合，物联网技术开始广泛应用在建筑施工管理上，这是促进建筑行业发展的又一新亮点。物联网技

122

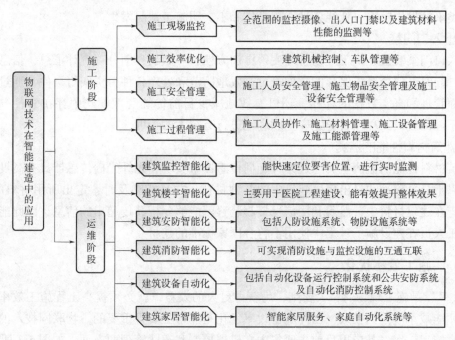

图 5-1　物联网技术在智能建造中的应用现状

术在施工阶段的应用主要体现在施工现场监控、施工效率优化、施工安全管理、施工过程管理等方面。

（一）施工现场监控

施工现场监控是施工流程中的一个重要环节，这一环节受益于物联网，变得更加有效且成本友好。现场监控分为三个方面，主要是对人员、机器和材料的定位跟踪。在建筑工地，需要跟踪大量数据，这些数据对应不同的工人和工具，但这些数据无法进行手动处理，通过物联网就可以使环节自动化且提高精确度。

施工现场监控包括施工现场全范围的监控摄像、出入口门禁以及建筑材料性能的监测等，如图 5-2 所示。

a）　　　　　　　　　　　b）　　　　　　　　　　　c）

图 5-2　施工现场监控应用
a）施工现场监控摄像　b）出入口门禁　c）建筑材料性能监测

1. 施工现场监控摄像

施工现场监控摄像是指对建筑工地进行尽可能地全范围监控，由此可对工地施工进行科学管理，也能实现对施工现场质量安全情况进行远程视频监控，对重点部位进行现场监控，降低各类事故发生频率，杜绝各种违规操作和不文明施工情况发生。

2. 出入口门禁

出入口门禁装置让施工现场管理变得更加方便，可做到自动分项统计汇总，信息反馈及时准确。同时，门禁系统保存的数据也可有效地防范和处理各种劳资纠纷事件，通过对务工人员全面管理和真实数据的存档，还可有效地减少目前传统管理模式中存在的各方矛盾冲突，对于确保建设工程项目稳定安全顺利地进行有很大的帮助。

3. 建筑材料性能的监测

建筑材料性能的监测主要通过光纤光栅传感器来实现，光纤光栅传感器具有高度的灵敏性，可以十分准确地测量出房屋建筑中的各种材料，并且能够及时鉴定出所用材料的性能。将其固定在建筑材料中，然后利用信号接收装置就能够分析其传递出的信息，因此能够有效杜绝施工人员在建设施工过程中使用不符合国家标准的建材。

（二）施工效率优化

"效率"是施工现场的一大要则，为获得更大的效益，就必须提高工程施工效率，缩短工期，才能减小成本的投入，因此施工效率优化是非常必要且重要的。物联网技术的应用可有效提高施工效率，其应用目前主要集中在机器控制和车队管理两方面，如图5-3所示。

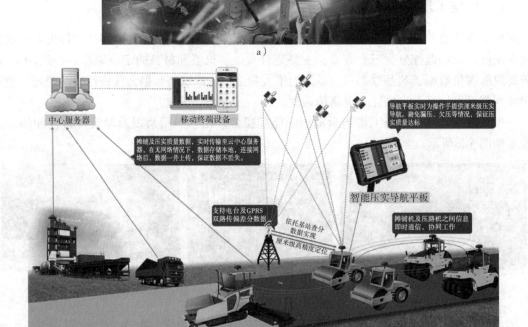

图5-3 施工效率优化场景

a）挖掘机控制 b）车队管理模拟仿真图

1. 机械控制

物联网可以使建筑机械控制更加有效和自主，物联网传感器可以引导这些机械以更高的精度和最少的人力投入运行，这些物联网系统还可以不断向运营商提供设备的健康信息，以防止任何的意外故障。因此，可以在不降低建筑质量的情况下在更短的时间内完成施工流程。

2. 车队管理

意外的天气和道路条件是车队管理面临的最关键问题。利用物联网技术，可跟踪运输中的物料状态，从而更加有效地计划和协调现场操作，物联网设备还可以准确显示车辆位置以及行进速度，有助于避免管理延迟。同时，还可使用物联网数据将时间表中的任何变化传达给客户，以便于优化管理。

（三）施工安全管理

安全在建筑业内至关重要，施工现场配备的各种安全措施，均是为了建立安全的工作环境，物联网技术的应用使得现场安全性可以得到进一步提高。施工安全管理包括施工人员安全管理、施工物品安全管理及施工设备安全管理三方面，如图5-4所示。

1. 施工人员安全管理

物联网允许创建数字实时工作现场地图以及与工程相关的更新风险，并在接近任何风险或进入危险环境时通知每个工人，例如，监测封闭空间内的空气质量对于工作场所安全至关重要。物联网技术不仅可以防止员工暴露在危险环境中，还可以在这些情况发生之前或发生时对其进行检测，借助实时物联网数据，工作人员能够更好地预测工作现场问题，并预防可能导致安全事故和时间损失的情况。

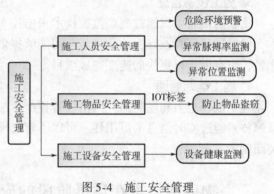

图5-4 施工安全管理

操作设备和机械时间过长也可能导致工人感到疲劳，进而影响他们的注意力和生产力，物联网使监测异常脉搏率、海拔和用户位置等危难迹象成为可能。

2. 施工物品安全管理

在建筑工地面临的一个最大挑战是盗窃问题，人工不足以精准监控一个巨大的站点；而使用支持物联网的标签，任何材料或物品盗窃问题都可以轻松解决，传感器会传输材料或物品的当前位置至网络监管终端，不再需要派遣人工代理来检查所有内容。

3. 施工设备安全管理

设备健康监测，主要是运用物联网手段对设备的健康状态进行实时监测，以提前检测出设备故障信号并进行及时的维修处理。如将光纤光栅传感器安装在房屋的电力系统之中，能够有效地监控电力系统，从而避免出现电流过大酿成火灾的悲剧，也能够将电力系统的实时状态发布至终端，有助于相关人员及时监控整个建筑的电力使用情况，从而避免任何一个端口出现障碍。

（四）施工过程管理

预算对于任何一个项目经理来说都是至关重要的，在有限的预算内完成项目是项目经理和施工单位的关键绩效指标，物联网技术在建筑业中的应用可以帮助承包商有效利用其可用资源，更好地进行施工项目管理。

物联网技术在施工项目管理过程中的主要应用是施工人员协作、施工材料管理、施工设备管理及施工能源管理等方面。

1. 施工人员协作

建筑行业受截止日期和目标的制约，必须避免积压，否则会导致预算增加。物联网可以实现更多的准备，从而提高生产力，物联网让人们减少了琐碎的工作，分配了更多的时间与项目所有者以及他们之间进行互动，从而产生新的想法来改善项目交付和客户满意度。

2. 施工材料管理

施工需要充足的材料供应，以确保项目的顺利进行，但常常由于人为错误导致调度不力，施工现场经常发生材料供应延迟，通过物联网技术，供应单元配备合适的传感器，可以自动确定材料数量并自动下订单或发出警报。

3. 施工设备管理

物联网设备可以通过现场监控技术来监控车辆、设备、材料利用率，从而有助于降低成本，保持项目预算友好，这使建筑公司能够提供更好、更快的服务，同时减少项目经理的工作量，也有助于以更快的速度完成项目。

4. 施工能源管理

施工现场电力和燃料消耗因消极管控产生浪费现象，从而影响项目的整体成本。利用物联网技术通过实时信息的可用性，可以了解每项资产的状态，安排维护、停止或加油，以及关闭闲置设备。

三、物联网技术在运维阶段的应用现状

随着智能建造的不断细化和深化，智能建造运维阶段所运营的范围越来越广泛，该如何组建一套完善的管理体系，成为当下现代智能建造运维期面临的新问题，但随着物联网技术的发展和兴起，为这些难题的解决提供了新的思路。通过应用计算机网络技术、现代通信技术、智能监控体系等专业化的技术，使得建筑物始终遵循以人为中心的服务理念，推动着智能建造运维阶段朝着高自动化、高可控性以及高集成性的方向发展，同时，也推动着建筑管理的服务水平提升。

物联网技术在运维阶段的应用极其广泛，大致可分为建筑监控智能化、建筑家居智能化、建筑安防智能化、建筑消防智能化、建筑设备自动化以及建筑减排节能化等方面。

（一）建筑监控智能化

智能建造运维期间，建筑智能化系统的建设至关重要，而智能监控系统是其中关键的组成部分，该系统可帮助管理人员更加及时和快速地掌握建筑运维管理过程中存在的关键问题，并及时制定出相应的解决措施，提高建筑的安全性。传统的智能化监控系统虽发挥了一

定作用，但存在诸多不足，如使用的设备监控只能集中在室内，只能发挥主动监控的作用，但无法实现远程管理的作用；但物联网技术的应用，可将具体要监控的设备以及系统运行中的监控终端进行通信，能够使监控人员更加及时地发现在设备或系统运行中存在的关键问题，采取合理的方式对其加以解决，让监控对象运行的安全性和可靠性得到保护。此外，在使用物联网技术的过程中，可以更加及时地采集和获取系统设备运行过程中的参数信息，将其传输至具体的控制平台以及系统，让数据应用效果更加良好，并且可以为楼宇运行标准以及有关政策的制定提供重要的参考依据，让楼宇的智能化监控系统运行效果和作用更高。不同系统特点对比见表 5-1。

表 5-1　不同系统特点对比

传统的智能化监控系统	基于物联网的智能化监控系统
1. 设备监控集中在室内	1. 被监控设备与监控终端保持实时通信
2. 主动监控	2. 智能化监控
3. 无法实现远程管理	3. 可进行远程管理
4. 无法实时采集数据	4. 可实时采集和获取设备运行过程中的数据
5. 仅可利用历史记录数据提供管理依据	5. 可应用实时数据提供管理依据

图 5-5 为某智慧社区综合监控管理平台的示意图，图 5-5 中可以清晰地看到该平台利用各种 IoT 设备将社区进行了全范围的监控管理，包括视频监控、入侵报警、可视对讲、门禁控制等，并将所有的数据传输至终端存储系统进行统一分析和进一步的运维管理。

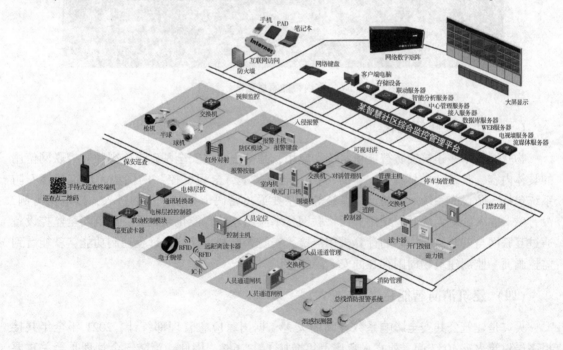

图 5-5　某智慧社区综合监控管理平台示意图

（二）建筑家居智能化

"互联网 +"、人工智能、物联网等数字信息技术逐步开发应用后，建筑家居智能系统也不断升级换代，不仅提升了人们的生活品质，还使水电、照明、暖通等家电系统的自动化控制水平越来越高。其中物联网技术的应用发挥了重要的价值，将物联网技术应用在智能家居系统的建设过程中，可通过先进的网络通信系统设计开发，实现家居系统子系统以及家居网络之间的连接目标，达到通信的效果，让智能化家居子系统的监控效果更加理想。

图 5-6 所示为包含楼宇公共区域灯的明灭，门的自动开关，室内电器的定时、启动关停的自动化，开启了建筑居家智能化之门。同时，用户的智能手机、互联网、计算机控制中心、建筑家庭智能化控制系统——中央微处理器实现连接，用户通过网络使用终端，能够对家用电器实现远程自动化控制。

图 5-6　室内智能家居物联示意图

（三）建筑安防智能化

物联网技术在建筑安防智能化系统的应用，是推进公共安全基础设施视频监控联网使用的具体内容，具备"整体覆盖、全时可用，全网共享、全程可控"的优势。建筑智能安防系统包括人防设施系统、物防设施系统等，主要通过密码卡控制人员的进入，以电梯为例，没有磁卡的人，就无法开门乘用。而物联网技术应用建筑智能化系统后，建筑安全监控设备通过互联网与安防监控中心的计算机相连接，安防人员利用计算机远程控制功能，就能看到监控画面，监测建筑物周围存在的安全隐患。

（四）建筑消防智能化

火灾是建筑公共安全影响系数较高的灾害，据国家应急管理部统计，2021 年全年共接报高层建筑火灾 4057 起，死亡人数比上年增加了 22.6%。因此，消防安全管理是至关重要的，随着信息技术的发展，物联网技术逐步应用在建筑消防智能化系统中，它能够帮助实现消防设施与监控设施的互通互联。物联网技术把建筑消防智能系统的监控设备、灭火设备、控制设备连接起来，监控系统实时在线监控发现火灾隐患，及时传到监控中心，有利于相关人员及早排除隐患，把火灾控制在萌芽之中，像电路监测、电器监测、燃气监测、温度监测等，应有尽有。消防智能化系统设备采用无人化控制，相关人员可以利用计算机远程控制功能，进行灭火装置设备的自动化操作，实现精准、及时、高效地消灭火灾隐患，控制灾情的扩大和次生灾害。

（五）建筑设备自动化

物联网技术在建筑设备自动化系统的应用提高了建筑设备自动化智能水平。建筑设备自动化系统由中央监控系统与相应的自动化子系统共同组成，包括：自动化设备运行控制系统、公共安防系统及自动化消防控制系统。物联网技术应用于建筑设备自动化系统后，强化了建筑设备自动化的安全使用功能，一种是用户可以在智能手机上下载建筑门禁自动化控制APP，完成个人账号注册，利用手机控制门禁设备；另一种是通过扫码，进行建筑自动化设备的控制。设备控制码中存储了所有建筑物使用者的个人信息，通过扫码，进行身份认证，实现对自动化设施的控制；还有一种是刷脸技术，就是通过互联网与公安、安防、门禁智能化设施，进行有效连接认证，确认个人信息，对建筑设备进行控制。此外，实施远程控制能够及时识别业主、外来陌生人的身份，锁定存在不安全因素的嫌疑对象，最大限度地增强了公共安全保障，发挥了信息技术的积极作用。

（六）建筑减排节能化

现如今，智能化建筑的电力能源系统以及污水处理系统也可以通过互联网技术进行连接，在这个过程中使用各种专用的传感器探测电能系统的耗电量、系统的性能以及水污染的指数等多个方面的信息，将这些信息通过物联网工具传输到存储系统中，可以从平台中获取各种能耗的关键数据，对其进行综合性的分析和预算评估，对整个建筑物在发展过程中的消耗问题和情况进行更加精准的把控，采取智能联动的方式以及远程控制的方式达到建筑物的精准控制目标。

第二节　物联网技术应用场景分类及价值分析

物联网技术至今已历经了十余年的发展，从零散的设备接入到如今的万物互联，物联网为人们的生活带来极大的方便。虽然物联网技术经历了十多年的发展，但人们依然无法将物联网解释清楚，不过基于物联网技术而形成的应用，已经遍布在人们生产生活的方方面面，比如马路边的共享单车、家里的智能电视、工厂里的自动化生产线等，特别是前两年的无人零售和车联网的异军突起，更是把物联网的发展推到了高潮。

物联网用途广泛，遍及智慧交通、环境保护、政府工作、公共安全、平安家居、智能消防、工业监测、环境监测、老人护理、个人健康、花卉栽培、水系监测、食品溯源、敌情侦查和情报收集等多个领域。学术界普通认可的物联网具体应用场景可概括为十类，分别是智慧物流、智能交通、智能安防、智慧能源、智能医疗、智慧建筑、智能制造、智能家居、智能零售、智慧农业等。

一、物联网技术在智能建造中的应用场景分类概述

物联网技术的应用场景涉及诸多领域，但在智能建造中的应用场景主要包括智能安防、智慧能源、智慧建筑及智能家居四个方面，如图 5-7 所示。

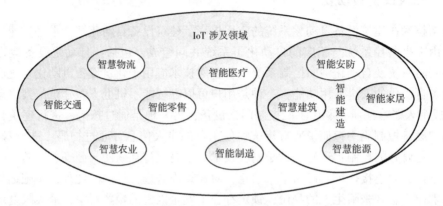

图 5-7　IoT 应用场景分类

1. 智能安防

智能安防的核心在于智能安防系统，系统主要包括门禁、监控和报警三大部分。安防是物联网的一大应用市场，传统安防对人员的依赖性比较大，非常耗费人力，而智能安防能够通过设备实现智能判断。目前，智能安防最核心的部分在于智能安防系统，该系统是对拍摄的图像进行传输与存储，并对其分析与处理。一个完整的智能安防系统主要包括三大部分——门禁、监控和报警（表 5-2），行业中主要以视频监控为主。

表 5-2　安防系统三大组成部分分析

	体现形式	特点	作用
门禁系统	感应卡 指纹 虹膜 面部识别	安全 便捷 高效	联动视频抓拍 远程开门 手机位置探测 轨迹分析
监控系统	视频监控	实时记录	可抓拍记录 存储数据 分析数据
报警系统	报警主机	时效性高	缩短报警反应时间

2. 智慧能源

智慧能源属于智慧城市的一个部分，当前，将物联网技术应用在能源领域，主要用于水、电、燃气等表计以及根据外界天气对路灯的远程控制等，基于环境和设备进行物体感知，通过监测，提升利用效率，减少能源损耗。根据实际情况，智慧能源分为四大应用场景，见表 5-3。

表 5-3   智慧能源四大应用场景

	采用技术	作用
智能水表	NB-IoT 技术（窄带物联网）	（1）远程采集用水量 （2）提供用水提醒
智能电表	IoT 及其他网络技术	（1）远程监测用电情况 （2）及时反馈功能
智能燃气表	IoT 及其他网络技术	（1）通过 IoT，用气量直接传输至终端，无须入户抄表 （2）可显示燃气用量及用气时间等数据
智慧路灯	传感器设备等 IoT 技术	（1）远程照明控制 （2）故障自动报警

3. 智慧建筑

物联网应用于建筑领域，如图 5-8 所示，主要体现在用电照明、消防监测以及楼宇控制等。建筑是城市的基石，技术的进步促进了建筑的智能化发展，物联网技术的应用让建筑向智慧建筑方向演进，智慧建筑是集感知、传输、记忆、判断和决策于一体的智能化建筑形态。当前的智慧建筑主要体现在用电照明、消防监测以及楼宇控制等，将设备进行感知、传输并远程监控，不仅能节约能源，同时也能减少运维的楼宇人员。

视频监控　给水排水控制　电梯监视　火灾报警　公共照明控制

电子巡更　暖通空调控制　　　　　　　　门禁管理

背景音乐

客流统计

变配电监视　信息发布　停车管理　防盗报警　夜景照明控制

图 5-8   智能建筑模型

4. 智能家居

智能家居的发展分为三个阶段——单品连接、物物联动以及平台集成（图 5-9），当前处于单品向物物联动过渡阶段。智能家居指的是使用各种技术和设备，来改进人们的生活方式，使家庭变得更舒适、安全和高效。物联网应用于智能家居领域能够对家居类产品的位置、状态、变化进行监测，分析其变化特征，同时根据人的需要，在一定的程度上进行反馈。

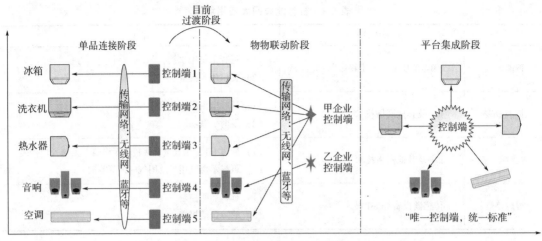

图 5-9　智能家居发展阶段

二、物联网技术在施工阶段的应用场景及价值分析

全面质量管理理论中包含五个影响产品质量的主要因素，分别是"人、机、料、法、环"，也是施工过程中最为关键的五个工程因素，物联网技术在施工阶段的应用场景可根据这五个工程因素进行分类，如图 5-10 所示。

1. 人：人员管理

人员管理包含施工现场全范围在内的所有人员，利用物联网技术通过人脸识别、位置感知等对人员进行协作管理和安全管理等。

2. 机：机械管理

对机械设备进行管理主要包含设备的实时位置，机械运行时的状态参数数据，机器进行起重、挖土等动作的视觉捕捉感知等。

3. 料：材料管理

对工程材料进行管理包括材料的识别、相关参数的获取和数量的统计，材料物流信息的追踪、到现场之后的使用情况等。

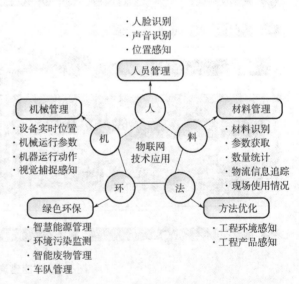

图 5-10　物联网技术在施工阶段的应用场景分类

4. 法：方法优化

工程方法的感知大多是间接感知，利用传感器、定位、RFID 等技术对工程其他要素进行感知与分析，以生成施工流程和施工计划的对比情况并验证实际施工方法是否正确，从而优化流程与方法，包括工程环境感知和工程产品感知。

工程环境感知是利用物联网技术对环境进行监测，感知的内容主要包括风速、尘埃、气体、光照、温度等气候条件和噪声环境等；工程产品感知指的是运维阶段的产品感知，通过嵌入式设备、智能传感器、机器视觉技术以及可穿戴智能设备等，实现对建筑产品运行状态的感知，包括使用者状态的感知等。

5. 环：绿色环保

实时、精细化的物联网传感器数据可支持按需分区设备控制，以实现更高的能源效率；低成本污染传感器也使得新一代空气质量监测成为可能；无线物联网传感器可传递垃圾箱的各种实时数据以适应实际需求并避免不必要的过量填装。

三、物联网技术在运维阶段的应用场景及价值分析

万物互联的物联网技术不断发展，目前在物联网技术的应用过程中，其应用在运维阶段是最常见的、最贴近人类生活的一种方式，它在运维阶段的应用场景大致可分为智能家居、智能报警、智能优化及智能监控节能。

1. 智能家居

智能家居是指将家中所有智能家居设备接入网络，用户可通过控制终端实现对智能家居设备的集中控制和监控，同时将具有不同功能的智能家居单品和传感器按不同的场景配置出不同的使用逻辑，并基于这一逻辑实现对应的联动，为用户提供更加安全、舒适的家庭环境。

2. 智能报警

结合物联网技术的智能报警可采用基于 ZigBee 协议（一种基于 IEEE802.15.4 标准的低功耗局域网协议）的无线通信技术，每个终端节点都可以进行探测采集工作，并将数据发送给协调器，可达到分散采集及集中处理的效果，而且可靠性高、功耗低。

3. 智能优化

通过对运维场景中的硬件、网络、数据库等分别进行智能监控、异常预警、故障监测、故障自愈等手段实现运维阶段局部对象的智能优化，可使得故障发现、处理、排查的效率大幅度提升，从而有效保持业务稳定运行。

4. 智能监控节能

基于物联网的智能监控节能可实现对运维阶段能源的使用情况进行全面监测、控制与管理，可在不影响建筑物设备正常使用的前提下，最大限度地避免能源浪费，节约能源，从而提高能源利用率和运维管理水平，降低管理成本。

第三节　物联网技术在建筑工程项目施工阶段的智慧应用

一、建筑工程项目施工阶段的现状

随着技术的不断革新发展，建筑工程项目全过程管理的理念逐渐深入，从工程项目立项、前期准备，到具体的施工和最后的投入使用，每个阶段都处于工程项目管理的范围内，

工程项目管理工作在工程建设施工中发挥着不可或缺的作用。在建筑工程项目管理过程中，最常见的管理方式是"四控、六管、一协调"，以保证工程投资的成本、施工进度能够控制在科学合理的范围内，施工的质量和安全能够得到有力的保证。

其中，"四控"的基本内容是指工程项目管理进度控制、工程项目管理质量控制、工程项目管理安全控制以及工程项目管理成本控制；"六管"的基本内涵包括工程项目的现场管理、工程项目的合同管理、工程项目的信息管理、工程项目的生产要素管理、工程项目的竣工验收管理以及工程项目的后期管理；"一协调"的含义主要是指组织协调，分为内部关系的协调和外部关系的协调，内部关系的协调包括设计、总承包与分包队伍、材料设备以及人员之间的组织协调，外部关系的协调包括政府部门、周围居民等之间的组织协调。

（一）"四控"管理方式的应用现状及存在的问题

1. 工程项目管理进度控制

工程项目管理进度控制是指从工程项目的前期规划到工程管理项目的正式开工建设，都必须有完整的进度计划、进度实施、进度检查和适当的调整等，对影响进度计划的问题尽快进行排查和处理，以保证建设工程项目的进度计划顺利进行。

在建设工程实际施工中，针对进度控制方面仍存在诸多问题，见表5-4。

表5-4 工程项目管理进度控制存在问题

问题	具体情况	造成影响
进度控制不合理	项目参与者众多，导致进度管理缺乏控制	各参与方组织协调困难，无法进行及时的预案调整
进度计划不科学	施工开始前不制定科学可行的进度计划，进度管理缺乏规划性	项目遇到不可预知的变化时难以应对，无法进行及时调整
工序衔接不合理	未考虑到多种工序衔接情况，一味使用顺时工序衔接方案，工序衔接不能进行灵活地处理	浪费项目建设时间，甚至可能影响到关键环节，降低项目运行效率，使得项目实施进度变慢

2. 工程项目管理质量控制

工程项目管理质量主要涉及三个方面，包括国家规定的质量目标、工程内部质量目标、客户质量目标。一般在工程质量的实际定位中，国家规定的质量目标用来监督和控制，工程内部的质量目标为日常监督和控制，而客户质量目标往往扮演主要角色。在工程项目实际建设过程中，通过检查、监督等工程质量控制的环节和过程，将使整个项目效果的负面因素降到最低。

工程项目施工建设是一个复杂的过程，因此其质量控制的过程也相对复杂，涉及多方利益相关者，同时也牵涉很多流程和环节，在整个施工项目中，影响质量的因素可以概括为以下五个方面，见表5-5。

表5-5 工程项目管理质量控制影响因素

影响因素	具体情况	产生后果
人员	项目参与人员（包括领导团队和技术人员）的政治素养、专业水平和身体素质	均可直接影响工程项目的施工质量控制
机械	机械能否满足工程施工技术要求和特点	

（续）

影响因素	具体情况	产生后果
材料	原材料的选择和检验是否合格，材料的选择是否符合设计的要求，以及材料的储存、运输和合理的使用	材料不合格或存放不当会对工程质量目标的实现有很大影响
方法	项目质量控制的模式以及具体施工流程的安排	不同的管理方法也会对工程质量目标实现产生影响
环境	自然环境和管理环境	自然环境直接作用于施工现场，对工程质量会造成直接影响；管理环境虽是间接影响但影响的程度是深刻的

3. 工程项目管理安全控制

工程项目管理安全控制包括项目工程安全计划的制定、计划的实施、计划的检查、特殊事件的处理等，一般情况下，很多工程企业的工程安全与质量是挂钩的，由个人或部门（组）实施，在工程安全方面需要全员参与，并且时时刻刻都要抓安全这项工作。

随着社会发展，公众和政府对安全的关注度大幅提高，对于工程项目管理而言，安全管理是重中之重，在实际项目施工过程中，工程项目管理安全控制常见问题见表5-6。

表5-6　工程项目管理安全控制常见问题

问题	具体情况	造成影响
安全风险高	因工程设计特点或施工环境导致施工情况复杂、工法多、技术要求高	施工过程中可能因技术达不到要求而产生安全问题
参建人员素质	参与人员素质参差不齐，部分施工人员安全意识缺乏、素养不高	埋下安全隐患诱因
安全投入不足	工期压力大导致安全投入不够	安全防护不到位导致人员伤亡

4. 工程项目管理成本控制

工程企业的运作是需要在各方面不断进步，没有任何一个工程企业是不重视成本控制这项工作的，特别是现在各行业的激烈竞争。工程项目管理成本控制指的是在工程的施工作业过程中，利用成本控制方面的技术与管理方法对人工成本、材料消耗、机械使用监督的过程，针对将要产生与已产生的成本、进度等采取纠偏，确保项目目标的有效推进。

工程项目成本控制主要包括成本计划、成本计划的实施与控制、成本的核算、成本的分析和考核等。在实际工程施工过程中，成本控制常见问题见表5-7。

表5-7　工程项目管理成本控制常见问题

问题	具体情况	造成影响
未充分考虑成本和进度的关系	因实际进度不能满足工期，不得不赶工期，无形中增加了成本	竣工决算时无法完成成本控制的预期目标
静态成本控制占主导地位	实际工程施工中情况比较复杂，不确定因素多，欠缺配套的中间环节及过程的成本控制	在实际的施工环节中若产生偏差，得不到及时纠偏，就会导致成本无形中增加

（二）"六管"管理方式的应用现状及存在的问题

1. 工程项目的现场管理

工程项目的现场管理主要是指项目施工现场管理人员按照施工组织设计的要求，全面实施现场的各种施工调度、安全文明施工等。对于当前大多数的建筑施工企业来讲，在工程项目建设期间，对于施工现场管理的重视程度不够高，经常发生一些偏离项目总体控制目标的事情，如人员的懈怠管理、材料设备的不合理使用等，都会造成无法挽回的后果。

2. 工程项目的合同管理

工程项目的合同管理包括项目招标投标文件，工程项目合同的签订、执行、变更、违约、索赔、争议以及工程项目合同的终止和评价等。

3. 工程项目的信息管理

工程项目的信息对工程施工的开展至关重要，对项目多方利益相关者均有着直接的影响，信息的准确性、时效性是非常重要的。但对于工程项目信息的收集是广泛的，项目实施过程中产生大量信息，信息传输不及时会导致决策有误，造成不良的后果。

4. 工程项目的生产要素管理

工程项目的生产要素涉及人员、物料、机具、技术、资金等，故工程项目的生产要素管理也是一个相对复杂的工作，生产要素的管理会直接影响到工程的质量、进度、安全、成本等工作。在项目实际施工过程中，多数施工团队对生产要素的管理不够到位，均存在着各种各样的问题，一些难量化的原材料经常出现超额使用的现象。

5. 工程项目的竣工验收管理

工程项目经过现场施工到具备竣工验收条件时的各个阶段，被称之为工程项目竣工验收工作的开始，在验收管理工作的开展中，必须严格遵循竣工验收标准执行，但有时候项目可能会存在一部分隐蔽工程由于管理疏漏而没有及时进行验收，从而在进行总的竣工验收时无法查看。

6. 工程项目的后期管理

建设工程项目在经过竣工验收后交由建设方使用，工程项目需进行长期的后期管理，包括工程项目的保修以及回访等工作。在工程项目的实际后期管理中，维修工作常常出现延迟现象，经常做不到及时维修，导致正常的生产生活受到影响。

（三）"一协调"管理方式的应用现状及存在的问题

建设工程项目的内部关系组织协调相对来说是比较好开展的工作，但在实际工程施工过程中，因团队内部各种原因，部门之间无法得到很好的配合和支持，或者因为一些工作的连锁反应，造成一些环节工作开展的脱节，导致施工管理部门经常处于非常被动的局面，并直接影响工程的进度；而外部关系协调对工程从开始施工到竣工验收等阶段都有很直接的影响，比如在施工现场与交叉作业的其他施工单位之间的协调，其结果会直接影响工程开展中各阶段的工作。

二、物联网技术在工程施工阶段应用的优势

物联网技术在工程建造领域逐渐拓展衍生出一项新的技术——工程物联网技术，工程物

联网是支撑建筑业与工业、信息化深度融合的一套智能技术体系，包含了硬件、软件、网络、云平台等一系列感知、通信、分析及控制技术，该技术可通过各类传感器感知工程要素状态信息，依托统一定义的数据接口和中间件构建数据通道，由此改善施工现场的传统管理模式，支持实现对"人的不安全行为、物的不安全状态、环境的不安全因素"的全面监管。在工程物联网的支持下，施工现场将具备如下特征。

（1）万物互联　以移动互联网、智能物联等多种组合为基础，实现"人、机、料、法、环、品"六大要素间的互联互通，见表5-8。

表5-8　六大要素的物联感知

要素	要素全称	感知内容
人	施工人员	劳务信息、作业状态；人脸识别、声音识别；位置定位
机	机械设备	运输、起重设备实时位置；机械运行温度、速度、受力状态；动作视觉捕捉
料	工程材料	材料的识别；相关参数的获取和数量的统计；材料物流信息的追踪；到现场之后的使用情况
法	工程方法	验证实际施工方法正确性；优化施工流程与工程方法
环	工程环境	风速、尘埃、气体、光照、温度等气候条件和噪声环境
品	工程产品	对建筑运维阶段的产品感知，如对建筑产品运行状态的感知、使用者状态的感知

（2）信息高效整合　以信息及时感知和传输为基础，将工程要素信息集成，构建智能工地。工程物联网的网络通信采用的是分布式的范式，现场总线是连接设备和控制系统之间的一种开放、全数字化、双向运输、多分支的通信网络，并在5G网络的支持下，无线网覆盖性能、传输时延、系统安全和用户体验都将得到显著提高。

（3）参与方全面协同　工程各参与方通过统一平台实现信息共享，提升跨部门、跨项目、跨区域的多层级共享能力。工程物联网引入云计算、边缘计算等技术进行数据的加工和处理，形成对外提供数据服务的能力，并在数据服务基础上提供个性化和专业化的智能服务，进一步完善建筑工序协同优化、建造环境快速响应、建造资源科学合理配置体系。

物联网技术应用在智能建造施工阶段，管理人员可以访问实时数据，从而能够迅速应对紧急情况，在更广泛的战略范围内，物联网数据可以帮助建筑公司分析和改进运营流程，以进一步提高效率、质量，进而提高盈利能力。

三、物联网技术在施工阶段的智慧应用

物联网技术是计算机科学技术与互联网共同构造的新型技术，在建筑工程施工管理方面，随着信息技术的不断发展，建筑企业也在积极地进行数字化改革与转型，对施工现场的管理也逐步进入数字化领域。在建筑工程实际施工过程中，虽引入了部分物联网技术进行施工管理，但信息技术引入力度远远不够，存在浮于表面的问题，很多管理人员专注于传统理念难以改变，尚未认识到信息技术在施工管理方面潜在的巨大价值。

物联网技术凭借其特殊的性能可与其他计算机技术如BIM、数字孪生技术、大数据、云计算等相结合形成强有效的管理新模式，在智能建造施工管理中提及最多的便是"智慧工地"模式，智慧工地的核心是指以一种"更智慧"的方法来改进工程各干系组织和岗位人员相互交互的方式，以便提高交互的明确性、效率、灵活性和响应速度，在施工现场管理中主要体现在工程要素智能感知与互联方面。利用物联网技术可以做到安全生产、质量管理、

成本管理、绿色施工、技术创新、结构体病害检测等，大力提升施工管理水平。

1. IoT + BIM 实现施工安全智慧管理

在建筑工程项目建设阶段，BIM 与物联网的集成应用实质上是建筑全生命周期信息的集成与融合，BIM 技术发挥上层信息集成、交互、展示和管理的作用，而物联网技术则承担底层信息感知、采集、传递、监控的功能，二者集成应用可以实现建筑全生命周期的信息流闭环，实现虚拟信息化管理与实体环境硬件设施之间的有机融合，还可提高施工现场安全管理能力，确定合理的施工进度，支持有效的成本控制，提高质量管理水平。例如临边洞口防护不到位、部分作业人员高处作业不系安全带等安全隐患在施工现场无处不在，基于 BIM 的物联网应用可实时发现这些隐患并报警提示；以及高处作业人员的安全帽、安全带、身份识别牌上安装的无线射频识别，可在 BIM 系统中实现精确定位，如果作业行为不符合相关规定，身份识别牌与 BIM 系统中相关定位会同时报警，管理人员可精准定位隐患位置，并采取有效措施避免安全事故发生。

【案例 1】

在国资委科创局发布的《关于发布 2020 年国有企业数字化转型典型案例的通知》中公布了 100 个典型案例全名单，中国中铁科研院西南院信息化成果"隧道及地下工程施工监测信息系统"为 100 个典型案例之一，该系统围绕新建铁路、城市轨道隧道及地下工程施工全过程，以施工现场安全监测为主线，快速及时准确收集、加工数据，及时反馈分析结果和预警信息规范的共享信息系统。

如图 5-11 所示，该系统着力解决隧道及地下工程施工监控过程中人工抄录烦琐、成果资料散杂、数据追溯困难、无法全面监控等问题。通过该系统，规范了从测点埋设、数据分析和信息反馈全过程监测工作的标准化管理，能够形成及时、有效、连续的数据链，对监控数据进行实时分析，使隧道及地下工程施工监测数据的可信度得到提高，管理者能第一时间掌握各施工现场的监测信息，通过施工预警，为应急处置及救援提供宝贵时间。

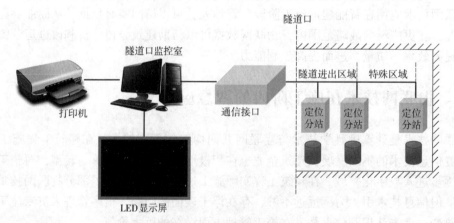

图 5-11　隧道及地下工程施工监测信息系统

隧道及地下工程施工监测信息系统由数据采集端、服务器端、客户端三部分组成，主要利用物联网、移动互联、大数据、可视化等先进技术手段，实现集"现场数据采集、实时传输分析、及时预警、远程监控、管理考核"于一体的综合应用，具有支持所有主流仪器与传感器，数据采集无纸化，数据处理、预警自动化，一键完成原始数据溯源，过程管理透明化，安全可靠、数据准确等技术特点，可应用于铁路公路隧道施工量测、地铁盾构施工量测、路基沉降观测等多个场景，节约人工成本，提高工作效率。

2. IoT + BIM 实现施工进度管理新模式

在实际工程项目施工进度管理中，由于项目工期紧张、施工场地有限且施工人员流失，对工程项目施工进度进行科学、创新管理变得尤为关键，制定合理、实际的施工进度计划，动态进行施工进度计划管控，从而有效化解制约因素的不良影响。多方数据表明，倒排施工进度计划并充分利用基于物联网的信息平台结合相应进度管控软件（如广联达斑马、BIM5D、Project 软件等）进行仿真模拟，可从中发现施工进度计划的问题并及时修缮，直至生成具有切实意义的施工进度计划，在实际进度计划实施过程中，通过传感器设备获取施工现场数据，利用大数据、云计算等信息技术对采集的数据进行科学分析，获得实际施工生产能力及成本等价值信息，从而对比制定好的目标并合理调整施工进度计划。基于 IoT + BIM 的施工进度管理新模式流程图如图 5-12 所示。

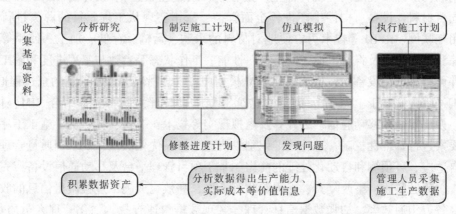

图 5-12　基于 IoT + BIM 的施工进度管理新模式流程图

【案例2】

三亚崖州湾科教城深海科技创新公共平台是推进海洋强国、加快推进海南自由贸易试验区先导性项目，具有建设标准复杂、施工技术精益、运维管理范围广泛、智能化服务程度高等特点，在科技创新层面上具有重大研究意义。项目总用地面积为 $82657.27m^2$，总建筑面积为 $176100m^2$，其中，地上建筑面积为 $128100m^2$，包括综合实验区域 $97700m^2$、学术交流中心及配套设施 $30400m^2$，地下建筑面积为 $48000m^2$，图 5-13 所示为该项目预览图。

三亚崖州湾科教城项目总体工期为 1080 天，工程量又很大，前期工程手续繁杂，土建工程施工涉及专业多、项目多、环节多、协调多，因此，项目管理人员组织搭建了基于 IoT 和

图 5-13　三亚崖州湾科教城项目预览

BIM 的三亚崖州湾科教城数据决策平台，形成了以业务数据为基础、施工过程可视化的管理平台，建立了 IoT + BIM 理念下施工进度管理新模式体系。通过科学、合理制定并适时调整进度计划的方式，使得该项目在疫情期间大量外地工人无法返回、人手不足的情况下还能提前于原定进度的 35% 完成施工，并大幅度减少了返工情况，同时节约工程成本多达计划总成本的 23%。

3. IoT + BIM 实现施工质量智慧管控

在施工阶段，利用基于 BIM 的施工准备阶段质量管理，将施工过程提前虚拟模拟仿真分析，包括施工现场的环境、总平面布置、施工工艺、进度计划、材料周转等情况得到可视化体现，并从图纸会审与设计交底，施工方案模拟，优化与交底，质量、进度、成本多目标综合管理，预制构件生产加工等方面动态消除建设难点，从而找出施工过程中可能存在的质量风险因素或者某项工作的质量控制重点，提升项目质量管理水平。

在钢结构加工及装配式建筑构件生产过程中，通过互联网、物联网、RFID 等技术还可对工程项目材料、设备、构件生产进行全面管控，真正实现从工程质量的源头进行管理控制。利用互联网、RFID 等技术可方便地对材料的采购、运输、存储、加工、使用等多环节进行跟踪和管理，以及将施工设备的类型、性能、工作状态等参数与工程进度和施工工艺相匹配，并可将材料、设备的信息关联到 BIM 模型中，实现材料、设备信息的全过程追溯。

施工过程中，基于 BIM 和大数据的建筑工程质量管理协同平台，结合 BIM、物联网、大数据、人工智能、移动通信、云计算及虚拟现实等技术，对人、材、机、施工工序等生产系统的要素进行日常性控制，进行精准识别、快速分析、优化决策，使工程质量管理具有可感知、自适应、可预测和自动化处理的能力。基于项目管理平台及移动通信设备，完成质量日常检查、问题整改、整改复查、工程验收等工作，高效完成施工过程质量信息的收集、存储，提高各方沟通效率，加强数据信息管理，实现数据快速查找，强化管理人员质量意识，对提高工程的质量大有裨益。

【案例 3】

由上海宝冶建设和运行保障的国家雪车雪橇中心项目如图 5-14 所示，位于北京 2022 年冬奥会延庆赛区西南侧，是国内首条雪车雪橇赛道，也是亚洲第 3 条、世界第 17 条符合奥运比赛标准的赛道。

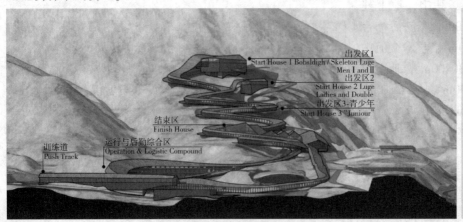

图 5-14　国家雪车雪橇中心项目概况

一方面，通过 BIM 模型出加工图，根据加工图进行排版，通过数控编程，采用大型数控切割机对所用构件板进行精准下料。采用数控摇臂钻床进行数控开孔，保证开孔定位的精准性。采用大型焊接除尘设备，保证焊接质量。通过 BIM 参数化手段对赛道支架的形状及规格等进行优化，确定支架切割形式、切割设备、检测设备及检验方法等，支架制作完成后，采用固定式 3D 扫描仪及手持便携式 3D 扫描仪开展产品质量对比分析及修正，确保支架一次安装成型、质量达标。

另一方面，基于 BIM、物联网、虚拟现实等新技术，进行 3D 动态样板引路、VR 技术交底、BIM 智能放样及校核、三维激光扫描、主要构配件二维码管理等应用，提高质量精细化管理水平。针对空间双曲面竞速型赛道，建立一整套涵盖精密工程测量技术、建筑信息模型技术、倾斜摄影技术、三维激光扫描技术应用的新型精密工程质量控制体系。对于赛道内曲面喷射混凝土成型面的控制，通过创建三维找平管模型，对找平管进行定位，提取三维控制点，实现赛道喷射后内曲面弧度及高程满足设计要求，同时在喷射混凝土初凝之前，采用三维扫描仪对赛道成型面扫描，通过三维激光扫描仪采集现场数据，生成云模型与 BIM 模型进行对比分析误差，及时采取相应的措施，对误差超出允许范围的地方进行纠正，具体模型如图 5-15 所示。

图 5-15　360°回旋弯赛道模型

第四节　物联网技术在建筑工程项目运维阶段的智慧应用

一、建筑工程项目运维阶段的现状

建筑工程运维管理是指建筑工程项目在完成竣工验收后投入使用的阶段，整合建筑内人员、设施及技术等关键资源，通过运营充分提高建筑的使用率，降低经营成本，增加投资收益，并通过适时维护尽可能延长建筑的使用周期而进行的综合管理。

通俗来讲，运维的关键词就是"活着"，其目标是为了保障建筑内部系统的安全、稳定运行而存在的，建筑工程项目运维阶段作为建筑全生命周期中时间最长、项目回收投资及取得收益的重要阶段，其面临诸多挑战，主要集中体现在以下三点。

1. 工程交付方式粗浅，数据无法重复利用

传统的工程交付经常是将工程施工所用到的文字资料、竣工图、配套竣工资料、工程影像资料等大量甚至未曾关联的数据收集在一起，统一留作电子化存档，但在建筑运维阶段查询与利用这些数据时非常困难，给后期的建筑运维管理工作造成相当的不便。

2. 建筑系统相对离散，集中管控程度较低

随着建筑内各种设施设备的不断增加，建筑基础设施体系逐渐庞大，同时存在结构复杂、品牌多样的特点，而各系统又相对独立，均需要专业的运行维护人员针对各自系统进行专门的运维管理，不仅造成了大量的人力成本投入，还使得设备难以充分利用，且运行效率较低，导致建筑运行维护工作变得十分困难。

3. "救火式"维护，运维业务流程无体系

所谓"救火式"维护，指的是一种以故障后处理为主的运维模式，以经验和人工为主要手段，故障出现后才开始进行维护管理。随着建筑运维阶段的各种设备使用年限的增加，其各种性能指标在不同程度上都有所下降，发生故障的概率也相应随之增加，往往是旧的故障还未解决，新的故障又发生了，使得运维管理人员应接不暇，整天处于"忙、乱、急"的状态。目前绝大多数建筑运维仍采用这种方式，普遍存在着设备异常定位困难、对突发事件应变和处理慢等缺陷。

对于已经身处数字化变革的建筑行业而言，处理和利用好海量的建筑工程及运营数据，是实现数字化变革的最关键因素。数字化时代下，建筑工程项目运维阶段的重要性不言而喻，如何提供一种高效、透明化、面向用户的服务是建筑运维管理的价值所在。

二、物联网技术在工程运维阶段应用的优势

随着建筑工程领域数字化转型逐渐步入深水区，工程项目通过新兴技术的组合、运用，拟实现管理模式创新、提质增效、体验增强等目标，自动化运维开始崛起，高效运维成为新的关键词，此时，物联网技术的特殊性就开始展现出来。将物联网技术应用在建筑运维阶段，可促成建筑工程项目"新运维"模式的构建，具体如图5-16所示。

建筑工程项目"新运维"模式与传统运维管理模式主要的区别集中体现在以下几个方面：

1. 数字化信息交付

利用物联网技术建立数据信息平台，将建

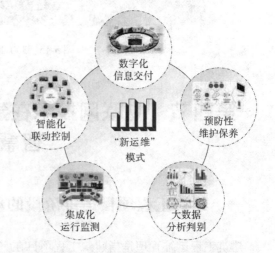

图5-16　建筑工程项目"新运维"模式

筑工程项目各资产进行有机串联，通过自带编码的族库系统，进行标准化建模，同时将设计、施工、运维阶段数据进行信息分类与结构化处理，形成数字资产供建筑运维阶段检索、调用。

2. 智能化联动控制

智能联动是指通过各个系统协调运作使系统的集成实现了数据上的共享，便于统一分析处理，成功实现多个系统之间的协同工作。采用物联网技术将建筑运维阶段需要管理的各个设备进行有机串联，使得各个子系统之间进行智能联动成为可能，还可更大地发挥单个子系统的作用，真正使多个子系统结合成一个有机整体，方便管理人员进行统一控制。

3. 预防性维护保养

预防性维护保养是工业大数据和人工智能方面的一个重要的应用场景，在建筑工程项目运维管理期间，首先利用物联网技术将设备实时数据传输至网络终端，进而可利用智能算法等其他信息技术对设备、设施的实时监测数据进行定向处理，其针对设备、设施的故障和失效，将运维管理模式由被动故障维护到定期巡检（人工巡检）转为主动预防，最终达到事先预测和综合规划管理的新型运维模式。

4. 集成化运行监测

利用物联网技术，结合 5G 网络技术及其他计算机、信息应用技术建立运维管理数据中台，将建设工程项目运维管理阶段产生的数据进行集成化管理，对设备、设施进行集中的运行监测，可有效避免存在关联使用关系的设备同时瘫痪的状况，同时也可对其进行同步监测，为实现建筑内部系统运行设备诊断与维护的高效管理提供可能。

5. 大数据分析判别

大数据分析是指用适当的统计分析方法对收集来的大量数据进行分析，提取有用信息和形成结论而对数据加以详细研究和概括总结的过程，物联网技术在建筑运维阶段的应用可为大数据分析判别提供建筑内部各系统设备数据，通过大数据对设备信息进行分析后反馈给设备、设施，进而实现对设备、设施的科学管理。

总之，物联网技术应用在建筑工程项目运维阶段可有效改善其管理体系，利用工具来实现大规模和批量化的自动化运维，可最大限度地减少资源浪费、节约成本，同时降低操作风险，提高运维效率，进一步提高管理水平及质量。

三、物联网技术在运维阶段的智慧应用

随着建筑领域数字化进程越来越深入、广泛，自动化运维虽仍为多数企业运维管理数字化转型的目标，但其本质依然是人与自动化工具相结合的运维模式，受限于人类自身的生理极限以及认识的局限，无法持续地面向大规模、高复杂性的系统提供高质量的运维服务，故"智能运维"一词产生。

智能运维，英文简称为 AIOps（Artificial Intelligence for IT Operations），指的是通过机器学习等人工智能算法，自动地从海量运维数据中学习并总结规则，而后做出科学化、合理化决策的运维方式。其中，物联网技术可为智能运维分析所需的海量数据提供技术基础，通过物联网技术可更为便捷地收集设备、设施运维管理过程中的大量数据，经智能运维分析数据得出合理决策再反馈给设备、设施，同时还可利用物联网技术对设备、设施进行远程、统一监控，进而对建筑内部多个系统进行有效的同步运维。

1. 物联网技术实现运维高效管理

以天津市生态城某公安大楼的配电室为工程实例，依照资产盘点明细发现大部分配电室存在设备老旧的问题，使得依照传统运维模式将会面临服务安全风险高、运维成本大、管理及运维效率低下等诸多方面的挑战，而借助物联网技术和 BIM 技术可实现工程项目运维的高效管理，具体对比措施见表 5-9。

表 5-9　传统运维与"新运维"模式对比

	传统运维出现的问题	"新运维"解决方式
图纸丢失查找困难	配电室设备使用周期长，建设时所用图纸由于归档、人员变迁等原因，导致后续维护需要图纸时难以快速调用	利用物联网技术将图纸与交付实体融为一体，在实体上贴二维码，扫描即可查到图纸，或实体融入监控系统中，以图纸为监控视角，对配电设备进行实时监控
人员有限流动频繁	配电室的运维管理需要专门的工程维护人员，但实际管理中人员流动频繁，导致配电室信息随着人员的变更与交替而不便后续运维调用	借助人机协同，提高效率，将重复、琐碎的工作交给机器做，同时借助云计算平台将数据信息集中化处理
现场信息记录不及时、不准确	现场巡检、设备维护作业时，记录的信息是有限的，且有时可能会出现不准确、不及时的情况	借助物联网技术和5G网络技术，实现远程记录以及全时间段实时记录
事故响应无预案	配电室长期运转，属于建筑内部的动力来源，一旦发生事故，需要尽快处理，但传统的运维管理一般采取事故后处理方式	应用物联网技术和其他信息技术（大数据、人工智能等）将预案与备件、人员建立连接，一旦发生紧急情况，立即触发筹备工作
故障隐患被忽略	由于巡检的频率和覆盖面有限，一些隐蔽的故障容易被忽略，尤其是一些缓慢积累的隐患	基于物联网技术收集设备历史数据，利用大数据分析技术发现设备缓慢积累的变化，以及同化、环比异常的点，提前发现并解决隐患

表 5-9 中列出的是建筑工程项目运维管理阶段常见的部分问题，利用 IoT、BIM 以及其他信息技术可有效解决传统运维管理模式的弊端，实现建筑运维阶段的高效管理，并且将运维管理数据集中化也可为建筑实现"智能运维"提供底层基础。

2. 基于物联网技术的智能化健康监测预警平台

建筑工程项目管理系统逐渐从传统的"重施工，轻运维"过渡到现在的"重施工，重运维"的理念，使得建筑工程项目管理真正向全生命周期管理靠拢，并随着各种新兴信息技术的发展，建筑运维服务系统逐渐迈向自动化、智能化。建筑运维服务系统是为社会公众提供服务的窗口，以信息平台为核心引导，由大数据管理系统、物联网智能化健康监测平台、建筑安全评估系统和安全预警及决策系统等组成，进而为用户提供线上评估及线下服务。

其中，物联网技术集中应用在智能化健康监测平台中，该平台主要用于收集、上传和记录各类设备、设施所用传感器的实时数据，是建筑物安全信息数据的数字化窗口，可进一步提升平台的自动化程度，实现无人值守的安全健康监控、评估、预警的闭环，该平台最大的优势在于对智能化监测硬件设备的综合管理，通过特定的网络技术保证一定时间内任意硬件均可快速接入平台，同时达到代码可视化，有效提高软硬件对接工作效率。

基于物联网技术的智能化健康监测平台主要包括基础设施（传感器设备等）、数据中台以及智能监管中心，具体架构如图 5-17 所示。

（1）基础设施—数据中台 在数据中台通过配置各硬件设备的相关信息，可以实现硬件设备协议的快速接入，数据中台将传输上来的监测数据进行解析和预处理后，通过算法对数据进行检验，对异常数据进行过滤和预警后再将数据进行存储，建立一个集硬件设备、计算公式、监测数据的数据资源库，为日后的大数据处理和分析奠定基础。

（2）数据中台—智能监管中心 数据中台将监测数据进行封装和拉

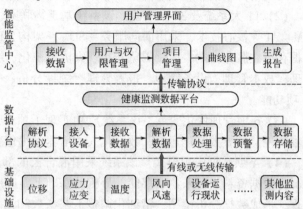

图 5-17　基于物联网技术的智能化健康监测平台架构图

伸后，通过特定的网络传输协议把数据包传输至智能监管中心，智能监管中心将数据进行计算之后，系统对监测结果进行初步评估，触发预警或者报警情况时系统通过多种方式传达给管理者和现场；平台可通过曲线图、表格、三维模型结合生成报表和报告等多种方式对监测数据进行展示，为建筑物突发事件的预测、预警工作提供了决策依据。

健康监测数据平台主要以数据输出和展示为目的，一直处于等待接收数据中台传输过来的数据的状态，一旦收到了数据中台传来的数据，便会对接收到的数据进行一些基础的运算和统计，最后将操作后得到的数据进行展示。在智能监管中心可实现对建筑物监测的监管，直观地看到项目的相关信息、监测数据的变化、监测内容的报警情况、项目现场的情况以及快速生成报告，将建筑物的指标表现和安全情况反馈给用户，达到高效的监管效果。

四、物联网技术在智能建造运维阶段应用的案例

1. 中国建筑"农污治理智能运营系统"

由中建发展所属中建生态环境、中建智能代表中建集团申报的农村污水治理终端设施数字化智能运营系统（以下简称"农污治理智能运营系统"）成功获选"国有企业数字化转型典型案例"中 30 个优秀案例之一，该系统将物联网、大数据、云计算等信息技术切入运营业务，并聚焦农村污水治理行业痛点难点，创新管理思路，拓宽发展路径，积极打造数字化智能运营系统。

农污治理智能运营系统的总体框架以"1 + 11 + 6 + N"为核心架构，具体含义见表 5-10。

表 5-10　"1 + 11 + 6 + N"核心架构含义

类型	"1"	"11"	"6"	"N"
含义	1 个强大的基础网络	11 大系统 （及 31 项功能）	6 项管理优化变革	N 项数据应用模式

（1）1 个强大的基础网络 农污治理智能运营系统的基础设施建设是系统平稳高效运行的基石，该系统基于物联网搭建的基础网络，运用云平台作为数据中心，辅以巡检智能装

备，对现场污水治理终端进行自动化改造，并对现场进行安全防护。

（2）11 大系统及 31 项功能　该系统基于物联网、智能数据分析、工艺参数模型、GIS、BIM、AI 等核心技术，采用面向服务（SOA）架构，B/S + M/S 系统体系结构，系统程序和数据存放在服务器端，通过浏览器实现大屏可视化、综合监控、设施管理、智慧调度、运营管理、成本管理、设备管理、报表管理、统计分析、知识管理、系统管理等 11 个大系统的 31 项功能。

（3）6 项管理优化变革　该系统成功实现了项目运营组织机构、设备管理、运行管理、成本管控、领导数字化意识、数字化人才培养等优化变革。

（4）N 项数据应用模式　该系统采用混合云的部署方式，通过物联网技术，在将工艺、工况等数据资料进行采集、存储、分析的基础上，应用大数据技术进行清洗、存储、分析和展现，形成数据分析模型，精细化调整工艺参数和设备运行工况；系统还接入气象、水文、供水、供电等外部数据，能有效预测未来 2 ~ 4h 流入污水关键指标，系统长期稳定运行沉淀的数据库可应用于同类农村污水处理项目，使数据成为核心资产。

通过农污治理智能运营系统的核心架构可知，物联网技术在系统中发挥着不可或缺的作用，该系统运用数字化、信息化技术使农村污水治理设施管控实现跨越式发展，提升农村污水治理项目管理的先进性和智慧性，有助于实现现代化农村、智慧化农村，推进乡村治理数字化、管理服务智能化，改善农村信息技术落后的局面，同时也为智能建造运维阶段污水处理运营提供了案例依据。

2. 中国三峡集团"跨流域巨型电站群管理云平台"

中国三峡集团所属的长江电力公司宣布"基于大数据分析的跨流域巨型电站群管理云平台在企业智能化运营的应用"成功入选国资委组织的 2020 年国有企业数字化转型 70 个典型案例之一。该项成果是通过对物联网、云计算、大数据、移动互联、人工智能为代表新一代信息技术的集成应用，建立涵盖公司各项生产经营活动的数据中心，为公司各项业务活动提供"数据全面、数量准确、数值可信"的决策信息，实现精益生产和精细化管理目标。

从 2019 年起，三峡集团就开始与华为云合作，深入开展系列数字化创新实践，目前已经基于华为云 Stack 搭建云平台，承载集团各业务管理信息系统，覆盖人、财、物、计划、合同、采购、科技、党建等，有效提升企业管理的标准化、流程化和集约化水平。2021 年起，三峡集团开始携手华为云，按照"统一规划、共享共建、集约高效"的原则，开启集团一朵云的规划和建设工作，基于华为云 Stack 打造一朵敏捷创新、安全可靠集团一朵云，实现云资源的集约化建设，为各类业务应用提供弹性敏捷的云基础资源。

基于华为云 Stack 提供的 MRS 大数据能力，三峡集团开展大数据平台建设，建立数据标准规范，促进系统之间数据联通共享；深入挖掘数据价值，强化数据融合与系统集成，建设集团指挥中心，利用"数字大屏"，提升集团生产经营管理与应急指挥调度水平和效率。

在电力生产方面，物联网、大数据和数据治理发挥了关键作用，三峡集团运营的 6 个电站分布在全国不同的省份，具有共计 400 万 + 点位的 OT 数据，5 万 + 表的 IT 数据，IT、OT 数据分散在不同系统平台，存在数据底数不清、采集方式不统一、数据时效差等问题。三峡集团引入华为云 DataArts Studio 数据治理中心，统一厂站水下机器人、发电机组设备、电机转子等端侧数据采集流程，可视化界面配置数据加工过程，实现了 IT 离线、IT 实时和 OT 实时三类数据的集成入湖，建立数据血缘关系，提供质量溯源能力。端侧的数据采集回来后，通过长江电力1个中心云加6个厂站边缘云的云边协同架构，汇聚到大数据平台中，如图 5-18 所示。

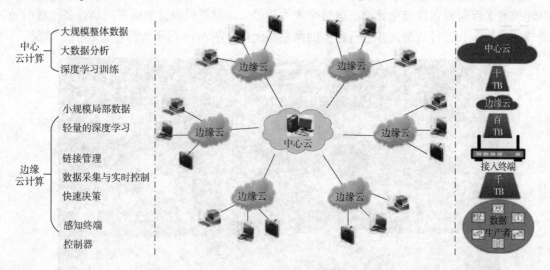

图 5-18　云边协同架构

在数据处理和分析方面，三峡集团通过华为云 FusionInsight MRS 实现了数据平台湖仓一体，构建了统一的实时数据湖，汇聚 OT、IT 全域数据形成数据资产，接入 60 多个数据源，同步 5000 多张数据表，100GB 数据，形成近 50 项数据资产大类，3000 多资产项，构建电力生产大数据模型和分析应用，支撑厂站经营、设备检修和电力生产等 11 大业务的实时业务数据分析，让故障提前发现，及时抢修。

项目成果在正式投入使用后，已节省大修时间 325h、节约库存金额 3600 万元、节约可控管理成本 3000 万元、节约财务费用超过 7 亿元，库存物资保障率提高到 95.66%。

3. 上海建工集团"基于 BIM 的公共建筑智慧运维管理"

上海建工集团"基于 BIM 的公共建筑智慧运维管理"成功入选国资委组织的 2020 年国有企业数字化转型 70 个典型案例之一，上海建工集团自主研发出了基于 BIM 技术的智慧建造平台，可实现建设过程的全流程"数字化"，通过这个智慧建造平台，建设者不仅可以通过三维的 BIM 模型了解建筑结构，还可以随时随地通过网页、微信远程查看工地情况，施工过程进度、质量安全、技术、商务工程资料、人员管理都可以在智慧平台上实现。上海首个采用全预制高架桥技术的嘉闵高架工程，也是通过 BIM 和二维码技术预制工厂信息管理平台，打造高效的数字化预制构件生产线，实现全流程信息化和标准化管理。

（1）采用 BIM 技术建立公共建筑信息模型　该项目利用 BIM 技术，将公共建筑的各种信息（如结构、设备、水电、暖通等）进行数字化建模，并建立 BIM 模型，通过 BIM 模型，可以实时了解建筑的状态、设备运行情况以及各种数据信息。

（2）利用物联网技术监测建筑设施　该项目使用物联网技术，对建筑设施进行监测，通过传感器和互联设备，可以实时监测建筑内外环境、水电气等设施的运行状况，一旦出现异常情况，系统就会自动报警。

（3）引入大数据和人工智能技术进行数据分析　该项目引入大数据和人工智能技术，对收集到的建筑数据进行分析和处理。通过大数据分析，可以快速发现建筑设施中的隐患和问题，并及时做出相应的处理措施。

（4）实现远程监控和智能化管理　该项目利用移动终端和云计算等技术，实现了对公共建筑的远程监控和智能化管理，运维管理人员可以通过手机或计算机等终端设备，随时查看建筑的状态和运行情况，并进行相关的调整和优化，图 5-19 所示为远程查看工地情况。

图 5-19　远程查看工地情况

上海建工集团基于 BIM 的公共建筑智慧运维管理项目利用物联网、BIM 等先进的技术手段，实现了对公共建筑的全生命周期管理和智能化运维，为提高公共建筑的效率和质量，降低成本和风险，提供了有力的支持。

第五节　物联网技术赋能智能建造全生命周期管理

一、智能建造全生命周期应用概述

在建筑工程项目从规划、设计、施工、运营、维护、拆除到再利用的全生命周期中，存在着规模庞大的数据信息，为推进建筑业数字化转型，使大数据成为推动建筑行业高质量发展的新动能，建筑工程全生命周期信息管理应运而生。建筑工程全生命周期信息管理（Building Lifecycle Information Management，简称 BLIM），指贯穿于建筑全过程，用数字化的方法来创建、管理和共享所建造资本的信息。其以信息管理为核心，旨在聚合数据、集成信息、赋能监管，从而实现建筑业管理数字化改革。

由于智能建造的本质是结合设计和管理实现动态配置的生产方式，从而对传统施工方式进行改造和升级，智能建造技术的产生使各相关技术之间急速融合发展，应用在建筑行业中使设计、生产、施工、管理等环节更加信息化、智能化。因此，智能建造全生命周期管理

（Intelligent construction Lifecycle Management，可简称为 ILM），如图 5-20 所示，则是指以信息平台为基础，贯穿于智能建造全过程，用数字化的方法通过各种信息技术（如大数据、人工智能、云计算等）结合物联网技术、5G 网络通信技术大量获取、集成管理、多方共享数据资产信息，以提升系统协同管理水平，使建筑项目工程全生命周期管理迈向智能化。

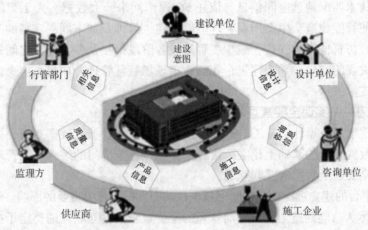

图 5-20　智能建造全生命周期管理

二、物联网技术在智能建造全生命周期管理中的作用

1. 聚合数据——创建、管理、共享数据资产信息

智能建造全生命周期管理涉及建筑工程的全生命周期，主要包括"新设计"模式（智能规划与设计）、"新施工"模式（智能装备与施工）以及"新运维"模式（智能运维）三个方面，如图 5-21 所示。其以 BIM（建筑信息模型）技术、GIS（地理信息系统）技术、物联网技术、人工智能技术、云计算技术和大数据技术等相互独立又相互联系的多种技术为基础，在聚合数据的基础上搭建了整体的智能建造技术体系。

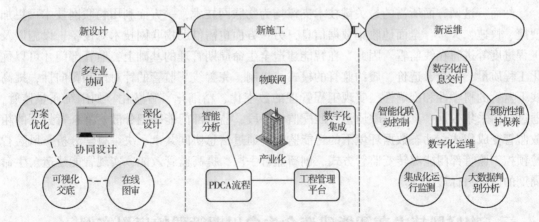

图 5-21　智能建造全生命周期管理体系

其中，BIM 技术从根本上改变了智能建造数据信息的创建过程与创建方式，将数字化信息形式应用于规划设计、生产制造、建造施工、运营维护各阶段，能够以建筑工程项目各项

数字化信息为基础创建 3D（实体）＋1D（进度）＋1D（造价）的五维建筑信息模型。这种数字化信息模式的创建，也从根本上改变了智能建造数据信息的共享与管理方式，使数字化建筑物形成完整的、有层次的信息管理系统。

而物联网技术的作用则是利用 RFID（射频识别）技术在施工所需预制构件上进行标记，结合 GIS 技术匹配地理空间信息，依托 5G 通信网络、大数据、人工智能、云计算等信息技术，便可使智能建造全生命周期管理能够创建、管理及共享同一完整的工程信息，真正实现物理世界和仿真世界的连接，减少工程建设各阶段衔接及各参与方之间的信息丢失，从而减少矛盾和失误的产生，并为建筑企业的施工现场智慧管理、项目全生命周期数据计算分析等建立有力支撑。

2. 集成信息——实现全要素互联、全数据互通

为全面实现规划、设计、施工、运维阶段的全要素互联、全数据互通，智能建造全生命周期管理需在数据聚合的基础上建立衔接各个环节、各个部门的综合信息管理平台，通过此信息平台推动全要素全数据的互联互通。

在该信息平台的建立过程中，物联网技术在其中发挥着至关重要的影响，物联网技术结合 5G 网络通信技术为智能建造全生命周期管理的全要素全数据互联互通奠定了技术基础以及海量数据获取的可行性（在第六章中会进行具体阐述），借助该平台可将智能建造工程项目建设的目标、流程、技术等要素在全生命周期维度上整合集成，并实现了数据跨部门、跨层级、跨地区共享，从而能够以"信息平台"为中心点对项目建设全生命周期进行统一管理，对分散在不同时间、不同地点以及不同管理系统中的结构化、半结构化和非结构化的数据信息进行集成化管理，在全要素全数据互联互通的基础上进一步推动建筑业数字化转型目标的进程。

3. 智能监管——掌握实时动态、快速响应预案

智能建造全生命周期管理一方面能够有效聚合项目建设应用过程中勘察设计、工程建设、智慧运维的海量数据信息，提高管理者对智能建造项目全生命周期数据的分析与利用水平；另一方面能够辅助监管部门对施工进度、质量安全、设备管理、文明施工、运营维护等进行在线监管，实现工程建设项目全流程的一体化、透明化、协同化管理。

然而，这两方面所需的最关键技术支撑均为物联网技术，一方面利用物联网技术可更加便捷、快速、大量、全面地收集数据信息，另一方面也需借助物联网技术对设备、设施以及工程进度等进行在线监管。因此，在智能建造全生命周期管理的基础上，监管部门才可以优化工程质量、安全、造价、履约监管的模式与机制，完善线下监管的针对性和靶向性，提高线下监管的科学性和准确性，实现工程管理的数字化、精细化、智慧化。如围绕质量监管，通过全面采集数据、真实反映质量、匹配监管手段，监管部门能够把分散、静态背景下的粗放监管变成集成、动态数据环境下的智能监管；通过信息协同共享、决策科学分析、风险智慧预控，监管部门能够转变监管方式、创新监管手段、提高监管效能，实现智能建造全生命周期的质量目标最优化。

三、物联网技术在智能建造全生命周期管理的应用实例

【实例分析】上海图书馆东馆项目

上海图书馆东馆是"十三五"期间上海文化设施建设重大项目之一，于 2022 年 4 月底

正式开放。上海图书馆东馆占地面积 3.95 万 m^2，新建总建筑面积 11.5 万 m^2，于 2017 年 9 月开工建设。馆内空间包括地上 7 层、地下 2 层，开放后可提供座位近 6000 个，各功能区域可满足每年举办 200 余场讲座、上千场各类学术活动的需求，读者年接待量可达 400 万人次。该项目由上海建工集团承建，项目建设过程中，引入了上海建工集团自主研发的公共建筑智能建造与运维工业互联网平台，实现了全生命周期 BIM 数字化设计、建造、运维，首次在国内单体建筑面积最大（11.5 万 m^2）的图书馆中应用。

图书馆东馆项目实施过程中，不仅实现了智能建造模式，其自主研发的工业互联网平台，以物联网、BIM、人工智能、大数据和工业互联网等数字化技术，实现了全生命周期的智能管理，图 5-22 所示是上海图书馆东馆智慧运维平台中收录的空调管线布置的模型图展示界面。

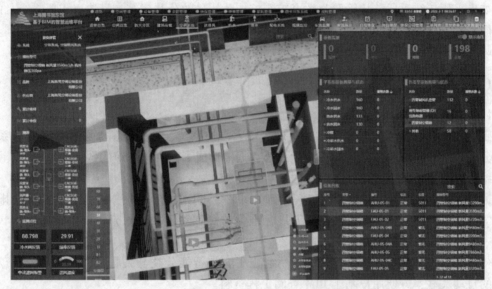

图 5-22　基于 BIM 的智慧运维平台界面

（一）设计阶段

上海建工四建集团自主研发的工业互联网平台根据国家标准《建筑信息模型分类与编码标准》（GB/T 51269—2017）、《建筑工程分部（子分部）工程、分项工程划分表》，自动提取 BIM 中设计信息，支持施工应用。因此，使用工业互联网平台上部署的设计 BIM 模型自动转化算法，可自动完成设计模型解析、图纸与模型一致性审核、构建分类、数据匹配等工作，减少 80% 的设计模型向施工应用转化的时间。

（二）施工阶段

工业互联网平台基于 BIM 对幕墙、钢结构等部品化构件进行统一编码，并生成构件二维码身份牌，根据加工、出厂、运输、进场、安装等环节分别设置对应状态，实现现场与预制工厂协同化进度管理。

图书馆东馆包含阅览区、藏书区、电子阅览室、借还书区、展览区以及复杂的变配电机房和热交换机房等。这些房间施工需要由土建、二次结构、机电安装、装饰、展呈等多个专业协同施工，传统管理方法存在界面划分不清晰、质量把控困难等问题。工业互联网平台提供多专业协调建造功能，支持在平台中查看各房间的三维布局、房间名称、墙顶地材料和做法、施工工序和质量要求等信息，并通过全景球模型帮助施工人员快速熟悉。本道工序完成后，录入照片和信息，由下一工序验收后继续推进施工，以此实现多专业协调建造管理。

（三）竣工验收阶段

竣工交付阶段，图书馆东馆项目使用工业互联网平台，在现场直观对照 BIM 模型和建筑实体进行三维可视化验收，完成了基于 BIM 的验收接管。过程中，如果发现建筑实体与模型存在差异，可以标记问题方便后续 BIM 模型修改，也可以在平台中补充房间、设备、管道、末端等元素的使用需求、维护要求和实际参数等。

如果采用传统手段，接管验收图书馆东馆如此体量的公共建筑，最快也需要 2 个月的时间，但是基于工业互联网平台，最终在 1 个月内就完成了 11.5 万 m^2 的接管验收，也同步实现了竣工模型向运维模型的快速转化，为后续智慧运维奠定基础。

（四）运维阶段

1. 数据基础

工业互联网平台基于 BIM 模型，集成了楼宇自控系统、能源监测系统、视频安防系统、图书分拣系统、报修服务系统等智能化系统数据，形成了图书馆东馆的数字孪生模型，为智慧运维提供数据基础。

通过 BIM 与智能化系统连接，工业互联网平台可以在统一的三维视图中展示送排风、空调等的实时监测数据和运行情况，开展标准化监测和管理，自动分析设备设施运行状况，并进一步预测设备故障，避免突发故障。

依托大量工程数据，图书馆东馆项目建立了文档智能分类与关联 AI 算法，实现资料与BIM 的自动关联，方便用户基于 BIM 查阅工程资料。

2. 五大系统智慧运维

以数字孪生模型为基础，智慧运维涉及机电设备运维管理、图书分拣系统运行管理、碳排放计算与管理、智能安防管理和建筑空间资产管理等 5 大系统，以大数据和人工智能技术为手段，实现低碳安全高效运维，见表 5-11。

表 5-11 五大系统运行管理内容

系统名称	系统运行	作用及影响
机电设备运维管理	融合楼宇自控系统实时监测数据，在模型中直观展示各个系统的运行状态；当设备发生故障时，自动定位到故障设备，并打开附近摄像头，辅助管理人员进行决策	故障时运维人员可基于 BIM 查看故障设备的影响范围和上下游管线位置，方便制订维修策略，提高维修效率，平台第一时间自动推送故障工单、故障设备档案（包括设备编号、位置、运行状态以及所属系统等信息）给相应维修班组；维修班组维修完成后上传现场照片、故障描述、维修方案等信息，完成工单，报警取消
图书分拣系统运行管理	可实现书本运输状态监测、自动流水线自动分拣、书篓满载自动通知管理员、实时监测小车报警情况	将图书分拣系统设备静态和动态信息有机融合，极大提高管理效率

（续）

系统名称	系统运行	作用及影响
碳排放计算与管理	基于建筑数字孪生模型，实时计算碳排放情况	如遇碳排放值异常报警，系统将挖掘碳排放异常区域和系统，帮助解决问题，落实减碳目标，助力"碳中和碳达峰"战略
智能安防管理	智慧运维系统对接了图书馆车辆管理、客流统计等，支持在模型中查看 1500 个视频监控点位实时画面，支持实时监测各出入口客流和车流数据及变化趋势	为安全有序的图书馆管理提供可靠的数据支持，人员倒地、高空坠物、越过警戒线等高风险行为得以较为准确地识别
建筑空间资产管理	利用 BIM 模型和其他信息技术实现建筑空间的合理应用与排布	使建筑空间合理使用率达到最高

3. 公共建筑智慧建造与运维工业互联网平台

上海建工四建集团自主研发的公共建筑智慧建造与运维工业互联网平台，以统一的 BIM 模型集成分散的业务数据，构建基于云平台的海量数据采集、融合、分析服务体系，支撑建造和建筑设备、材料、人员的广泛连接，着力打造基于 BIM 和人工智能的建筑设计、建造、运维全过程工业互联网平台服务。

2021 年底，该平台通过了上海市经信委的验收和 CNAS 软件测试认证，成为国内首批面向公共建筑智慧建造和运维的工业互联网平台，并成功入选住房和城乡建设部首批智能建造创新服务典型案例。该平台已在上海建工在建或建成的上海大歌剧院、中共一大纪念馆、上海少儿图书馆、上海天文馆、三甲医院等 600 多个项目中得以应用，注册用户达 1.3 万名。值得注意的是，这些项目的工程数据最终也被汇集到工业互联网平台上，使这个平台具备了不断"自优化"的功能。随着该平台的逐步推广与广泛应用，目前公共建筑从建造到运维跨阶段信息断层严重、数据融合困难、管理粗放、智能化水平低等问题将真正得以解决。

第五章课后习题

一、单选题

1. 物联网技术在智能建造施工阶段的应用现状不包含_____。

    A. 现场监控   B. 智能家居   C. 安全管理   D. 过程管理

2. 物联网技术在施工阶段的应用场景是_____。

    A. 智能消防   B. 智能家居   C. 人员护理   D. 材料管理

3. 在建筑工程项目管理过程中，最常见的管理方式是_____。

    A. 四控   B. 六管   C. 一协调   D. 以上都是

4. 在工程物联网的支持下，施工现场将具备一些新的特征，其中一个特征就是万物互联，以移动互联网、智能物联等多种组合为基础，实现_____大要素间的互联互通。

    A. 四   B. 五   C. 六   D. 七

5. 在本章中，关于物联网技术在施工阶段的智慧应用主要分析了哪三种？

①IOT + BIM 实现施工安全智慧管理

②IOT + BIM 实现施工进度管理新模式

③IOT + BIM 实现施工质量智慧管控

④IOT + BIM 实现施工成本新型管控

A. ①②③   B. ①②④   C. ①③④   D. ②③④

二、多选题

1. 物联网技术在施工阶段的应用场景可根据"人、机、_____"这五个工程因素进行分类。

A. 才   B. 法   C. 品   D. 料

E. 环

2. 物联网技术在智能建造运维阶段的应用现状不包括_____。

A. 智能零售   B. 智能家居   C. 个人护理   D. 智能安防

E. 花卉培养

3. 物联网技术在智能建造的应用场景分类包含_____。

A. 智慧建筑   B. 智能家居   C. 智能安防   D. 智慧能源

E. 智能医疗

4. 建筑工程项目"新运维"模式与传统运维管理模式的区别体现在五个方面，包括_____。

A. 数字化信息交付   B. 记录式经验分析

C. 预防性维护保养   D. 集成化运行监测

E. 智能化联动控制

5. 物联网技术在智能建造全生命周期管理中的作用有_____。

A. 聚合数据   B. 全要素互联

C. 智能监管   D. 共享数据资产信息

E. 集成信息

三、简答题

1. 请简述物联网技术在智能建造中的应用概况。

2. 简要分析物联网技术在智能建造全生命周期管理中的作用。

3. 请找出一个案例，从施工和运维阶段分别谈谈物联网技术的智慧应用。

第六章　面向智能决策的信息平台建设

第一节　信息平台基本架构

一、信息平台建设的必要性

据中国互联网络信息中心（CNNIC）在京发布的第 50 次《中国互联网络发展状况统计报告》显示，截至 2022 年 6 月，我国网民规模为 10.51 亿，互联网普及率达 74.4%。互联网技术的快速发展，使得当今时代信息量不断增加，甚至以几何级数增长，这也就导致了"信息大爆炸"的产生。伴随着信息爆炸的是信息的泥沙俱下，海量的信息中鱼龙混杂，从而使得真正有价值的信息被大量垃圾信息所淹没，有分析说，目前收集信息所花费的成本已超过了信息本身的价值。

在建设工程领域，各业务阶段也会产生各种各样的信息，这些信息需要筛选、传输和对接，传统的处理方式是依靠工作人员进行筛选、传输与对接，不仅会浪费大量的人力，还会浪费很多时间，信息失真、传递不及时都可能会造成巨大的不良影响。庞大的信息群急需一个"纽带"将它们联系起来，以打破建设项目信息交互壁垒，既方便各方实时调阅，也保证了信息的完整性和准确度。随着信息技术的不断发展，人工智能、大数据、云计算等新兴技术的出现为建立这样的"纽带"提供了技术支撑，让信息集成化变得可能，这个"纽带"就是人们常说的信息平台。

信息平台的概念起源于《信息化战争形态论》（董子峰著）一书，如图 6-1 所示，现在对其基本含义有两个解释：一是信息作为信息的存在主体存在，本身成为信息的载体，即"信息的信息"，这是信息平台的理论形态；二是基于数字化网络技术运行的信息系统，如 CKISR 指挥控制系统，这是信息平台的实物形态。本章所述的信息平台指的是第二种含义，是基于人工智能、大数据、云计算等数字技术运行的信息系统。

图 6-1　《信息化战争形态论》

二、人工智能在信息平台建设中的应用

人工智能（Artificial Intelligence，简称 AI）是研究、开发用于模拟、延伸和扩展人的智能的理论、方法、技术及应用系统的一门新的技术科学，由计算机科学、控制论、信息论、

神经生理学、心理学、语言学等多种学科相互渗透而逐渐发展起来的，是一门还在发展中的综合性前沿学科。根据人工智能之父约翰·麦卡锡（图 6-2）的说法，AI 就是"制造智能机器的科学与工程，特别是智能计算机程序"。总的来说，人工智能是指用计算机系统模仿人类的感知、推理等思维活动，用智能机器或程序语言去实现所有目前必须借助人类智慧才能实现的任务。

在信息平台的建设过程中，AI 的应用可在很大程度上提升平台管理水平和设计方法，这主要依赖于 AI 的四大分支——数据挖掘、模式识别、机器学习和智能算法，如图 6-3 所示。

图 6-2　人工智能之父——约翰·麦卡锡　　　　　　图 6-3　人工智能四大分支

随着信息技术的不断发展催生出大量多样化的数据，迫使人们需要建设"信息平台"去帮助采集、分析和处理庞大的数据集。在信息采集方面，应用 AI 技术能够在短时间内准确获取需要的所有信息，这依赖于 AI 的数据挖掘能力；在信息分析和处理方面，则是利用 AI 技术的多种智能算法，如深度学习和监督学习等，这些智能算法能够将获取的信息处理从而得到人们想要的结果；另外，AI 的模式识别和机器学习能力为仿真演练提供了可靠支撑，进而帮助优化管理。

此外，AI 技术还有一项重要的组成部分，就是算力——AI 的三大基石之一，它是算法和数据的基础设施，支撑着算法和数据，同样也是信息平台的基础设施之一，支撑着信息平台的平稳运行，如图 6-4 所示。

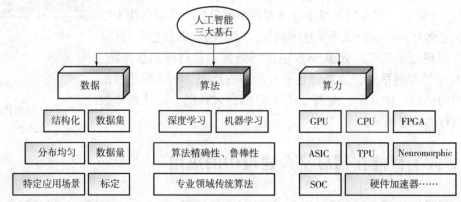

图 6-4　人工智能三大基石

三、大数据在信息平台建设中的应用

大数据（Big data 或 Megadata）或称巨量数据、海量数据、大资料，是信息技术发展的必然产物，更是信息化进程的新阶段，它本身是一个宽泛的概念，维基百科（Wikipedia）对它的定义是所涉及的数据量规模巨大到无法通过人工，在合理时间达到截取、管理、处理并整理成为人类所能解读的形式的信息。从大数据定义中可以看出，大数据之所以被称为"大"数据，不仅仅是因为数量庞大，还在于种类上的多样性和复杂性，通常情况下，传统数据库无法有效捕获、管理和处理大数据。因此，大数据的内涵不仅仅是数据本身，还包括大数据技术和大数据应用，见表 6-1。

表 6-1 大数据技术和大数据应用

	大数据技术	大数据应用
含义	挖掘和展现大数据中蕴含价值的一系列技术和方法	对特定的大数据集合，集成应用大数据技术的一系列技术与方法，以获得有价值的信息
内容	（1）数据采集 （2）数据预处理 （3）数据存储 （4）数据分析挖掘 （5）数据可视化	由于不同业务需求、数据集合和分析挖掘目标存在差异，所运用的大数据技术和大数据信息系统也有所不同

大数据资源可促进人工智能、区块链、边缘计算、增强现实、态势感知、5G 等技术发展，硬件与软件的融合、数据与智能的融合将带动大数据技术向异构多模、超大容量、超低时延等方向拓展。在信息平台的建设过程中，大数据的应用主要有以下几方面的优势：

1）建立数据治理的统一标准，提高数据管理效率，以避免信息出现混乱冲突、一数多源的现象。

2）可对数据进行集中处理，延长数据的"有效期"，快速挖掘出多角度的数据属性提供给信息平台作分析应用。

3）对数据进行质量管理，消除数据质量参差不齐、数据冗余、数据缺失值等问题。

4）规范数据在各业务流程间的共享流通，促使数据价值充分释放。

这些优势使得大数据技术成为信息平台重要的基础组成部分，大数据在信息平台中的应用主要体现在其强大的数据收集、处理和分析能力上，为信息平台的建设提供了强有力的数据支撑。

四、云计算在信息平台建设中的应用

云计算是一种可供用户共享软件、硬件、服务器、网络等资源的模式，这些资源储存在云端服务器中，通过很少的交互和管理快速提供给用户，同时根据用户需求进行动态的部署、分配和监控，John McCarthy 早在 20 世纪 60 年代就预测云计算将会成为一项基础设施。其基本原理就是将所需服务对象聚集起来形成一个巨大的资源池，获得超级计算机性能的同

时又保证了较低的成本。

从所提供服务类型来说，云计算可分为三类，见表6-2。

表6-2　云计算服务类型

类型	内涵
基础设施即服务（IaaS）	提供计算资源——包括服务器、网络、存储和数据中心
平台即服务（PaaS）	提供支持构建和交付应用所需的一切——包括中间件、数据库、开发工具和一些运行支持
软件即服务（SaaS）	提供面向云端用户的基于浏览器的软件

很明显，在信息平台的建设过程中，云计算技术所提供的服务为 IaaS 和 PaaS。IaaS 使企业无须投资自己的硬件，只需对基础架构进行按需扩展就可以支持动态工作负载，根据需要提供灵活、创新的服务；PaaS 可使其更快地进入市场，短时间之内就可将 Web 应用程序部署到云中，通过中间件降低复杂性。

另外，云计算具有的超大规模、虚拟化、高可靠性、通用性、高可伸缩性、按需服务、极其廉价等特点使得信息平台能够拥有从资源到架构的全面弹性，这种具有灵活性和创新性的资源大大降低了运营成本，更加契合日新月异的业务需求。

1. 超大规模

信息平台需将工程运行过程中所有对象产生的信息进行全部采集，很多提供云计算的企业服务器数量可达几十万甚至几百万的级别，而云能整合这些数量巨大的计算机集群，为用户提供前所未有的存储能力和计算能力。

2. 虚拟化

当用户通过各种终端提出应用服务获取请求时，该应用服务在云的某处运行，用户不需要知道具体运行的位置以及参与的服务器的数量，只需要在信息平台上获取需求的结果就可以了，这有效减少了云服务用户和提供者之间的交互，简化了应用的使用过程，降低了用户的时间成本和使用成本。

3. 高可靠性

首先，云计算的巨量数据资源使得信息平台可以提供任何所需的资料；其次，构建云计算的基本技术之一——虚拟化，可以将资源和硬件设施进行分离，从而在硬件设施发生故障时，信息平台可以轻易地将资源迁移、恢复；另外，将云计算技术具有的成熟的部署、监控和安全等技术应用在信息平台上，可以进一步确保服务的可靠性。

4. 通用性

将云计算技术应用在信息平台中，使得平台使用者可以通过各种用户端设备，如手机、便携式计算机等，在任何有网络覆盖的地方，可以随时调用平台服务以获取所需的物理资源和虚拟资源。

5. 高可伸缩性

高可伸缩性特点可使得信息平台的数据资源能够快速地水平扩展，具有强大的弹性，通过自动化供应，可以达到快速增减资源的目的，用户可通过网络随时随地获得无限多的数据资源。

6. 按需服务

无须额外的人工交互或者全硬件的投入，用户就可以随时随地从信息平台上获得需要的服务，并且按需获取服务，仅为使用的服务付费。这种方式可以将用户从低效率和低资产利用率的业务模式中带离出来，进入高效模式。

五、信息平台总体基本架构

（一）信息平台一般总体架构

信息平台的概念自产生起，经历了数十年的发展，已被人们广泛应用在各行各业中。信息平台建立过程中，物联网技术是最基础部分，因此，信息平台的一般架构层次与物联网的架构层次颇为类似，其总体架构一般可分为传感层、网络层、计算层及应用层四层，如图 6-5 所示。

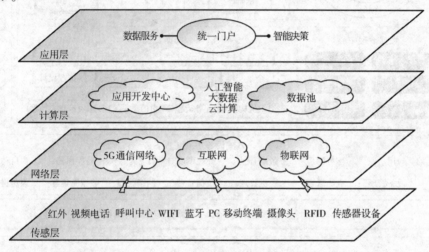

图 6-5　信息平台总体架构

（1）传感层　是体系架构的基础层，与物体直接产生联系，通过传感器设备、射频识别（RFID）等技术设备实时提取物体信息并进行传输。

（2）网络层　将从传感层获得的信息数据通过各式各类的网络传输到计算层，有无线传输和有线传输两种形式，载体主要包括 5G 通信网络、无线传感网络及 IoT 等。

（3）计算层　将接收到的数据结合人工智能、大数据、云计算等数字技术进行融合处理，为应用层所需服务应用提供支撑，同时提供存储和计算服务。

（4）应用层　是体系架构中的最顶层，建立统一门户，提供智慧服务，主要包括各类数据服务和智能决策应用等。

（二）面向智能决策的信息平台基本架构

智能建造的核心是信息资源的高效流通和有效应用，旨在以信息平台为项目载体，建立完整的数据流和信息库，从而实现建筑全生命周期的智能化项目管理，在基于信息平台的一般总体架构上建立面向智能决策的信息平台基本架构，该架构将原本的四层结构细分为了六层，如图6-6所示。

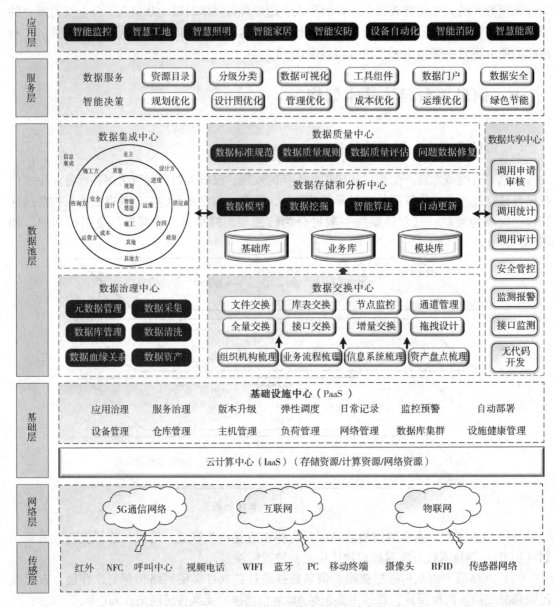

图6-6　面向智能决策的信息平台基本架构

1. 传感层和网络层

这两层与信息平台总体一般架构中层次定义相一致，只是面向对象更加清晰。该架构中，传感层利用各种数据采集技术将智能建造全生命周期管理中所需要采集信息的设备、械具等对象的数据信息进行获取并传输至网络层；网络层则通过对应的网络将从传感层获得的信息数据传输到基础层。

2. 基础层

基础层构建了云计算中心和基础设施中心两部分。云计算中心（IaaS）为信息平台提供所需的基础设施等硬件支撑（如服务器、存储和网络等），使得各利益方用户可以在运行客户端操作系统的多个虚拟机上部署和运行所需应用；基础设施中心（PaaS）实质上是一个微型平台，在此各利益方可于一个虚拟云平台上有针对性地部署各方所需应用。

3. 数据池层

数据池层中部署了有关数据信息的六大中心，分别是数据集成中心、数据治理中心、数据质量中心、数据交换中心、数据存储和分析中心以及数据共享中心。

（1）数据集成中心　该中心旨在将智能建造全生命周期管理过程中所产生的全部信息进行数据融合，具体是指各利益方（如业主、设计方、施工方等）在规划、设计、施工及运维等阶段为达成质量、安全、成本等目标而产生的各类数据信息集成。

（2）数据治理中心　该中心将集成的大量数据进行分析管理，统一进行"数据治理"，数据治理按照国际数据管理协会（DAMA）给出的定义，指的是对数据资产管理行使权力和控制的活动集合，其目标是为了提高数据质量，将数据价值最大化。

（3）数据质量中心　该中心设定数据标准规范和数据质量规则，对数据质量进行评估，数据质量是数据治理中重要的一把标尺，其评估结果可从一定的角度反映出组织当中存在的缺陷，数据质量的评定有助于分析项目出现问题的源头，同时可将有问题的数据进行及时的分析修复，以及将缺失的数据进行尽可能的补充。

（4）数据交换中心　该中心通过组织机构、业务流程、信息系统以及资产盘点的梳理，使得各利益方进行必要的数据交换，数据交换是指在多个数据终端设备（DTE）之间，为任意两个终端设备建立数据通信临时互联通路的过程，经数据交换中心可使各方利益相关者所需数据得到及时的更新。

（5）数据存储和分析中心　该中心利用基础库、业务库和模块库对各类数据进行分类存储，并利用模型、数据挖掘技术及智能算法等对数据进行分析处理，数据分析是指用适当的统计方法对收集来的大量一手资料和二手资料进行分析，以求最大化地开发数据资料的功能，发挥数据的作用，此过程可将大量数据中潜存的有用信息提取出来，并形成结论，为下一步决策提供科学依据。

（6）数据共享中心　该中心主要设计了一些数据共享模块，包括数据调用申请审核、各方调用统计及审计等，数据共享是指让在不同地方使用不同计算机、不同软件的用户能够读取他人数据并进行各种操作、运算和分析，以便可让项目各方参与者更加充分地使用已有数据资源，减少资料收集、数据采集等重复劳动，实现数据在各部门之间的流动和共享。

4. 服务层

服务层主要分为两大部分——数据服务和智能决策。数据服务指的是提供数据采集、数据传输、数据存储、数据处理（包括计算、分析、可视化等）、数据交换、数据销毁等数据各种生存形态演变的一种信息技术驱动的服务，在信息平台中主要是指向各利益方提供所需指定数据；智能决策指的是在对历史、现实案例进行数字化基础上，通过机器学习进行样本归纳、类比推理分析，实现知识挖掘、计算和持续迭代更新，体现适应性、动态性和演化性的智能体理性决策特征，能自动给出方案并持续优化方案生成，在信息平台中主要是指为智能建造全生命周期各阶段（规划、设计、施工与运维阶段）提供管理优化方案或模式。

5. 应用层

应用层是信息平台的最高层，是直接为应用进程提供服务的，其作用是在实现多个系统应用进程相互通信的同时，完成一系列业务处理所需的服务。各利益方可通过该层有针对性地选择需要的应用服务，如设计方可选择设计图的调用、修改、更新等，施工方可选择智能监控、智慧工地等，运维人员可选择智能消防、智能安防等，用户可选择智能家居、智慧能源等，进而实现对工程项目的实时控制、精确管理和科学决策。

第二节　系统融合及数据传输的底层逻辑

一、系统融合的逻辑

（一）系统融合的内涵

系统融合是计算机领域研究中一种常用的研究方法，一般是通过对不同系统进行识别，随后再依据识别结果，对不同系统进行进一步的融合处理，简单来说，就是把多个系统合并成一个系统。在智能建造全生命周期过程中会产生各式各样的子系统，如设备端监控子系统、设计图信息系统、施工人员管理系统等，这些系统需要互动联系才能更好地对智能建造全生命周期进行智慧优化管理。

系统融合一般有两种方式——组件化方式和插件化方式，见表6-3。

表6-3　系统融合方式

	组件化方式	插件化方式
内涵	在服务化的拆分基础上，提取可独立部署和多次服用的部分	解决解耦后的易扩展问题，面向的是单个服务或组件
优点	采用组件化的思想对系统架构进行改造，分别对前、后端都进行"组件化"提取，把公共的功能模块提取为"组件"单独部署，具体的业务系统调用这些公共组件可达到复用的目的	（1）宿主和插件分开编译 （2）并行开发 （3）动态更新插件 （4）按需下载模块 （5）方法数或变量数爆棚

（二）系统融合面临的困难

在信息平台的建设过程中，不同子系统之间的相互融合是信息平台运行的关键支撑部分。然而，在智能建造全生命周期的数据从采集到传输至信息平台的过程中，面临着以下诸多困难。

（1）离散、存储分散　智能建造全生命周期过程中建成的各种子系统专业性强、安全要求高，所以子系统的建设由不同的专业分包独立完成，而各个子系统的独立建设，使得子系统间难以进行数据通信和联动，甚至子系统间处于不同的网段，物理网络上都无法联通。

（2）多源异构　各子系统的独立性，使得子系统采集信息的方式、上传信息的协议各有不同。常见的数据采集方式便有红外射频、蓝牙、RFID、NFC（近场通信）等；常见的数据传输协议包括 Modbus、BACnet、MQTT、HTTP 等，每个子系统的数据对接都需要定制化开发，工作量过大。

（3）时效性差　项目周期长，数据采集、存储量极大，导致数据查询时效性差。以天津市某三甲医院为例，该医院仅运维管理过程就涉及 21 种子系统共计约 6330 个点位，秒处理数据峰值达 5000 余条，仅三个月累积数据便超过 30 亿条，数据大小超过 700GB。而智能建造的全生命周期长达几十年，累积的数据很快就会达到 TB 级，再采用传统的数据接入、计算方式很难保障数据的时效性，传统的关系型数据库也无法满足查询的性能要求。

针对这些困难，国内的不少大型企业逐渐推出数据融合平台，阿里云在进行物理对象数据建模时，选择使用 TSL 语言描述抽象出的物理对象，牺牲普通用户的可用性以获取更精准的物理对象描述。在数据接入方面，阿里云和华为云在面对私有数据时，均要求该数据源转换为 MQTT 协议发布消息到指定服务中，这为各种协议的数据接入带来了大量的开发工作；面对数据异构问题，两者并未选择在数据融合过程中进行处理，而是在数据接入前开发代码来完成；最后则是数据可视化，阿里云需要使用旗下的 DataWorks 平台来进行数据查询，进而输出图表、报表，华为云支持直接从数据实例生成图表，但是实时分析和离线分析需要依赖华为提供的软件包进行开发。

（三）系统融合的不同接口分类

一个孤立的系统即使录入了再多的数据，其本身的作用也是有限的，只有和其他系统产生关联，互相之间进行数据传输和融合，才能发挥其真正的功能和作用。然而，系统之间的相互融合，最大的困难就是接口不一致。

1. 接口的概念

接口按大类可分为硬件类接口和软件类接口。硬件类接口是指同一计算机不同功能层之间的通信规则；软件类接口是指对协定进行定义的引用类型。其他类型实现接口，以保证它们支持某些操作。接口指定必须由类提供的成员或实现它的其他接口。与类相似，接口可以包含方法、属性、索引器和事件作为成员。通俗地说，接口就是用来连接而开放的入口。

2. 接口的分类

在计算机领域内，不同系统之间的接口分为多种，包括 http 接口、API 接口、RPC 接口、RMI、web service、Restful 等，见表 6-4。

表 6-4　接口分类

接口类型	内涵	备注
http 接口	基于 http 协议开发的接口	其协议传输的是字符串
API 接口	应用程序编程接口	类似一种使用说明书
RPC 接口	可使用远程过程调用（RPC）协议向网络中的其他计算机上的程序请求服务	一种广泛用于支持分布式应用程序的技术
RMI	远程方法调用	针对 java 语言
web service	系统对外接口，以达到数据共享的目的	其传输的对象被包装成了更复杂的对象
Restful	面向资源的架构样式网络系统，针对网络应用设计和开发方式，以降低开发的复杂性	（1）网络上的所有事物都可被抽象为资源 （2）每个资源有其独特的标志，对资源的操作不会改变这些标志 （3）所有的操作都是无状态的

在信息平台各系统进行相互融合的过程中，不同系统之间选择适合自身的接口进行数据信息的互联互通，以保证系统融合的高效性。

二、数据融合架构

（一）数据融合的内涵

从概念角度出发，数据融合是指对多种来源的不确定的数据和信息进行加工处理和利用，然后对来自多种信息源的数据进行不同类别、不同方面的整合处理，之后融合出新的更有价值的数据信息；但从系统融合的角度出发，数据融合可以说是系统融合的核心要点及其最终目标，将智能建造全生命周期所产生的子系统进行相互连接融合实质上是为了将该过程内所产生的全部数据进行分析、整理及融合进而进行优化使用。数据融合在多信息源、多平台和多用户系统内起着重要的处理和协调作用，可以保证数据处理系统各单元与数据集成中心间的连通性与及时通信，而且原来由操作人员和分析人员完成的许多功能均可由数据处理系统快速、准确、有效地自动完成。

数据融合技术，包括对各种信息源给出的有用信息的采集、传输、综合、过滤、相关及合成，以便辅助人们进行态势或环境的判定、规划、探测、验证及诊断，一般分为三类——数据层融合、特征层融合及决策层融合，具体见表6-5。

表6-5　数据融合分类

	含义	层次分类	采用方法	备注
数据层融合	直接在采集到的原始数据层上进行数据融合，在数据并未经预处理前就进行数据的综合和分析	低层次融合	集中式融合	
特征层融合	先对原始数据信息进行特征提取，然后对特征信息进行综合分析和处理	中层次融合	分布式融合、集中式融合	（1）实现了信息压缩，便于实时处理 （2）分为两大类：目标状态融合和目标特性融合
决策层融合	对原始数据信息完成基础的处理——预处理、特征提取、识别，以建立对所监测对象的初步判断，然后通过关联处理进行融合判决	高层次融合	分布式融合	

在信息平台的数据采集过程中，采用的数据融合类型为特征层融合，既不是将智能建造各阶段产生的数据在原始数据层进行融合，也不是高层次的决策层融合，而是属于中层次的特征层融合，先将智能建造各阶段产生的原始数据进行一定程度上的处理分析，再将处理过的数据传输至数据集成中心。

（二）ETL技术

ETL技术作为数据融合技术中的一部分，即数据经过萃取（Extract）、转换（Transaction)、加载（Load）之后传输到数据集成中心的过程，其目标是将规则不一致、分散、杂乱的数据整合在一起，为上层智慧服务应用提供数据支持。ETL过程一般由三个部分组成——数据的萃取、数据的清洗转换及数据加载。

1. 数据的萃取

数据的萃取是ETL整个过程中最简单也是最基础的部分，主要是指从各个信息端获取数据信息，此过程可以通过彼此最恰当的方式（方式不唯一）来调用数据信息，以提高ETL的融合效率。

2. 数据的清洗转换

数据的清洗转换是ETL整个过程中最核心的部分，耗时较长、工作量也最多。数据清洗主要是指将用户确认不需要的数据过滤掉，一般是指错误、重复的数据或不符合需求的数据，随着数据的实时更新，该过程需要进行重复操作，不断地重新发现、删除不需要的数据；数据转换主要是指对数据格式不一致的转化、数据粒度的转化，以及一些规则的转换，其中数据粒度转化是指有时利益方用户需要的数据可能不需要太详细，此时应按用户需求对原始数据进行适当的融合。

3. 数据加载

数据加载是用户所需的数据经信息平台数据池层中的数据治理中心和数据质量中心清洗转换完成之后向数据集成中心传输。

（三）数据融合架构

数据融合的过程中，利用云计算技术通过互联网、IoT等网络可将大规模计算数据资源和存储信息资源整合起来，并按需提供给各利益方的相关用户。数据融合的原理是通过传感器设备将各业务数据源位置上不同类型的数据信息进行收集，采用ETL技术对其进行数据治理后进入数据质量中心，提取数据的特征矢量，通过模式识别过程采用智能算法对数据特征矢量进行分析和判断，根据分析的结果进行分类整合，进行数据之间的关联融合，之后对数据进行复杂的数据合成处理，最后得到一致性的统一标准的数据集组，具体架构如图6-7所示。

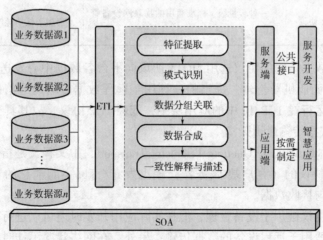

图6-7　数据融合架构

数据融合架构利用 SOA（面向服务的架构）框架思想，将硬件、软件资源作为服务对象向终端利益方用户提供智慧应用服务，服务用户则可以利用架构中的公共接口来获取相应的数据信息资源以进行相应服务的开发，而终端用户则按需获取及制定相关的应用服务。

三、多网络数据传输过程

1. 数据传输的协议

数据传输的协议也称网络传输协议，简称为传送协议（Communications Protocol），所谓"协议"就是双方进行数据传输的一种格式，是指计算机通信或网络设备的共同语言。现在最普及的"传送协议"一般指计算机通信的传送协议，如 TCP/IP、HTTP、Modbus、BACnet、MQTT、LwM2M 等，具体见表6-6。

表 6-6   数据传输的各种协议

协议名称	中文释义	含义	应用场景
TCP/IP	传输控制协议/网络协议	能够在多个不同网络间实现信息传输的协议簇，是由 FTP、SMTP、TCP、UDP、IP 等协议构成的协议簇	一个四层的体系结构，应用层、传输层、网络层和数据链路层都包含其中
HTTP	超文本传输协议	一个简单的请求-响应协议，通常运行在 TCP 之上	应用层
Modbus	Modbus 通信协议	一种串行通信协议，最初是为了使用可编程逻辑控制器（PLC）通信	工业领域（其通信协议的业界标准）
BACnet	BACnet 通信协议	用于智能建筑的通信协议，其能降低维护系统所需成本且安装比一般工业通信协议简易	针对智能建筑及控制系统的应用设计的通信
MQTT	消息队列遥测传输协议	一种 ISO 标准下基于发布/订阅范式的消息协议	工作在 TCP/IP 协议簇上
LwM2M	轻量级 M2M 协议	一种轻量级、标准通用的物联网设备管理协议	聚焦于低功耗广覆盖物联网市场

在信息平台中数据传输的协议选用 MQTT 协议向平台各数据中心发送数据，MQTT 协议是 IBM 公司（国际商业机器公司）提出的一种用于远程数据传输的通信协议，是物联网常用的应用层协议，运行在 TCP/IP 中的应用层中，依赖 TCP 协议，故其具有较高的可靠性。

2. MQTT 协议数据传输逻辑架构

MQTT 协议全称是 Message Queuing Telemetry Transport，中文释义是指消息队列遥测传输协议，是基于 TCP 协议的（客户端-服务器）模型发布/订阅主题消息的轻量级协议，也就是通常所说的发送与接收数据。

最初的 MQTT 协议被用于设备管理，但在实际应用开发时还可以进行数据传输，其轻量级的协议特点使它适用于远程设备的数据传输；另外，在网络状况不佳时凭借其特殊的协议特点依旧可以正常传输数据；它还具有简单、易于开发的优点，极适用于各类物联网系统，在智慧医疗设备、智能家居以及其他领域的物联网系统中均得到了较为广泛的应用。

在数据信息传输过程中，MQTT 协议中有三种身份：发布者（Publish）、代理（Broker）、订阅者（Subscribe）。其中，信息的发布者和订阅者都是用户端，信息代理是服务器，该协议进行数据信息传输的具体逻辑原理如图 6-8 所示。

在使用 MQTT 协议进行数据信息流通的过程中，服务器仅起到一个"中转站"的作用，将发布者发布的数据信息利用服务器传递给所有订阅该主题信息的订阅者用户。其中，发布者可以发布在其权限之内的所有主题的数据信息，发布者同时还可

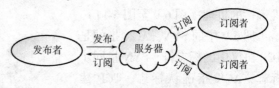

图 6-8　MQTT 协议原理图

以是订阅者，这便实现了生产者（此指产生数据的一方）与用户（各方利益相关者）之间的脱耦，使得发布的消息可以被多个订阅者订阅，以便于数据的流通与共享。

四、数据传输可靠性的关键支撑

数据可靠性（Data Integrity）是指在数据的全生命周期内，所有数据都是完整的、一致的和准确的程度，保证数据的完整性是指以准确的、真实的、完全地代表着数据实际产生的方式进行数据的收集、记录、报告和保存。在利用各种传感设备将收集到的设备、人员及其他数据信息通过网络传输协议传输至信息平台中各个数据中心的过程中，若主机在传输数据前未曾与目的主机预先建立特定的"通路"，则属于一种"不可靠的"数据传输机制，该机制不能保证数据准确到达目标位置，还可能会造成数据信息的损坏、乱序和丢失。然而，数据传输中数据信息的可靠性是至关重要的，为确保数据信息在传输过程中始终保持可靠度，引入了用户数据报协议和 TCP 可靠传输控制协议。

1. 用户数据报协议

用户数据报协议，又称 UDP，英文全称为 User Datagram Protocol，是 OSI（Open System Interconnection，开放式系统互联）参考模型中的一种无连接的传输层协议，可提供"尽最大努力交付"的数据报传输服务。UDP 主要用于不要求按分组顺序到达的传输中，分组传输顺序的检查与排序由目标层（在信息平台中指数据池层的数据集成中心）完成，它适用于端口分别运行在同一台设备上的多个应用程序；UDP 可提供无连接通信，但不对传送数据进行可靠性保证，因此它适合于一次传输少量数据，其可靠性不高，一般由应用层负责。

在信息平台进行数据传输的过程中，UDP 主要的作用在于它可以在指定的主机上同时识别多个目标地址，并允许多个应用程序在同一台主机上工作，且能够独立进行数据信息的发送和接收，以便于实现信息平台的信息共享功能，使得智能建造各利益方能够同时知悉最新的工程进度与安排。

但由于 UDP 特殊的性能，信息平台数据传输的可靠性无法得到完全的保证，因此进一步引入 TCP 可靠传输服务。

2. TCP 可靠传输控制协议

TCP 可靠传输控制协议是一种面向连接的、具有流量控制和可靠传输等功能的传输层协议。TCP 可靠传输控制协议的规则是用户在数据传输开始之前，通过采用"三次握手"建

立连接，在数据传输结束后，通过采用"四次挥手"释放连接，因此具有相当高的可靠性。另外，TCP 可靠传输服务中采用了连续 ARQ 协议（自动重传请求，Automatic Repeat-re-Quest）来保证数据传输的准确性。

下面通过三组图片来解释 TCP 可靠传输服务在进行数据传输时确保数据传输可靠性及准确性的机理（图 6-9 至图 6-11）

图 6-9 中的 SYN、ACK 指的是 TCP 协议中的标志符，SYN 指同步标志，ACK 指确认标志。TCP 建立连接的过程是主机 1 将一个 SYN 数据报传输给主机 2，请求建立一个 TCP 连接；主机 2 发送 ACK 数据报确认收到了主机 1 的 SYN 数据报，并发送 SYN 数据报等待主机 1 确认，主机 1 确认后发送 ACK 数据报，至此一个新的 TCP 连接便成功建立。

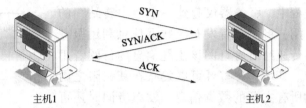

图 6-9　TCP 建立连接过程——"三次握手"

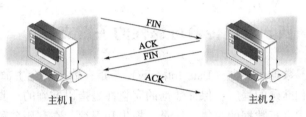

图 6-10 中的 FIN 同样是 TCP 协议中的标志符，表示结束标志。TCP 释放连接过程的机制与建立连

图 6-10　TCP 释放连接过程——"四次挥手"

接过程类似，其主要目的是为了让接收方（即主机 2）能够按照正常步骤进入结束状态，同时也能防止已经失效的数据请求连接报文出现在后一次连接中。

图 6-11 表示的是连续 ARQ 协议的运作原理，该协议可将因数据信息传输过程中出现某种意外情况导致数据信息（DMI）的丢失、出错或传输中断造成的数据信息传送中断情况进行超时重新传送，以确保数据信息传输过程的可靠性。

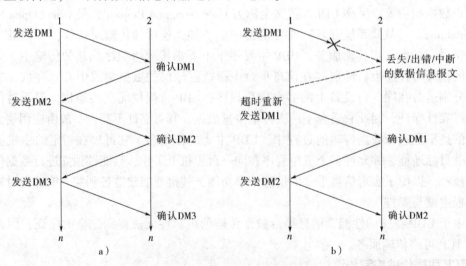

图 6-11　连续 ARQ 协议
a）正常情况　b）超时重传情况

信息平台中存储着智能建筑各利益方的成千上万条数据信息，数据传输的可靠性尤为重要，将 UDP 及 TCP 传输可靠服务应用在信息平台中，不仅能够赋予信息平台更好的信息共享性能，还可尽最大限度地保证数据信息传输的可靠度，使得信息平台可以更好地、更加及时地为智能建造全生命周期管理提供丰富的数据信息基础和优质的管理决策依据。

第三节　多方数据集成

一、数据集成方法及相关技术

（一）数据集成方法

数据集成是指把不同来源、格式、特点性质的数据在逻辑上或物理上有机地集中，从而为企业提供全面的数据共享。对于信息平台而言，面向对象则是智能建造的相关利益方。在数据集成领域，已有很多成熟的框架，常用方法有三种——联邦式、基于中间件模型和数据仓库，来构建数据集成的信息系统，这三种方法从不同的着重点和应用角度去解决数据共享问题，并提供决策支持（表6-7）。

表6-7　数据集成的三种方法

方法	内涵	备注
联邦式	由半自治数据库系统构成，相互之间分享数据，联盟各数据源之间相互提供访问接口	可以是集中数据库系统或分布式数据库系统及其他联邦式系统
基于中间件模型	通过统一的全局数据模型来访问异构的数据库、遗留系统、Web 资源等	位于数据层和应用层之间；主要目的是集中为异构数据源提供一个高层次的检索服务
数据仓库	在管理和决策中一种面向主题的、集成的、与时间相关的和不可修改的数据集合	四大特点：面向主题；集成的；相对稳定的；反映历史变化

信息平台的数据集成中心使用的数据集成方法主要是基于中间件模型的方法，该中心位于数据池层，介于基础层和应用层之间，连接数据治理中心传输来的数据源与数据交换中心、数据存储和分析中心以及数据共享中心，向下协调各数据源系统，向上为访问集成数据的应用提供统一数据模式和数据访问的通用接口。基于中间件模型下的数据集成不是物理上简单的数据集成，主要是完成各数据源逻辑上的集成，一边接收用户的数据请求，一边接收最终结果传输至数据交换中心进而传递给用户。

（二）数据集成技术

数据集成技术就是将分布的、异步的甚至异构的独立信息源中的有用数据集成在一起，使得用户能够以透明的方式访问这些数据源，以供将来信息检索、分析处理等应用的技术。随着数据集成和计算机技术的发展，为了使数据集成更加高效，引入了越来越多的新型信息技术，下面介绍几种重要的技术。

1. XML 技术

XML 指可扩展标记语言（标准通用标记语言的子集），是一种简单的数据存储语言，优点是极其简单，易于掌握和使用。它能够将结构化数据从不同的应用程序传递到桌面上，进行本地计算和演示；XML 允许为特定应用程序创建唯一的数据格式，且它是服务器之间传输结构化数据的理想格式，利用 XML 表示中间模式，可解决源数据和目标数据关联的问题，使得数据集成工作主要在中间模式和目标模式之间进行。

2. Web Service 技术

Web 服务使用标准的、规范的 XML 概念描述一些操作的接口，允许独立于实现服务所基于的硬件或软件平台和编写服务所用的编程语言使用服务。Web Service 技术是指能使运行在不同机器上的不同应用无须借助附加的、专门的第三方软件或硬件，就可相互交换数据或集成，依据 Web Service 规范实施的应用之间，无论所使用的语言、平台或内部协议是什么，都可以相互交换数据。Web Service 是自描述、自包含的可用网络模块，可以执行具体的业务功能。

3. 云计算技术

云计算基于 Web 服务开发框架，具有良好的扩展性，便于设计、开发、使用和维护，其三层系统架构（IaaS、PaaS 及 SaaS）可实现信息资源的高度利用。

4. 网格技术

网格技术通过共享网络将不同地点的大量计算机相联，从而形成虚拟的超级计算机，将各处计算机的多余处理器能力合在一起，可为研究和其他数据集中应用提供巨大的处理能力，协同解决复杂的大规模的问题，使大量闲置的计算机资源得到有效的组织，提高了资源的利用效率，节省了大量的重复投资，使用户的需求能够得到及时满足。

5. 其他技术

除了上述的四种技术，数据集成技术还包括 ETL 技术、ELT 技术、CDC 技术、EDR 技术、EII 技术、数据虚拟化技术以及流式数据集成技术等，具体见表 6-8。

表 6-8　数据集成的其他技术

其他技术	中文名称	含义
ETL	萃取、转换和加载	收集、转换来自各数据源的数据信息，并将其加载到目标中心，如数据集成中心
ELT	萃取、加载和转换	数据导入至数据集成中心，然后转化为带有特定分析目的的其他格式数据
CDC	更改数据捕获	一种实时检测数据池中数据更改并将其应用于数据集成中心的过程
EDR	企业数据复制	一种实时数据整合方法，其中数据集在数据集成中心的一个数据库移动到具有相同模式的另一个数据库，以维护出于操作和备份目的同步的信息
EII	企业信息集成	使开发人员和用户能够将多个数据源视为一个数据库，并以新的方法呈现传入的数据
数据虚拟化	—	将来自不同数据源的数据进行合并以提供统一的视图
流式数据集成	—	一种实时数据集成方法，可不断将各种数据流集成反馈至数据存储和分析中心

（三）数据集成工具

由于智能建造各利益方产生数据的类型、数量和速度都不尽相同，为适应不同的业务需求，数据集成工具也逐渐丰富。数据集成工具将不同数据库、文件系统及存储库中的数据源通过相应的方法和技术整合到一起，各利益方选取适合的数据集成工具便于更好地利用集成数据，为管理决策提供必要的事实依据。常用的数据集成工具见表6-9。

表6-9　数据集成工具

名称	含义	功能
DataX	一个异构数据源离线同步工具/平台	可实现包括 MySQL、Oracle、HDFS、Hive、OceanBase、OTS 等各种异构数据源之间高效的数据同步功能
Matillion	一个基于云的 ETL 平台	（1）能够充分利用云的强大功能、灵活性和经济性 （2）可轻松地将数据源信息加载到云数据仓库中 （3）拥有基于 SaaS 的免费数据集成工具以便更快速地访问数据信息
Sqoop	一款开源的工具	（1）用于 Hadoop 与传统数据库之间的数据传输 （2）用户可快速部署，快速进行迭代开发 （3）可确保数据类型安全 （4）专为大数据批量传输设计
Fivetran	基于完全管理的 ELT 体系结构的自动化数据集成	（1）可提供随时可用的连接器，随着架构和 API 的变化自动适应，确保对数据的一致、可靠访问 （2）能够适应数据故障和数据重复，最大限度地降低计算成本
Kettle	一款开源的 ETL 工具	（1）可高效、稳定地进行数据抽取 （2）允许同时管理来自不同数据库的数据信息
Hevo	一种完全管理的无代码数据管理平台	（1）能够很轻松地将多个来自不同数据库的数据信息进行实时集成并加载到数据仓库 （2）可以很快地建立一个 Hevo 平台（几分钟内）

二、智能建造利益相关者分析

（一）智能建造利益相关者理论

利益相关者理论最初开始出现在西方国家，于 20 世纪 60 年代逐步发展起来，在进入 20 世纪 80 年代后其影响不断扩大，促进了美、英等国家企业管理方式的转变。"利益相关者"一词始于弗里曼（Freeman）1984 年出版的《战略管理：利益相关者方法》一书（图6-12），该书明确提出了利益相关者管理理论，弗里曼在书中写到"利益相关者是能够影响一个组织目标的实现，或者受到一个组织实现其目标过程影响

图6-12　《战略管理：利益相关者方法》中文译本

的所有个体和群体"。

根据利益相关者的定义，可将智能建造全生命周期所涉及的利益相关者定义为在智能建造全生命周期管理过程中，能够影响项目总目标的实现或者受项目影响的团体或个人。基于不同利益相关者与工程项目的影响关系，可将智能建造所涉利益相关者分为两类——主要利益相关者与次要利益相关者，其中，前者主要是指与项目有合法契约合同关系的团体或个人，包括业主、施工方、咨询方、设计方、供应商、运营方等；次要利益相关者是指与项目有隐形契约关系的团体或个人，其并未正式参与工程项目交易，但却受到项目影响或能够影响项目，包括政府、社会公众、项目周围民众以及环保部门等。

(二) 智能建造利益相关者关系

在智能建造全生命周期过程中，每一阶段所涉及的利益相关者均不尽相同，建设工程项目与这些利益相关者群体结成了关系网络，各方利益相关者在其中相互作用、相互影响，建筑工程项目作为多方利益的综合体，交汇渗透了各方利益的需要及诉求，但由于各自的独立性，其中存在着各种利益的矛盾和冲突，建筑工程项目各阶段利益相关者关系如图 6-13 所示。

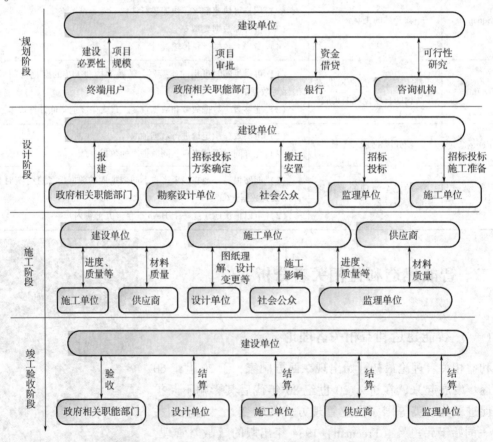

图 6-13　建设工程项目各阶段利益相关者关系分析

在智能建造全生命周期过程中所涉及参与方众多，随着社会的发展，建设工程项目的利益相关者对项目管理要求的加强，使得项目管理目标从实现"四大控制"转变为让利益相关者满意，建筑工程项目与其利益相关者关系的科学、有效管理成为项目成功的关键因素。然而，不同的利益相关者对建筑工程项目有不同的需要和目标，为保证建设工程项目顺利实施并取得期望的成就，多方利益相关者需彼此之间清楚界定，并进行信息的实时更新与共享才能更好地对智能建造全生命周期进行合理、切合实际的科学管理。

三、智能建造多方数据集成架构

（一）智能建造多方数据集成的优势

智能建造是信息化与工业化深度融合的一种新型工业形态，也是一种工程项目管理理念，体现了项目建设从机械化、自动化向数字化、智慧化的转变。在建设工程项目实施的过程中，由于工程项目同时存在进度、安全、质量、成本等多个相互制约的管理职能，为顺利达成智能建造全生命周期目标，需要在建设过程中对其进行科学、合理地规划。基于此，构建了以新兴信息技术支撑，衔接智能建造多方利益相关者的信息平台，从而进行全生命周期的信息集成与管理，用以满足项目全生命周期中所产生的所有信息的高效存储、传递与共享，进一步提高项目全生命周期各阶段信息传递效率，以及各参与方协同管理的影响。

随着建设工程项目的不断实施进行，所产生的数据量会越来越大，对数据进行集成分析变得异常重要，在智能建造全生命周期管理过程中，对多方数据进行集成的优势主要有以下三点。

1. 多方数据集成提高响应速度

多方数据集成最大的优势是大大提高了响应速度，对工程项目进行协同管理时，数据集成的速度尤为重要。将多方数据进行完全的集成管理，工程项目协同管理应该是这样的情景：当施工单位发现施工图存在某处不合理时，通过信息平台将问题反馈给设计单位，设计单位会立刻修改施工图并通过信息平台传送给施工单位，而同时项目其他参与方也会看到更新后的施工图，并根据更新施工图进行材料供应、工程预算及进度计划等的合理调整，可将信息共享效用发挥至极致。

2. 多方数据集成促进智能分析

多方数据集成的另一个优势是促进智能分析，智能建造数据集成的必要性体现在智能上。例如中期检查时建设工程项目已完工序出现质量问题，传统的做法是施工技术人员分析原因，通过对各个模块的不断对比分析，尽快找出解决方法，但如果将工程项目产生的所有数据集成存储于一个信息平台上，就可以利用信息技术进行智能分析，找出原因并拟定科学的解决方案。

3. 多方数据集成提升管理水平

多方数据集成还有一个优势就是可以提升工程项目的协同管理水平，智能建造多方数据集成的必要性主要体现在管理水平上，提升管理水平、重构管理和控制的关系，是推进建筑业智能化的重要方向。智能建造建设、生产、经营过程中的很多问题是因为相关管理人员没有及时发现和处理，而数据集成可使管理者对施工现场进行实时监控和管理，现场的问题会立刻反映至管理层，进而实现管理的透明化，从而提升管理水平。

（二）多方数据集成架构模型

在一个企业或系统中多方数据集成主要的体系结构包含数据流体系结构（DFS）、事件驱动体系结构（EDA）以及面向服务体系结构（SOA，在"数据融合架构"中曾提到）等，这三种体系结构的区别见表6-10。

表6-10　三种体系结构区别分析

体系结构名称	内涵	应用场景
数据流体系结构（DFS）	将传感器收集到的数据传入处理构件，之后控制构件使用数据，并产生数据给用户或其他构件，进而构成一个非循环的数据流	主要应用在基于传感器的敏感系统中
事件驱动体系结构（EDA）	一个事件的产生由一个触发器用来初始化后续操作，依据多种规则和初始化行为来处理事件，还可为其他"下游行为"构件发送新的事件	主要应用在企业系统中
面向服务体系结构（SOA）	将系统或应用程序中的不同功能单元（也称服务）进行拆分，并通过这些服务之间良好的接口和协议联系起来	主要应用于集成企业各种业务

虽然上述的体系结构中某些模块具备了数据集成的特性，但由于智能建造全生命周期管理内容信息过于复杂，不同阶段采用的数据集成实现技术可能不尽相同，此会导致该架构模型出现大量紧耦合现象，因此，在信息平台建设过程中，多方数据集成架构类比SOA体系结构，设计了适用于智能建造全生命周期管理独特的面向数据集成的体系架构模型。

1. 三维立体架构

在本章第一节五中提出了信息平台的架构模型，其中数据池层中的数据集成中心包含了三个维度的内容。

第一维度：智能建造全生命周期四阶段——规划阶段、设计阶段、施工阶段及运维阶段。

第二维度：智能建造项目管理要素（或管理目标）——质量、进度、安全、成本及其他。

第三维度：智能建造多方利益相关者——业主、设计方、施工方、供应商、咨询方、运营方、政府及其他方。

因此，多方数据集成架构模型亦包含这三个维度的内容，彼此之间相互协调，共同构成智能建造协同管理体系，具体模型如图6-14所示。

2. 数据集成中间件结构

在上述三维立体架构中，第三维度层面的多方利益相关者在第一维度各阶段围绕第二维度的管理目标基于SOA架构理念进行多方数据集成，从而促进各部门间的协同管理水平。在本章中提到信息平台的数据集成中心采用的是"中间件模型"，该模式是目

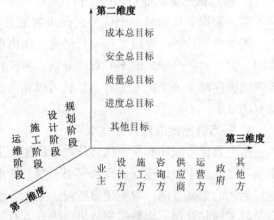

图6-14　数据集成关系分析图

前比较常用的解决数据集成的方法，且在面对数据源数量大、信息更新频繁并实时、动态发生各种变化的智能建造全生命周期管理过程中，中间件模式是作为面向数据集成的体系架构的最优选择。具体模型结构如图 6-15 所示。

中间件模型的核心是中间层的处理过程，一般需要完成下述任务：

1）从用户获得基于统一视图的查询请求。

2）分解查询为子查询，此过程是对数据源完成语义整合的基础上实现的。

3）优化相关的查询策略。

4）由 Wrapper（在编程语言中表示对某单个对象进行包装，可提供多个功能，也会提供接口）进一步完成针对每一个数据源的请求，并包装结果。

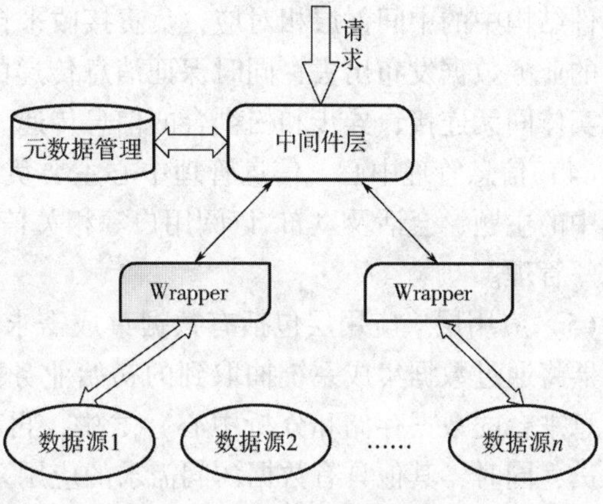

图 6-15 数据集成中间件结构

3. 面向数据集成的体系架构

虽选取中间件模型作为数据集成中心的体系结构，但仍存在一些问题需要解决：在网络环境中，一方面，数据的提供方或访问方可能动态地加入或者离开分布式系统；另一方面，信息平台对数据集成的具体需求也在动态地变化。因此，参与数据集成工作中的各种应用组件处于松耦合的状态，同时，信息集成的动态性必然需要动态的初始化和配置管理，这意味着数据集成的体系架构也应该是一种耦合度较低、扩展性强的结构，而且，必须要解决由此带来的难题。

一种较为理想的解决方法是找到一种通信协议以满足各应用组件之间异步的、动态的、异构的及松耦合的交互需求，故在面向数据集成的体系架构中也引入本章第二节中提到的 MQTT 协议，利用其发布/订阅的特性来满足复杂信息管理环境中数据集成的组件交互和数据传递需求。

具体的架构模型如图 6-16 所示。

在上述架构中共由五部分组成，分别是数据层、适配器层、消息代理中心、信息管理中心以及应用层。

（1）数据层 数据层包括所有以独立系统形式存在的数据资源，例如数据库系统、文件系统、企业信息系统（EIS）、电子邮件系统、多媒体信息系统等，数据层是业务数据以及系统元数据的物理表示。

（2）适配器层 适配器层与中间件结构中的包装器（Wrapper）层相对应，负责将 EIS 或其他数据源连接到消息代理中心，并按照框架中数据传递

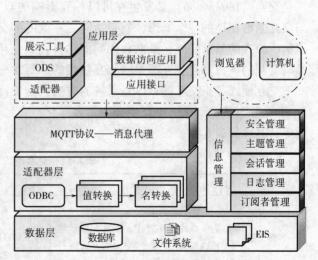

图 6-16 面向数据集成的体系架构

的格式标准，对元数据进行格式转换，以统一的数据结构交予消息代理进行信息的传递和交换。

（3）消息代理中心 基于发布/订阅的消息代理是面向数据集成的体系架构的核心，与中间件结构中的中间件层相对应，负责接收来自数据订阅用户的数据访问请求并将满足客户请求的业务数据发布出去，同时保证消息传递的可靠性和持久性，发布/订阅的机制保证了信息实体间无连接，异步和松耦合的信息传递。

（4）信息管理中心 信息管理中心主要负责运行中的各种可管理信息，将数据传递与集成中的主题、会话及发布/订阅用户等相关信息展示给管理员，从而实现对数据集成中心的统一管理。

（5）应用层 应用层包括有数据集成需求的各种应用，其中，数据仓库可以通过目标适配器将通过数据集成系统抽取到的初始业务数据存放在 ODS（指的是运营数据存储，位于信息平台的数据存储和分析中心）之中，再利用其展现工具将数据的统计结果展示给决策人员，同时，其他具有数据访问需求的应用系统通过数据代理提供的应用接口与数据集成中心相连，收集需要的细粒度业务数据。另外，数据集成中心的管理员也可通过浏览器及其他桌面用户端对集群环境的整个系统进行管理和监控。

第四节 基于平台的信息交互模式

一、交互模式理论

1. 交互模式概念

交互（Interaction）是发生在可以相互影响的双方或更多方之间的行为。互联互通性是与交互紧密相连的一个概念，它是指同一系统内的交互之间的交互，多个简单交互的联合可能构成惊人的复杂交互，虽然在不同的学科领域交互具有不同的含义，但相同的是，系统内参与交互的各方都是相互联系、相互依赖的，每次交互都有一个因果关系。

交互模式是指交互的具体且系统的方法，其设计目的是为了满足用户的各种需求等。随着 web2.0 时代的到来，交互模式变得多样化，大致可分为自然交互、体感交互以及网络交互等，具体见表6-11。

表6-11 交互模式分类

交互模式	含义	特性	举例
自然交互	又称自然人机交互，是强调以人为中心的交互方式，注重人和计算机以人和人的自然交流的方式进行无障碍的交互	可使人和计算机的交流变得更加自然通畅，能让人们非常方便地使用计算机	语音交互 体态语言交互 其他姿态语言交互

（续）

交互模式	含义	特性	举例
体感交互	计算机通过先进的设备"感知"人的各种行为、表情、语言等操作，并进行相关的处理，对计算机程序及各种应用软件进行相应的操作	机器利用特殊的传感器对人体的动作行为信息进行"获取、识别、处理、表达"	通过深度传感器获取三维空间的深度信息 通过动态传感器配合红外传感器的手柄设备不间断获取人体的动作行为信息
网络交互	以网络为传输媒介，发生在两个实体或者更多个实体之间的通信，可视为网络实体之间约定的协作方式或方法	克服了时间和空间的限制，不需要参与方面对面便可进行	网络直播 网络通信

2. 交互模式的作用及优势

当前，中国经济正处于高质量发展关键阶段，国家不断出台关于推动新一代信息技术与建筑业深度融合，打造数字经济新优势等决策的部署文件，加速推动企业的数字化转型，打造智慧建造、智慧企业，移动数字化办公平台在政府、企业工作场景中具有广泛应用前景。

现在，仍有许多企业在管理上存在着许多痛点和难点：信息孤岛、数据资产不清、决策效率低、管理成本高等问题层出不穷，而打造移动办公平台，不仅能够帮助政企单位实现移动化办公和业务协同，还能有效解决各部门信息孤岛、业务不协同等问题。具体来讲，可以为政企单位提供一站式移动协同、高效数据处理、精准内容推送等全流程管理服务，帮助企业将各种应用程序有效集成到一个统一的移动智能终端上，可实现跨系统、跨平台、跨业务的无缝集成管理，提高工作效率，不仅为政企单位提供一站式移动管理服务，同时还能提高数据安全性以及企业应用的稳定性与兼容性。

交互模式设计的主要目的就是帮助用户更好地达成目标，满足用户需求，其核心问题就是掌握用户当下最本质的需求，而信息平台则提供了一个这样的场所，它是智能建造全生命周期管理实现智能化转型的关键，其中"交互模式"是信息平台相当重要的核心技术之一，由此可让建筑工程项目整个生命周期过程中产生的数据信息进行统一的管理与协调，从而接收各方用户的多种需求，以达成最终管理目标。

二、基于对等网络技术的信息交互模式

1. 对等网络技术

对等网络，即对等计算机网络，是一种在对等者（Peer）之间分配任务和工作负载的分布式应用架构，用英文解释便是 Peer-to-Peer，简称 P2P，具体指的是对等计算机模型在应用层形成的一种组网或网络形式。学术界把它定义为：网络的参与者共享他们所拥有的一部分硬件资源（处理能力、存储能力、网络连接能力、打印机等），这些共享资源通过网络提供服务和内容，能被其他对等节点（Peer）直接访问而无须经过中间实体，在此网络中的参与者既是资源、服务和内容的提供者（Server），又是资源、服务和内容的获取者（Client）。

其实，对等网络可简单地定义为通过在系统之间的直接交换实现信息资源和服务的共

享。在此定义的条件下，加上信息平台的适用大环境，所谓的资源和服务指的就是智能建造全生命周期管理中所生产的各种文件的数据信息、处理周期、存储器等。简单地说，P2P 直接将设备（指的是包含各部门计算机、数据收集设备以及无线通信设备在内的所有可联网的设备）与设备、设备与用户（指的是各方利益相关者）联系起来，让设备与设备、设备与用户通过信息平台直接交互，进而实现信息的共享，如图 6-17 所示。

2. 对等网络的支撑技术

以互联网、物联网为基础的信息平台的应用模式主要是 B（Browser）/S（Server）或 C（Client）/S（Server）结构，实际应用时必须在网络内设置一个服务器，信息通过服务器进行传递。数据信息先集中上传到服务器保存，各方根据需求再分别下载，但如若智能建造全生命周期管理过程中所涉利益相关者使用同一 P2P 软件，就可形成一个为其独有的 P2P 专用网。

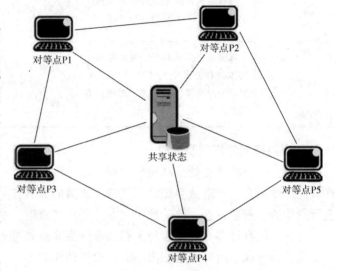

图 6-17　P2P 原理

P2P 作为一种基于互联网环境的应用型技术，主要表现为软件技术，其关键支撑技术主要有以下几种。

1）P2P 在应用时需尽可能多地考虑低端设备的互联，如 PC 机、施工现场设备、运维管理设备以及各种通信设备等，其硬件环境较为复杂，因此在通信基础方面，P2P 必须提供在现有硬件逻辑和底层通信协议上（如本章第二节中提到的 MQTT 通信协议）的端到端寻址和握手技术（如本章第二节中提到的 TCP 可靠传输控制协议），建立稳定的连接。涉及的技术见表 6-12。

表 6-12　三种涉及技术

涉及技术	含义	作用
IP 地址解析	IP 地址是 IP 协议提供的一种统一的地址格式，它为互联网上的每一个网络和每一台主机分配一个逻辑地址，以此来屏蔽物理地址的差异；IP 地址具有唯一性	对 IP 地址进行解析可用来识别网络上的各种设备，只有 IP 地址正确才能进行通信，以此保证通信的可靠性
NAT 协议	NAT 协议是指将 IP 数据报头中的 IP 地址转换为另外一个 IP 地址的过程	主要用于实现私有网络访问公有网络的功能；可有助于减少 IP 地址空间的枯竭
防火墙	防火墙是一种计算机网络安全系统，可限制进出专用网络或专用网络内的互联网流量，可被视为门控边界或网关，用于管理被允许和被禁止的 Web 活动在专用网络中的传播	主要功能是选择性地阻止或允许数据包，防火墙通常用于帮助阻止恶意活动并防止专用网络内外的任何人进行未经授权的 Web 活动

2）在应用层面上，信息平台的所有对等体均分别代表着不同的企业部门，且已通过互联网建立连接，为了更好地进行协同管理，数据信息须进行实时地交互更新，故 P2P 还需考虑数据描述和交换的协议，见表 6-13。

表 6-13　三种数据描述/交换协议

数据描述/交换协议	含义	作用
XML	一种标记语言，但是 XML 没有使用预定义的标记	用来传输和存储数据
SOAP	指简易对象访问协议，一种通信协议	用于应用程序之间的通信
UDDI	一种用于描述、发现、集成 Web Service 的技术	通过 UDDI，企业可以根据自己的需要动态查找并使用 Web 服务，也可以将自己的 Web 服务动态地发布到 UDDI 注册中心，供其他用户使用

3）加密技术是保障对等体之间进行安全通信的基础。

4）中心服务器的设置以及网络规模的把控等。

3. 信息交互模式

基于对等网络技术的信息平台中的信息交互模式如图 6-18 所示，智能建造全生命周期中各阶段使用的设备和用户与目标客户和各方利益相关者之间地位是平等的，均可视为一个对等点，任何两台设备或计算机之间进行初始化之后，可不再通过服务器直接对等的实时交互、共享数据信息。此时的信息平台作为一种虚拟的初始连接器将各设备以及各方利益相关者聚合，之后的数据共享彼此之间均可进行信息的直接交互。

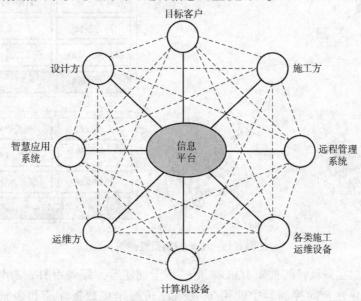

图 6-18　基于对等网络技术的信息交互模式

在本章第二节中提到信息平台的数据传输技术模式是"客户端-服务器"的方式，使得信息平台在集中处理数据的同时又可以对联网平台上其他设备或服务端进行服务，提供或接收数据，提供数据处理能力及其他应用。基于 P2P 的信息交互模式将服务器的作用弱化了，使得各方设备、利益相关者端口既可作为服务器，又同时可作为客户机，即需要进行数据信息交互的彼此为对等关系。这种信息交互模式可大大增加数据信息系统的柔性，且信息的发布、更新、互动性和及时性等方面均较传统方式效率更高。

三、智能建造多方数据信息交互应用

建筑、工程和施工（AEC）行业和设施管理（FM）专业使用高度多样化的信息和模型集，这些信息和模型被分割成不同的文件格式和应用程序，AEC/FM 项目在实际运作时需要多方之间的协作和信息交换，包括前面所提到的业主、建筑师、工程师、承包商和监理方等。智能建造技术作为从属于 AEC，并包含着 FM 的新型建造模式，其全生命周期管理过程中所使用软件、平台系统之间的互操作性仍是多方协作的关键问题。

因此，在本节所提到的信息交互模式基础上，再次引入一种基于私有云的跨方数据交换和共享方法，允许利益相关方基于 Hadoop（分布式计算）相应的技术建立自己的私有云，以便在自己的组织中进行数据共享和协作，从而确保数据隐私和所有权；同时，提出一个全局控制器来注册和跟踪数据的位置和授权，形成一个统一的私有云，连接不同利益相关者的信息服务器，如图 6-19 所示。通过这种方式，用户可以通过自己的服务器访问私有数据，并通过全局控制器访问来自其他方的共享数据。换句话说，这种方法使各方利益相关者能够在组织内及跨方均可进行相互合作和数据共享。

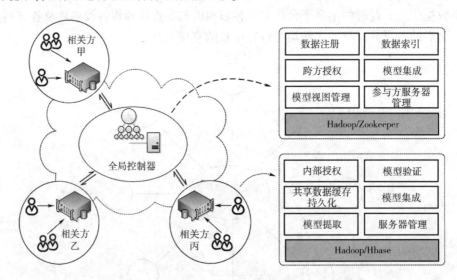

图 6-19　全局控制器操控图

这种方法建立在最流行的框架 Hadoop 上，用于创建云，即采用 Hbase 作为所提方法的底层数据存储，并在全局控制器中使用 Zookeeper 进行全局数据注册和多服务器跟踪。以 BIM 模型信息交互为例，通过这种方式，由于 Hadoop 中已经构建了水平扩展、大数据处理等基本云功能，故而减少了从头开始建立分布式系统的工作。利用这种方法对分布式数据进行查询、更新和一致性维护，其核心便是将整个项目的服务器用云控制器代替，以支持多服务器数据共享中分布式服务器和数据的管理，这与前文所述的对等网络技术相辅相成，二者均是为了各方都可直接调用权限之内的所有数据信息，便于智能建造多方数据信息的交互应用与协同管理。

第五节　平台智能决策

一、智能决策的内涵

1. 智能决策定义

智能决策（Intelligent Decisionmaking）是 2016 年公布的管理科学技术名词之一，出自《管理科学技术名词》（第一版）一书中，如图 6-20 所示，指的是利用人类的知识并借助计算机通过人工智能方法来解决复杂的决策问题的决策。此时的"智能决策"是作为一个名词来解释，但对于信息平台来讲，"智能决策"是指借助信息平台智能地进行决策，使决策变得智能化，抑或应称之为"决策智能"。

中国科学院自动化研究所所长徐波曾于 2020 年举办的"首届智能决策论坛"上提到"决策智能要求智能体能在不确定的环境中做出合适的行动、选择和决定，而这里的'环境'，指的是人们试图用人工智能更好地了解、探索、建模和驾驭的物理世界、人类社会等系统"，他还提出"'决策智能'是有别于'感知智能'的，决策智能主要基于对不确定环境的探

图 6-20 《管理科学技术
名词》封面

索，因此需要获取环境信息和自身的状态，从而进行自主决策，使由环境反馈的收益最大化，这一反馈形成的系统闭环，将使人工智能拥有更完整的表现形式"。

因此，对于信息平台来说，智能决策的内涵应该是指在智能建造全生命周期管理过程中，通过利用信息平台的数据分析、人工智能和机器学习等功能对可能出现的事件进行快速而精确的决策，帮助管理人员做出最有效的判断。

例如，在常规性的日常经营问题上，充分利用机器学习、神经网络等智能算法，开发更多功能强大的智能管理工具，可以实现自动分析、自动决策、智能推荐、智能定价，以释放组织精力，推动产品能力的持续提升，在亚马逊（美国最大的一家网络电子商务公司）数据的收集和分析是实时的，如果有需要，团队成员可以看到每天、每小时、每分、每秒的数据，如果出现异动，系统会自动提示相关人员，这样就可以做到第一时间发现问题，第一时间解决问题。

2. 智能决策层次

智能化的本质作用是优化决策的质量和速度，但并不等于完全依靠机器决策，而决策优化的依据不仅依赖高级算法，更是依靠信息感知能力、计算能力和执行能力的增强，但可以从决策主体的角度来划分智能化决策的层次，具体分类见表 6-14。

表 6-14 智能决策的三种分类

层次类别	层次名称	层次说明
一	人来决策	决策的主体是人，但信息感知和执行是通过网络下达，智能化技术的作用是拓展了人的感知和执行能力，可以更加直观地获得信息，决策更加容易
二	辅助决策	类似于"助理"似的智能化，可提醒人们发现异常或者需要关注的事件或异常，做出科学决策
三	机器自动决策	通过智能化化技术提供准确、及时、完整的信息，再利用软件化、数字化的简单的知识自动做出决策

由此可知，即使现今数字化、信息化技术发展迅猛，但借助信息平台实现的智能决策仍属于层次二——辅助决策，与辅助决策最初发展时不同，现阶段的辅助决策应属于层次二中较高层次的位置，甚至有些模块夹杂着层次三（机器自动决策）的小部分应用。

二、智能决策支持系统架构

1. 智能决策支持系统

智能决策支持系统（IDSS，Intelligence Decision Supporting System）是在决策支持系统（Decision Support System，DSS）的基础上发展起来的，是具有知识化结构和智能化推理等特点的决策系统。其实质是通过决策支持系统与人工智能技术的结合，将智能技术和思想融入决策支持系统之中，充分发挥智能化技术在模糊判断分析和智能推理决策方面的优势，有针对性地解决结构化、半结构化甚至非结构化的决策问题，为管理人员做出正确决策提供科学依据的智能型人机交互信息系统，四种系统的具体含义对比见表 6-15。

表 6-15 四种系统的具体含义对比

	含义	功能
MIS 管理信息系统	一个以人为主导，利用计算机硬件、软件、网络通信设备以及其他办公设备的系统	进行信息的收集、传输、加工、储存、更新、拓展和维护
DSS 决策支持系统	由 MIS 向更高一级发展而产生的先进信息管理系统	为决策者提供分析问题、建立模型、模拟决策过程和方案的环境，调用各种信息资源和分析工具，帮助决策者提高决策水平和质量
ES 专家系统	一个智能计算机程序系统，其内部含有大量的某个领域专家水平的知识与经验，是一种模拟人类专家解决领域问题的计算机程序系统	应用人工智能技术和计算机技术，根据系统中的知识与经验，进行推理和判断，模拟人类专家的决策过程，以便解决那些需要人类专家处理的复杂问题
IDSS 智能决策支持系统	一种辅助决策系统，是由 AI 与 DSS 相结合，应用 ES 技术，使 DSS 能够更充分地应用人类的知识	通过逻辑推理来帮助解决复杂的决策问题

智能决策支持系统在面对比较复杂的决策问题时具有相当强大的优势，这主要取决于该系统的特点，如图 6-21 所示。

信息平台的"智能决策"服务模块主要以智能决策支持系统为主导，将从数据池传输而来的智能建造全生命周期管理过程中所产生的数据信息进行整理，通过其特有的智能化逻辑推理能力帮助需求方解决复杂的决策问题，或为其提供合理的方案决选。

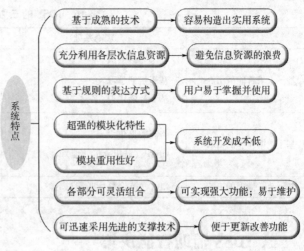

图 6-21　智能决策支持系统特点

2. 智能决策支持系统基本结构

决策支持系统一般是由数据库子系统、模型库子系统、方法库子系统等子系统组成，而在决策支持系统的基础上，增加推理机、知识库子系统、问题处理子系统以及智能人机接口，就可形成简单的智能决策支持系统，其基本结构图如图 6-22 所示。

由图 6-22 可知，智能决策支持系统是一种多库系统结构，由模型库子系统、数据库子系统、方法库子系统、知识库子系统、推理机等基本部件组成。

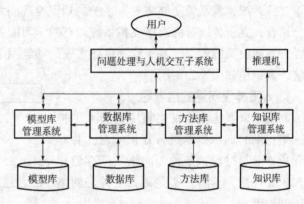

图 6-22　四库 IDSS 基本结构

1）模型库子系统是智能决策支持系统中最复杂和最难实现的核心部件，是负责存储、构建和管理决策模型的计算机软件系统。

2）数据库子系统是方法库和模型库的基础，对二者起着支撑作用，其主要功能是用于存储、提供、管理和维护决策支持系统数据。

3）方法库子系统是智能决策支持系统中数据库系统和模型库系统的综合体，主要功能是用于存储、管理、调用及维护决策系统中的通用算法、标准函数等方法。

4）知识库子系统是智能决策支持系统中存放模型决策规则和专家经验规则的部件，主要用于在决策过程中提供分析和解决问题的规则。

5）推理机是智能决策支持系统中进行智能推理的一组程序，主要功能是针对当前实际的决策问题，依据知识库中具体的知识案例，运用方法库中合适的推理原则，匹配模型库中具有相同属性的模型，进行智能推理决策。

3. 智能决策支持系统的三种分类

按照智能决策方法，可大致将智能决策支持系统分为三类：基于人工智能、基于数据仓库和基于范式推理的 IDSS，具体见表 6-16。

表 6-16　IDSS 的三种分类

	理论基础	优势
基于人工智能的 IDSS	基于专家系统 基于机器学习 基于智能代理	不仅能提供关于预测和分类模型，还能从数据中产生明确的规则
基于数据仓库的 IDSS	多源数据集成 OLAP（联机分析处理）	利用 OLAP 技术通过对数据仓库的即席、多维、复杂查询和综合分析，可得出隐藏在数据中的总体特征和发展趋势
基于范式推理的 IDSS	CBR（范例源）匹配与调整	简化知识获取过程，提高问题求解的效率

三、IDSS 辅助智能决策

在云环境条件下，对专家系统和人工神经网络系统进行集成耦合，构建并行结构的智能决策支持系统，该系统能够将专家系统的知识推理能力与人工神经网络的自我学习进化能力充分结合，克服传统智能决策支持系统固有的学习能力弱、知识库更新困难等缺陷，能够显著提升智能决策的效率。基于这种思路实现的神经网络与专家系统并行结构的智能决策支持系统，其结构如图 6-23 所示。

1. 人工神经网络的自学习

利用专家系统和云端决策资源为人工神经网络提供的训练样本进行知识学习，并监督和指导学习过程，使神经网络块库存储相关知识和规律，不断充实完善人工神经网络系统知识库。

2. 专家系统知识库的更新

针对由感知端提供的新鲜的、不完善的、部分错误的甚至矛盾的数据，这类数据无法与专家系统规则条件相匹配，必须通过训练成熟的神经网络，对其进行求解后，进行推理规则的提取，并用于专家系统知识库的更新。

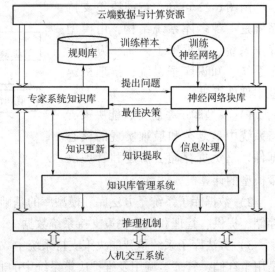

图 6-23　IDSS 并行结构图

3. 决策问题处理流程

将训练好的神经网络块库和更新后的专家系统知识库纳入知识库管理系统。在处理实际决策问题时，根据所提供的决策资源，可以合理地选择专家系统或者神经网络进行独立决策。当获取的数据信息是规则的，符合专家系统知识库要求的，则优先选用专家系统进行决策；当获取的数据信息是新鲜的，在专家知识库中搜索不到时，则不能启动专家系统进行推理，智能决策支持系统会将获取的现场信息传送到神经网络模块，由训练好的神经网络进行推理决策。

四、利用平台进行智能决策的工程实例

1. 中铁重工集团"隧道掘进装备行业工业互联网平台创新应用"

由中国铁建重工集团股份有限公司联合无锡雪浪数制科技有限公司研发的成果"隧道掘进装备行业工业互联网平台"在 2020 年围绕隧道掘进装备生产与施工数字化、网络化、智能化基础薄弱、支撑能力不足等行业关键性、共性难题，以隧道掘进装备行业工业互联网平台建设为主线，突破掘进装备数据采集与传输、边缘计算、基础数据平台、工业机理模型、工业 APP 等关键技术，打造面向行业产业链的开放生态系统，实现隧道掘进装备设计制造协同、作业流程优化、设备故障诊断与健康评估、产品全生命周期管理等服务，其指挥中心平台界面如图 6-24 所示。

图 6-24　指挥中心平台界面

在 2022 年，中铁工程装备集团有限公司联合浙江大学高端装备研究院、无锡雪浪数制科技有限公司等单位的研究成果"全断面隧道掘进装备行业工业互联网平台"和"盾构产业 4.0 示范基地"分别入选"世界智能制造十大科技进展"和"中国智能制造十大科技进展"。

其中，全断面隧道掘进装备行业工业互联网平台是为适应全断面隧道掘进装备全生命周期数智转型挑战，通过研究开发并应用盾构大脑 PaaS 系统、多源数据采集传输系统等多项智能制造技术，围绕商品交易、信息交换、服务交付核心需求，以盾构大脑、盾构云市场、盾构社区、生态门户为基础架构，如图 6-25 所示，以海量丰富的工业 APP 和业务系统为价值出口，构建工业互联网平台生态体系，推动了全断面隧道掘进装备供应链、产业链、价值链云化迁移，整合全生命周期内数据、知识和服务，形成产、学、研、销一体联动规模化应用，赋能了行业高质量发展。当下，该互联网平台已服务高黎贡山、滇中引水、洛宁抽水蓄能等 200 余项重大工程项目。

盾构产业 4.0 基地是通过研究开发并应用三维非标智能化设计与工艺、计划和执行信息

图 6-25　全断面隧道掘进装备行业工业互联网平台架构

化、生产制造资源动态监控和调配、智能机器人协同焊接、数字孪生、UWB 定位等多项智能制造技术，在非标定制大型装备制造行业先行探索了盾构机智能制造模式。该成果实现了以用户需求为核心的高效率、高质量、绿色化盾构生产制造，引领了隧道掘进机行业业务体系和业务模式的创新转型，为非标定制大型装备制造行业提供了智能制造范本。

2. 三亚人工岛填海造陆项目"数字孪生填海施工平台"

三亚人工岛填海造陆项目位于海南省三亚市红塘湾，是经由国务院批准的国家重点项目，是立足于南海辐射东南亚的门户机场，是实现海上丝绸之路、实现"一带一路"深入南海的伟大战略。该项目由海航集团投资开发，投资金额超过 2000 亿元人民币，其总体布局分为空港运营区、临空商贸区及临空配套服务区三部分，其中空港运营区填海面积为 $2.4 \times 10^7 \ \mathrm{m}^2$，如图 6-26 所示。该项目拟建设形成以空港服务、物流快递、高新技术、会议展览、现代制造和金融服务等经济产业为一体的临空产业园，包括人工岛、钢栈桥以及材料储运码头，具有填海造陆项目建设标准复杂、建设条件复杂、建设技术复杂、施工组织复杂等特点，在科技创新层面上具有重大研究意义。

三亚人工岛填海造陆项

图 6-26　三亚人工岛填海造陆项目鸟瞰图

目中人工护岸采用钢圆筒直立式护堰结构，并首次作为人工岛围堰的永久性结构，钢圆筒直径为 30m，高度达 25～39m，筒壁厚度 22mm。其施工工艺采用液压顶升法，单个筒体质量大于 500t，但采用这种方法由于缺少经验，项目实际进行过程面临诸多挑战：①钢圆筒加工、存放过程中安全性的保证；②钢圆筒海上运输过程中船舶受力稳定性；③钢圆筒如何进行精准定位；④如何精准地提取复杂结构工程量；⑤台风灾害之后的物料定损情况如何确定；⑥如何实现多专业信息协同管理。

为解决以上问题，该项目建立了基于三维仿真模拟、信息集成、几何建模、视频 GIS 一体化、预测控制系统优化等技术的数字孪生填海施工平台系统，如图 6-27 所示。

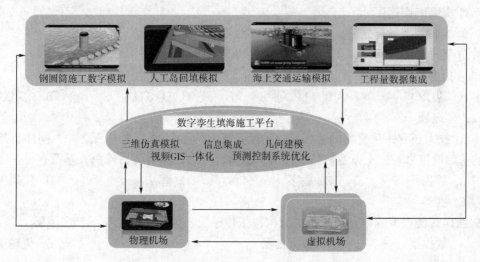

图 6-27　数字孪生填海施工平台应用流程图

针对以上挑战的解决方法分别是：①利用有限元分析软件，解决钢圆筒加工、存储过程中的安全性问题；②与③利用 Bentley MOSES 软件，解决船舶运输过程中稳定性问题，二次研发钢圆筒精准定位系统；④利用 PowerCivil 及 Geopak 等相关软件提取人工岛复杂结构工程量；⑤采用"基于深度学习，面向台风后的灾害定损"的方案，解决台风灾后物料定损问题；⑥以 ProjectWise 为协同平台，建立项目专属的信息平台系统，解决单位、专业间协同问题，实现按时间、区域多维度检索与数据处理。

通过建立信息平台使得项目的工作效益得到提高，可增加企业的竞争力，同时管理工作模式的改变也使得项目实际运行中的各项数据服务与智能决策产生了实质性的优化改进。

第六章课后习题

一、单选题

1. 在信息平台的建设过程中，AI 的应用可在很大程度上提升平台管理水平和设计方法，这主要依赖于 AI 的四大分支，分别是数据挖掘、模式识别、机器学习、_____。

　　A. 遗传算法　　　　　B. 智能算法　　　　　C. 人工智能　　　　　D. 数据分析

2. 信息平台的一般总体架构包括传感层、网络层、_____、应用层。

　　A. 计算层　　　　　　B. 传输层　　　　　　C. 数据层　　　　　　D. 服务层

3. ETL 技术作为数据融合技术中的一部分，即数据经过萃取、转换、_____ 之后传输到数据集成中心的过程，其目标是将规则不一致、分散、杂乱的数据整合在一起，为上层智慧服务应用提供数据支持。

    A. 删除   B. 加工   C. 净化   D. 加载

4. 在数据信息传输过程中，MQTT 协议中有三种身份，分别是发布者、_____、订阅者。

    A. 接收者   B. 转移者   C. 代理者   D. 传输者

5. 智能建造多方数据集成的优势包括哪些方面？

①提高响应速度

②提高数据管理效率

③促进智能分析

④提升管理水平

    A. ①②③   B. ①②④   C. ①③④   D. ②③④

二、多选题

1. AI 技术还有一项重要的组成部分，就是算力——AI 的三大基石之一，同样也是信息平台的基础设施之一，支撑着信息平台的平稳运行。除了算力，另外两大基石有_____。

    A. 数据   B. 数字   C. 算法   D. 代码

    E. 机器

2. 面向智能决策的信息平台基本架构包括传感层、网络层、_____、应用层。

    A. 数据层   B. 数据池层   C. 基础层   D. 传输层

    E. 服务层

3. 数据可靠性是指在数据的全生命周期内，所有数据都是完整的、一致的和准确的程度，保证数据的完整性是指以准确的、真实的、完全地代表着数据实际产生的方式进行数据的收集、记录、报告和保存。在本章中，引入的两种协议分别为_____。

    A. UDP   B. TCP   C. MQTT   D. LwM2M

    E. HTTP

4. 多方数据集成架构模型包含哪些维度？

    A. 智能建造全生命周期   B. 规划与设计阶段

    C. 质量、进度管理目标   D. 智能建造多方利益相关者

    E. 智能建造项目管理要素

5. 对等网络技术作为一种基于互联网环境的应用型技术，主要表现为软件技术，为保证现有硬件逻辑和底层通信协议上的端到端寻址和握手技术能建立稳定的连接，涉及的技术主要有_____。

    A. IP 地址解析   B. NAT   C. SOAP   D. UDDI

    E. 防火墙

三、简答题

1. 请简述信息平台在建筑工程领域的必要性。

2. 基于信息平台的交互模式的主要目的是什么？

3. 请找出一个案例，谈谈信息平台是如何在建筑工程项目建设阶段进行智能决策的。

第七章　基于数字孪生的智能化平台建设与管理

第一节　基于 BIM、IoT、大数据等技术的智能化平台建设

一、平台总体架构设计

建筑业智能化平台化管理通过融合新一代信息技术和先进制造理论，汇集建筑行业全要素，提供一个贯穿产业全链条、连接工程参与方的技术、应用的平台服务体系，为建筑业数字化转型赋能。管理平台建设的基础是联系实际与需求分析。对于建设项目智能化管理中各项业务流程进行需求分析，并结合 BIM、IoT、大数据计算架构特点，搭建融合数字孪生技术的智能化管理平台。双向数据交互是数字孪生的关键特征，基于数字孪生技术的智能化平台架构图如图 7-1 所示。智能化管理平台架构包括：基础设施层、功能实现层、应用服务层三个层级。

平台充分考虑建筑项目设计、施工、运维阶段的管理与应用需求，对平台的整体功能与服务进行了详细的划分，完成了管理平台的功能架构设计。

基础设施层依托数字孪生技术实现数据采集、大数据分析、云计算、仿真模拟等功能，为上层功能实现层提供技术保障。BIM 技术、无人机倾斜摄影技术支撑平台处理整合建筑设计模型，物联网感知终端通过监控摄像机、各类传感器、无线射频识别（RFID）、视频与图像识别、位置定位、激光扫描等智能传感设备对作业人员、施工机械、危险源、周边环境的实时状态及施工过程中的关键环节、关键工艺、关键工序、关键部位进行智能感知和数据采集。

功能实现层利用基础设施层中提供的基础设施构建数字化管理系统基础功能，主要功能涵盖资产全场景、全生命周期管理情景，并依托空间数据访问接口、业务数据，综合物联数据服务和专题数据服务，完成基于地理信息模型与 BIM 模型相融合的资产可视化管理，将组织中各管理要素诸如地理信息、建筑信息、资产信息进行有机融合，针对数字化管理业务提供有力支撑，实现资产数据可视化，分析部分固定资产运维信息，动态掌握资产状况，同时规划资产盘点路线，为分析人员和运维人员制定切实可行的管理方案。功能模块分为数据监测、数据分析、智慧决策、异常预警、趋势预测、模型分析、智能优化、故障检测、健康管理等，贯穿建筑项目管理全生命周期业务需求，以项目进度为时间轴，通过模块将业务流程细分，实现互联协同、信息共享、在线监测及智能预警的智能化管理平台，并提供大屏、桌面端和移动端应用服务。通过对 BIM 模型数据、物联网监测数据等信息的集成以及引入

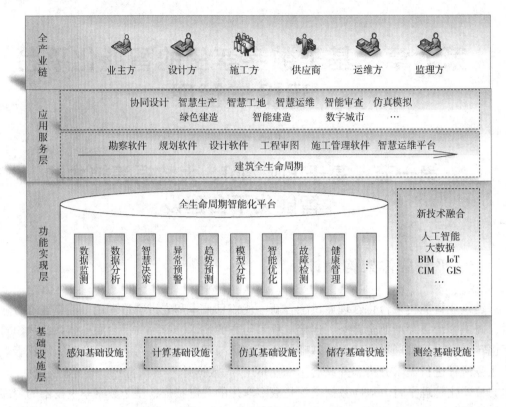

图 7-1　智能化平台架构图

点云扫描、3D 打印等新兴技术，对传统项目管理中进度、质量、安全、物资、成本、劳务等方面的监测管理进行智能化、数字化、协同化的提升与优化。平台使项目参与方能够随时、随地、直观地了解项目各阶段情况，从而实现建筑项目智能化精益管理。

应用服务层面向项目全过程参与方，包括业主方、设计方、施工方、供应商、监理方、运维方等，该层级提供覆盖勘察、规划、设计、施工、运维等建筑全生命周期应用软件，以及提供面向协同设计、智能生产、智慧工地、智慧运维、智能审查等典型应用场景的数字化应用方案。

二、基础设施层提供数字支撑底座

基础设施层为上层平台和应用提供感知、计算、存储、仿真等资源，相比于传统基础设施，数字建筑更注重基础设施的泛在感知、混合异构、灵活扩展、实时响应、虚实映射等特性，系统支撑建筑全场景全要素的资源优化配置和业务高效协同。

物联感知是指利用物联网技术获取建筑内各项子系统下设施的位置信息及其实时运行状态信息；视频感知是指获取接入系统的建筑内部视频、天网视频、重点部位视频等图像信息；作战感知是指获取投入到灭火救援行动中的消防车辆、消防装备、消防供水、空气呼吸器、无人机等设施设备的信息；公众感知是指利用网络舆情、社交网络、APP 等平台或软件获取消防相关信息。随着物联网技术的成熟与应用，物联感知将在应急预警、设施监管、人员管理等方面发挥重要的作用。基础设施层设备支持及功能实现见表 7-1。

表 7-1　基础设施层设备支持及功能实现

基础设施	设备支持	功能实现
感知基础设施	射频识别、红外感应器、摄像头	实现建筑智能化识别、定位、跟踪、监控和管理；计算基础设施集成 CPU 等异构系统和混合云架构，提供高效渲染、负载均衡的算力能力
计算基础设施	CPU、GPU 等异构系统、混合云架构	提供高效渲染、负载均衡算力能力
仿真基础设施	Revit、Bentley、PyroSim、Pathfinder	提高可视化水平，降低成本风险
储存基础设施	超融合和分布式存储、软件定义存储	支撑海量数据访问、数据安全保护等业务需求
测绘基础设施	三维激光扫描、无人机倾斜摄影	采集更新地理信息、建筑信息等多维度数据，打通物理世界和数字世界

三、功能实现层构建体系能力中枢

功能实现层汇聚异构数据、多源模型、行业知识、专用技术和业务系统等关键资源要素，提供数据分析、模型可视化、仿真验证、辅助决策、故障检测与诊断、状况评价等功能模块，人工智能、大数据、GIS、CIM 等新技术融合赋能服务，为上层的应用服务层提供共性技术支持和应用开发服务等。功能实现层包含了对平台系统底层资源进行管理和对上层应用进行技术支撑的各种软件，主要包括对底层资源进行管理的数据清理、数据分析、数据存储和负载分析等软件；也包括上层平台支撑软件，如业务流程服务、模型分析、仿真建模、智能优化、设备资产故障监测与健康管理等功能。包括 MIS（信息管理系统）平台和 GIS（地理信息系统）平台。其中，MIS 平台存储与展现单位基础信息、知识库、战评报告等信息类数据，GIS 平台存储与展现地图信息、地理信息、设备信息、路线图等地理信息类数据，如图 7-2 所示。

功能实现层通过捕捉感知层面的关键性信息完成功能实现，达到承载应用服务的目的。泛在网络涵盖当下的云计算平台、互联网、有线通信网、无线通信网等，数字化管理平台为应用层提供智能服务，通过监控大型商业综合体智慧建筑中的各种智能子系统，如能源管理系统、电梯系统、巡更系统、楼宇设备监控系统、背景音乐系统等，确保业务系统正常运行是平台发挥的主要作用。每种技术由专人负责，主要包括对 BIM 建模软件、BIM 应用软件及 BIM 二次开发技术的掌握，以及对 Web 开发技术、数据库管理技术、接口创建技术、工作流引擎及 WebGL 图形引擎开发技术的掌握。

图 7-2　功能实现层模块应用架构

底层资源管理软件主要完成底层数据资源的统一调配管理，存储并共享 BIM 信息协同共享平台信息，主要包括模型信息的分类存储、冗余数据信息的清理、重要数据信息备份、模型信息格式转换和负载能力预警分析等，以保证

BIM 信息协同共享平台数据信息的完整性和一致性。上层平台支撑软件主要是对平台功能层进行技术支撑，主要包括对海量数据信息的进一步挖掘分析、平台信息共享服务流程管理、平台应用的二次开发、模型信息的分析计算和平台信息的检索等，以实现平台功能、满足信息共享需求。

同时系统基于城市信息模型（City Information Modeling，CIM）技术建立符合智慧城市信息化、绿色化公共项目管理规定的多功能子系统联动底层数据架构。构建公共项目现存设备资产运维子系统，保障智慧城市数据资产运营状态，融合网络安全技术和数据挖掘技术构建公共项目资产数字化安全保障子系统，为城市公共项目安全管理提供科学决策，为各类细分数据资产管理工作提供支撑，为政府机构、企业单位和公众用户提供城市风险预警、运维大数据展示等功能。

四、应用服务层承载各类服务业务

应用服务层为行业服务平台全面支撑和服务建筑工程项目全参与方包括业主方、设计方、施工方、供应商、监理方、运维方形成全产业链、全过程融合一体的数字建筑应用服务体系，对于不同参与方提供大屏/桌面端/移动端应用服务，以及按政府部门要求将项目级平台相关子系统数据接入政府监管平台。保证不同用户、不同地域以及不同系统之间协同办公，实现了 BIM 信息流通以及 BIM 模型、GIS 环境与项目管理体系的深度融合。在整个建设项目全生命周期各阶段进行多维度管理，高效提升工程品质效益和保障质量安全，加速建筑项目管理数字化转型发展进程，如图 7-3 所示。

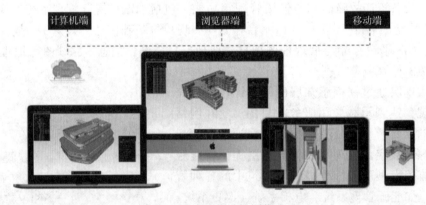

图 7-3　平台多终端协同作业

第二节　基于数字孪生平台的建设项目全生命周期的精益管理

建设项目全生命周期精益管理主要涵盖协同设计、智能生产、智慧工地、智慧运维四大场景，如图 7-4 所示，借助数字孪生技术推进数据资源在规划设计、施工、运维等工程项目全过程中的交互，基于平台将各子应用系统的数据统一呈现，形成互联，项目关键指标通过直观的图表形式呈现,智能识别项目风险并预警,问题追根溯源,帮助项目实现数字化、系统化、智能化,为项目经理和管理团队打造一个智能化"战地指挥中心"。数字化平台助力建筑项目全生命周期管理提质增效,赋能建筑业数字化转型升级。

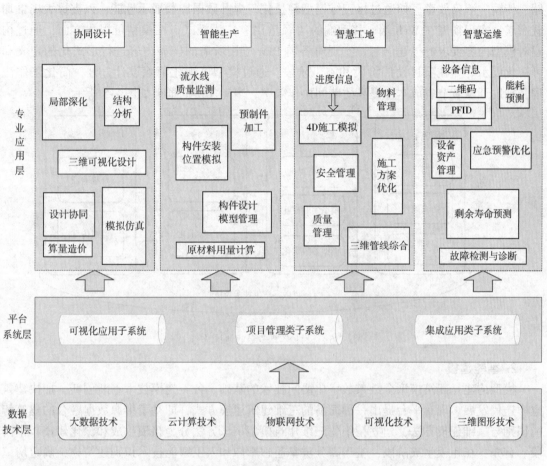

图 7-4　项目管理平台功能架构图

一、协同设计

随着工程规模不断扩大,工程的精细化管理需求越来越迫切。传统基于二维图纸的协同模式已无法满足当前工程建设要求。建筑工程设计阶段具有高度跨学科的特点,涉及建筑、结构、机电等不同专业背景、不同专业视角的协同设计和建筑模型数据集的共享交换。

传统设计模式中多方协同主要基于二维图纸和文档的频繁交换,数字建筑则通过构建三维信息模型及环境,将 BIM 技术运用到工程建设项目的设计和审查审批环节,实现跨专业数据协同和信息共享。提高信息化监管能力和审查效率,推动建筑工程领域的数字化进程。

1. 模型流转

模型流转是将项目设计、深化、采购、生产、运输、施工、验收等各环节全面打通,实现项目构件数据在全生命周期的流转与共享。在模型提取合并方面,根据特定用例的模型标准（如运维标准）生成所需 BIM 子模型；将分专业、系统、楼层模型归并、重构，进行增量化存储。在压缩优化方面，在保持关键特征与网格水密性的前提下，结合几何特征抑制与网格简化方式减少模型非必要细节；基于结构冗余、几何配准、精度归并方式，提高模型存储、传输、渲染效率。如通过将三维模型轻量化，提升数据加载展示性能，以支撑大场景加载需求，实现模型在 Web 端、移动端的"轻量化"应用模式。在模型可视化方面，通过构建对模型内容要求的描述语言，实现对各类 BIM 应用所需的模型内容进行形式化的定义和可视化展示。如在项目设计阶段和施工阶段，通过模型可视化消除设计分歧，简化工作流程，帮助开发者节省成本，提高团队间协作效率，多专业协同框架如图 7-5 所示。

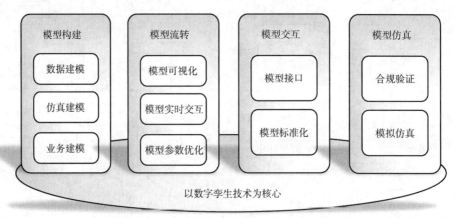

图 7-5　设计模型多专业协同作业

2. 智能建模

模型构建是建筑模型全链条数字化协同技术的基础。各类建模技术不断创新，加快建筑建模迭代发展。现有平台提出一种简易的三维建筑建模方式，即基于多源数据融合的建筑智能识别与三维建模方法，建立精细化三维建筑模型。该方法分为粗模生成和深化建模 2 个阶段。首先，在粗模生成阶段，基于高分辨率遥感影像和人工智能技术识别建筑物，确定房屋位置并拉伸生成基础白模；在深化阶段，外业采集员根据实际情况，基于农村建筑模型库将基础白模替换为更精细的、参数化的白模；然后，通过简单的手机拍摄及纹理处理，实现建筑立面纹理的补充；最后，通过坐标匹配、影像地形融合、三维轻量化等技术形成真实的、可存储和可交换的三维建筑模型。该方法简单易用，降低了常规建模在数据采集、处理等技术方面的高要求，提供一种低成本、高效率的建筑三维重建方法。

本章构建的建筑业智能化管理平台中涉及的模型构建主要分为数据建模、仿真建模、业务建模，三种建模方式在建筑项目中的应用功能见表 7-2。

表 7-2　三种建模方式概述与应用案例

模型构建	概述	应用案例
数据建模	利用数字化模型智能化完成建筑方案设计	（1）结构优化设计 （2）机电管线智能设计 （3）精细化统计算量 （4）AI 识图建模

（续）

模型构建	概述	应用案例
仿真建模	建筑性能分析软件，建立性能化设计的分析模型，并采用有限元、有限体积、热平衡方程等计算分析能力，对建筑性能进行仿真模拟 虚拟仿真技术，真实再现从设计到运维过程中各个环节，确保工序的规范化、科学化	（1）基于对抗神经网络的深度学习人群仿真算法 （2）对 BIM 模型中的人流的运动路径进行仿真
业务建模	建筑多维信息模型的构建和共享，减少模型信息的流失，并为相关业务人员提供交流平台，提高项目综合管理水平，达到降本增效的目的	基于三维设计模型，通过招标辅助工具，方便业主对工程量、造价及复杂种类进行全面了解和评估

建模过程首先通过采集器从影像数据截取建筑物遥感影像建立样本训练集，利用 LabelMe 软件中的标注工具标记出遥感影像中建筑物的轮廓；然后，将训练集输入到所选的网络架构中，经过多次迭代得到最优的建筑目标识别模型。深度学习方法能同时分割出建筑与背景部分，对于每一个建筑都能产生与原图相同大小的分割掩膜，再从掩膜图像中提取建筑外轮廓，并对建筑轮廓正则化，从而实现完整的建模过程。

3. 模型互操作性

模型互操作性实现平台数据传输和协同作业。在模型接口方面，通过定义了不同 BIM 软件与协同平台间的统一数据调用方式与信息交互流程，确保不同的 BIM 软件可基于单一协同平台共享模型数据，为多源数据在全生命周期中实现可共享奠定基础条件。在模型翻译方面，由于不同厂商的 BIM 设计平台生成的模型在数据格式、构件完整性规则方面存在较大差异，导致这类异构模型实现互操作难度极高，解决方式是利用模型归一化程序，通过定义统一的模型格式作为中间过渡，完成不同开发平台模型与通用数据模型间的翻译转换，实现跨平台模型的协同操作。

4. 模型检验

模型检验主要涵盖模型测试、合规验证和数据质量验证等。

针对建模过程的检验采用自适应的建筑矫正算法。通常，由于影像分辨率、树木遮挡、算法识别精度等影响因素，识别的建筑轮廓并不能完美匹配实际情况，会出现多个建筑识别为一个建筑、建筑方位抖动、建筑边角缺失等问题。考虑到建筑一般具有尺寸和方位的一致性，提出自适应的模型校正方法，对建筑大小和方位施加约束。在合规验证方面，对相关领域工程建设进行强制性规范，实现基于数字化规则和语义模型的检查，可检查条款选择、模型可视化、错误定位、结果语义化及其他相关功能。在数据质量与交互性验证方面，通过对数据的完整性、一致性检查，突出检查结果的语义化表示，或对外提供对模型的简单编辑功能，如图 7-6 所示。

5. 多专业协同

基于 BIM、IoT、大数据、人工智能等技术和协同平台实现多专业协同。数字建筑集成建筑、结构、机电多专业知识，利用 BIM 技术对统一的三维数据模型进行建模仿真，并实时更新模型设计变更动态，实现建筑工程协同工作信息共享。结合当前国内建筑设计企业工作模式现状，可通过底图参照、合并工程、连接模型以及服务器协同等多种工作方式，满足

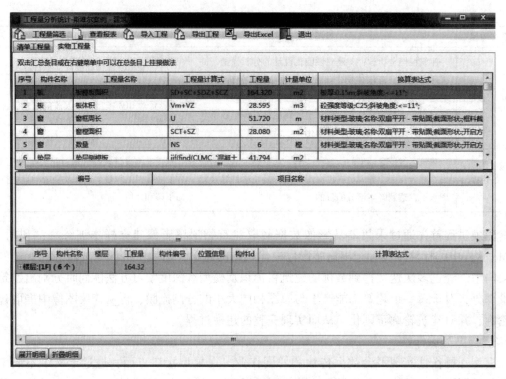

图 7-6　利用建模软件进行工程量分析

专业内与专业间相互提资,从而有效提升参与者间的交流协作效率和设计质量,避免由于设计冲突产生的施工进度滞后、成本超支等问题,同时也有利于项目设计阶段的规范化管理。伴随国内数字建筑方面政策的加速推进以及 BIM 技术的广泛应用,已有大量工程项目采用全专业协同设计软件进行探索与应用。

通过将高分辨率遥感影像与手机拍摄图像相结合,通过粗模生成和深化建模 2 个阶段实现三维建筑建模。在粗模生成过程中,利用人工智能算法基于高分辨率遥感影像识别建筑物,生成基础白模,勾勒建筑基本形态,包括位置、尺寸和方位,并提出了建筑轮廓正则化算法和自适应的建筑校正算法提高模型精度。在深化建模过程中,现场采集人员通过模型替换、尺寸调整、纹理映射等操作,逐步深化为精细化的三维建筑模型。最后,通过自动化的三维模型融合技术形成多端可访问的农村电子沙盘,支撑智慧农村建设的各项应用。

专栏 1　协同设计案例

案例 1:海南省某医学中心项目采用建筑全专业协同设计系统,实现建筑、机电、结构多专业一体化协同设计。其中,土建专业利用智能建模、协同设计、导入外部结构计算模型等技术,减少结构模型重新创建工作量;机电专业通过进行专业内及专业间的碰撞检查等工作完成全专业建模的创建。基于 BIM + GIS 技术的建设协同设计,利用 BIM 数字化设计解决方案在设计阶段实现以正向 BIM 设计为基础的数字化全专业协同实施体系,有效提高项目生产效率,保障工程建设质量。

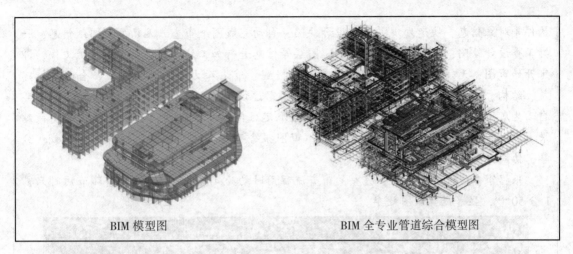

| BIM 模型图 | BIM 全专业管道综合模型图 |

6. 互操作性

基于标准化数据实现软件之间的互操作性。数据级协同基于信息数据化、数据模型化、模型通用化的理念，以建筑工程项目的各项信息为数据依托，建立三维建筑信息模型。利用 BIM 技术，采用标准化模型数据为中心的协同方式，可通过软件间专有数据格式下的直接信息读取或输出中立数据格式进行数据共享交换，实现全专业软件间的数据兼容和流通，有利于重塑全专业设计流程，颠覆传统的文件级设计模式。

7. 智能审查

基于 BIM 的智能审查审批应用覆盖规划报建、施工图审查、竣工验收等环节，聚焦建设项目本身，利用 BIM 技术和图文识别、语义识别、要素抽取等 AI 技术，对建设项目内部涉及的构件级对象进行数字化量化分析。

通过机器学习算法可自动化判定模型中的设计信息与国家、行业和地方标准之间的符合情况，根据智能审查结果可以快速地对不同专业的 BIM 模型进行复核，实现建筑、市政、交通等专业的智能审查，显著提高审图人员的工作效率，减少人为因素出现的错漏情况，提高审查质量，带动 BIM 技术在建筑项目全生命周期的全面应用。

智能审查能够实现辅助设计、属性自检，使设计人员按照交付标准要求对模型数据进行规整和自检，对缺失必要属性的构件进行汇总和修改，弥补以往 BIM 软件在模型设计和属性挂接方面的不足，保证 BIM 设计模型的完整性和规范性。

专栏 2　AI 智能审图

案例 2：万翼科技基于 BIM + AI 技术研发的 AI 智能审图系统，结合 BIM 技术及自然语言处理技术，通过机器学习算法获取并识别要审查的建筑行业相关标准条文，应用于工程建设项目审查审批。目前已支持企业标准和国家标准规范的智能审查，覆盖住宅工程的建筑、结构、给水排水、暖通、电气五大专业。

平台通过机器学习在审图过程中积累下来的数据信息，如门窗数量、房间面积等，转化成数字化的形式，呈现在计算机上。这些数据为图纸的自动管理、项目主数据的自动录入等延展应用打下了基础，可智能解构图纸信息，精确审查图纸问题。利用领先的 CAD 图纸解析技术将图纸数字化，结合图形图像处理和深度学习等 AI 技术智能识别图纸空间、构件等对象信息，快速发现并标注设计缺陷，自动完成图纸审查。无须处理图纸信息，一键审查设计缺陷；无须对图名、图块、图层等信息进行加工处理，直接上传图纸文件，即可开始审图；无须在线守候，审图结束自动提醒，节省人力，省时又省心。全面支持建筑、结构、给水排水、暖通、电气等多专业国家设计规范智能审查，大大提升工作效率。自动生成审图报告，多方协同更加高效，精准定位问题所在轴网，在线看图快速复核结果。提供问题编辑、备注、删除等功能，审图报告可一键自动生成。报告支持下载、分享，协同办公更高效。

根据审查统计数据显示，完整的审查流程用时约为 4min40s，一键审查环节用时只需 1 分 50 秒，显著提升审图效率。

万翼 AI 智能审图系统界面

二、智能生产

新型建筑工业化生产带动传统建筑生产模式向自动化、数字化方向发展，利用数字建筑无缝连接 BIM 设计、工厂生产阶段，使 BIM 设计模型通过数据转换直接驱动各类数控加工设备，实现数据驱动设备自动化生产，推进构件生产管理的标准化和精细化，促进工厂生产线的智慧化升级。

1. 设计、工厂生产无缝对接

在建筑工业化、数字化背景下，设计生产一体化是装配式建筑行业转型升级的必经之路。通过基于 BIM 设计数据的数据转换技术，实现工厂生产设备直接读取并识别源自设计端的 BIM 深化设计数据，进行构件生产排产，完成后续生产计划制定、原材料用量计算、生产完成情况更新等，指导工厂构件生产管理，实现从前端深化设计到后端高效精准生产过程中设计信息与加工信息的无缝对接及共享，优化工厂管控流程，具体如图 7-7 所示。

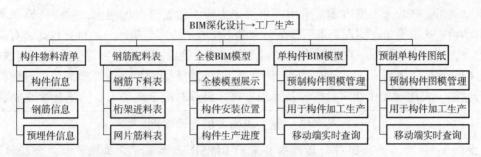

图 7-7　深化设计与生产加工的数据共享示例

2. 生产物料智能加工管理

采用数字化加工制造技术，实现自动化钢筋生产线和智能混凝土搅拌站，确保物料的加工质量和生产进度。根据构件生产计划通过算法自动计算钢筋、混凝土等生产物料用量，结合云服务、大数据、物联网、智能控制等核心技术，对物料的生产订单、出入库、废料余料、加工等业务环节进行管理，从而提高原材料利用率，优化物料管理流程，降低管理成本，显著提高物料加工厂的生产效率和可视化、精细化管理水平，为高效、有序生产奠定了坚实的基础。

3. 工厂自动化生产流程管理

基于数字建筑相关技术，实现工厂生产线的数字化管理。在底层集成生产线或生产设备的 MES 系统，顶层集成项目订单和物料供应链的 ERP 系统，结合 PDA、RFID 及各种传感器等物联网应用，根据生产任务直接驱动各类数控加工设备完成生产工序和生产质检，实现信息系统与现场设备的无缝对接。将构件的生产计划、任务排程、工艺管理、生产过程和生产设备的数据采集、监控、计算和信息反馈服务进行整合，达到标准化生产线的无人值守自动生产，实现预制构件生产效率和质量的显著提升，有利于工厂生产线向精细化、规模化方向升级。

4. 智能堆场管理

利用 BIM、GPS、无线通信等多技术，结合构件信息、堆场情况等因素完成构件入出库引导、构件堆场 BIM 模型展示、构件盘存、定位等智能化管理，实现堆场设备的自动化作业，大幅提高堆场的运作效率，降低运营成本，提升堆场的智能化管理水平。

三、智慧工地

智慧工地运用数字建筑相关技术，对施工现场全生产要素进行实时的一体化管控，辅助施工企业的科学分析和决策，全面提升建设施工的效率、质量和安全，助推工程建设管理的精细化、智慧化、高效化。

1. 施工现场人员管理

由于施工现场环境复杂，劳务人员众多且流动性强，为现场人员管理带来较大的难度和风险。借助物联网、AI 动态识别、无线定位等技术实现人员基本信息共享、快速考勤和指挥协调等人员综合管理。

在人员基本信息共享方面，利用数字建筑技术将分包企业、总承包企业、政府监管部门紧密连接起来，实现工人职业履历、劳动合同、考勤明细、奖惩记录等基本信息的多方数据互通、信息共享。在快速考勤方面，采用广角摄像头全面覆盖进出场通道，远距离抓取面部信息，自动检索人员身份，实现上班不排队、考勤不作假、访客防擅闯、通行更快捷，有效提高考勤效率，规范考勤秩序。在指挥协调方面，利用基于物联网技术的智能安全帽，集成拍照、录像、GPS定位、视频通话、视频监控、语音播报及报警联动终端，对佩戴人员的行驶轨迹状态进行监测，实现现场作业实时监控及远程指挥，提升对施工现场人员的综合管理水平。

专栏3　施工现场人员管理案例

　　案例3：深圳某产业园科创总部项目采用 BIM5D 平台＋智慧工地平台，合理协调计划、管理人员，实现领先工期15d。智能建造云平台可实现人员实名制登记、二维码特种人员管理、实名制考勤、出勤统计分析、用工分析等工地人员管理功能，能够协助企业管理人员实时掌握各项目人员分布情况，迅速定位人员异常问题并及时解决，提高对项目人员综合管理效果。

智慧建造平台人员管理模块

---

2. 施工现场设备管理

　　数字建筑的出现为塔式起重机等建筑工程机械设备的高效、科学管理提供了有力的技术支撑，有效减少和预防了安全事故的发生。一是，通过前端摄像头及监控传感器等物联网技术进行数据采集，可对施工现场塔式起重机运行过程中关键数据进行实时监测，包括起吊重量、高度、幅度、回转、力矩等数据，实时掌控塔式起重机的运行状态。二是，利用三维群塔防碰撞算法和塔臂区域保护机制，监视塔式起重机的运行状态，防止碰撞发生，并根据实时监测信息自动判断异常，报告相关安全隐患，以便于项目及时处理。三是，通过对施工现场设备的远程监控，便于项目管理人员查看设备的实时数据、报警记录、工效分析等多维度分析数据，随时随地了解现场情况，及时进行远程沟通，实现对设备的实时精准管控，保障工地的安全生产。

专栏4　施工现场设备管理案例

　　案例4：北京城市绿心三大公共建筑共享配套设施1标段项目中安装了12台塔式起重机，群塔交叉施工情况较多，并且和其他标段存在塔式起重机施工交界，碰撞风险较高。

项目采用运行塔式起重机监测系统后，实现施工现场塔式起重机设备的实时监控和智能化管理。平台综合应用5G、人工智能、边缘计算各类感知终端等先进技术，对施工设备运行情况进行实时、动态采集，有效支持施工质量、安全进度管理。一方面利用塔式起重机上安装的高空摄像头精确识别违规作业现象，通过数字广播及时提醒工人改正违规作业，达到更有效的实时现场管控效果。另一方面，运用平台预警信息统计分析功能，对塔式起重机管理提供塔式起重机循环次数、载重、报警信息等多维度数据分析，及时对塔式起重机司机和信号工进行针对性的安全教育，避免安全事故的发生。

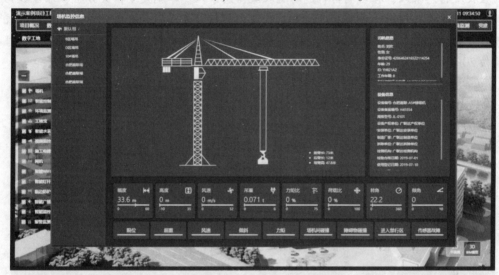

塔式起重机碰撞检测界面

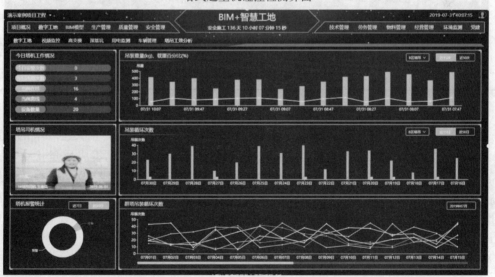

塔式起重机及操作人员状态实时监测示例

3. 施工现场物料管理

借助 AIoT 技术实现对施工现场大宗物资验收的智能管控。通过在施工现场地磅周边及磅房内部安装红外对射仪、摄像头、工控机、高拍仪、UPS 电源、磅单打印机等硬件，对物料进行快速入库验收、验收记录抓拍、一次过磅打印磅单等自动化、智能化管控，实现过磅现场实时情况的可视化、可追溯、可留存，有效避免人为因素造成的材料亏损，提升现场人员的过磅效率，同时通过对业务数据进行准确、实时收集，加强业务单据标准化管理，助力施工现场物资的精细化、高效化管控。

专栏5　施工现场物料管理案例

案例5：武汉市某公建大厦建设项目中采用智慧工地物料管理系统，实现对地磅材料进场验收及信息录入、移动端材料进场验收及信息录入、车辆皮重情况分析、综合数据分析等功能，对施工现场物料验收进行数字一体化管控，显著提升验收效率。根据项目统计数据分析显示，通过智慧工地物料管理系统，使得该项目材料使用量与其他同类型项目相比节约20%左右。

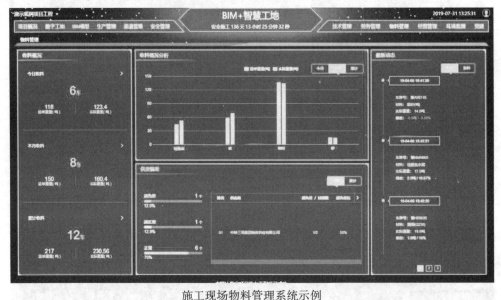

施工现场物料管理系统示例

---

4. 施工现场质量管理

建筑工程项目施工规模较大、工序复杂，借助数字建筑可强化施工关键环节的质量控制，确保施工过程满足质量管理要求。以 BIM 模型为载体，数字化集成质量检查项目维护、质量检查计划制定、过程实测实量数据采集、质量问题生成及整改、检查数据统计查询、分析预警等管理内容，贯穿质量问题的检测、分析、整改、复查等环节，对施工全过程质量进行严格监控和可视化展示，严把质量关，做到管理留痕，保证项目可控、在控、受控。

5. 施工现场安全管理

综合运用数字建筑领域技术手段，实时监控施工现场各监管要素的安全状态，实现快速发现、整改、复查安全隐患信息，有效预防和减少安全事故的发生。通过在施工现场安装鹰眼摄像机、球形摄像机、枪式摄像机等物联网终端进行数据采集，将现场视频数据传输到项目总控中心，实现施工场地实时监控无死角覆盖、远程查看施工实况、记录历史录像进行留存取证等。利用 AI 摄像头监测事件联动，协同智能广播、遥控寻呼话筒等方式有效提醒现场施工人员及时纠正违规作业，实现远程生产指挥调度，提高工人安全意识，保障现场施工安全。

专栏6　施工现场安全管理案例

案例6：石家庄市某医院项目中采用智慧工地质量安全管理系统进行施工现场远程监控、录像回看、广播联动及远程调度，实现对施工场地安全隐患的有效排查、迅速反应、实施决策等。在施工过程中未出现一例质量、安全事故，充分提高了建设工程的施工安全及现场处置能力，有效实现了安全管理升级。

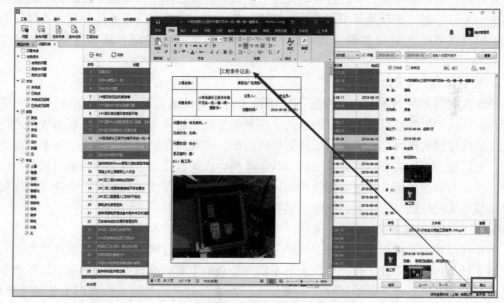

工程质量问题报告上传平台

四、智慧运维

智能物联时代运用数字建筑中BIM、云计算、大数据、智能控制等技术，赋能传统设备实现物联网化统一管理运维，实现设备与终端等建筑资产的可视化、精细化、动态化运维管理，提升建筑生态化、绿色化管理和运营水平。

（一）全过程可视化运维管理

智慧运维系统基于多维度数据在线监测实现全域运营生态可视化。通过在建筑内外部空间部署各类传感器、监控设备，采集建筑能耗数据、环境数据、水质管理数据、视频监控数据等，进行智能分析，实现全区域环境质量动态可视化。

在建筑能耗监测方面，可实时全面地采集水、电、油、燃气等各种能耗数据，动态分析评价能耗状况，辅助制定并不断优化绿色节能方案，控制耗能设备处于最佳运行状态。在环境管理方面，通过抓取传感器信息，实时监测温度、湿度、CO_2、PM2.5、PM10、CO、甲醛、噪声，对建筑空气、噪声等环境健康状况进行全面监测及管理。在水质管理方面，对影响建筑用水的关键指标水质参数，如浊度、余氯、pH 值、电导率等，进行长期监测和定期检测，全面提高供水水质，保障建筑用水的健康性、安全性，助力建筑以绿色、生态的方式运行，提升建筑品质、延长建筑寿命，打造舒适健康的生活环境，为绿色建筑运营优化提供关键支撑。全过程可视化运维功能主要体现在以下方面：

1. 信息化管理融合

要充分发挥智能运维的作用，首先要根据项目具体条件，建立相应的立体地图和数据库，确保 BIM 建模与现实要求相对应。通过相关技术分析，使资产的决策人员和财政人员能够更好地利用智能运维平台进行自动化办公，从而提高总体工作效能。BIM 技术在当前的应用中，大部分都与现有设备相连，只要打通一条通道，就能将设备连接起来。各部门的工作人员只要在系统上进行查询，就可以知道当前项目的设备状况，从而达到动态监控的目的。

2. 后勤管理一体化

平台在应用 BIM 技术时，要根据不同项目进行针对性的发展，把动态模型与工程资料相融合，以达到更好地服务于项目的目的。在基础模型构建完毕后，要对常规的数据进行数字化，取代传统的模块化，实现图纸和资产的表征，实现绿色、便捷的运维。对于有需要的部门，可以整合多种类型的监测，如设备状态监测、火灾监测等。确保对各单位进行全面的监测，主动收集相关信息并进行回馈；通过对当前部门内部现状进行分析，为进一步优化与调整提供坚实的依据，为今后长期的发展打下坚实的基础。

3. 统一的资料连接

BIM 技术相对于常规施工而言，其最大的优点是可以通过网络实现建筑信息的交换与分享。对于城市的重大基建工程，它们大都是面向公众的主要公共设施，它的建筑运维数据应该是互通的，智能运维平台的搭建应当满足这一需求。与此同时，一些部门主管通过手机、计算机等移动终端设备，可以实时掌握当前建筑状况，进而为指挥和调度创造条件。如在晚上进行员工的排班、采购过程的比较等，以实现轻量的办公，节约大量的劳动力。

4. 建立综合的设备系统

将设备和管线的布局与其实际地理地点相关联，使设备的外形、管线在建筑中进行可视化呈现，地面和地下的分布和活动范围通过整个系统的可视化，对设备的构造和各个子系统之间的相互联系进行监测，使多台设备的体系以一种明确的过程形式展现出来；并根据各行业的相关情况，对多台设备的工作状况进行全面的展示，并对各种设备进行联合调度。

5. 主动式运维管理

根据建筑的静态与动态数据，运用大量的数据挖掘与机器学习方法，对建筑内运维检测资料进行多维的统计与分析，得出了大量检测资料的深层规律及异常状况，以直观的方式进行辅助管理，达到节能降耗、辅助设备可靠运转的目的。例如，利用人工智能技术实现对水、电、煤等能源消耗进行可视化管理，并对每个阶段进行监控和统计；通过对非正常值的分析，可以获得用能的异常情况及线路，从而对能源节约进行有效的控制。

6. 运维管理信息系统的整合技术

在 BIM 技术基础上，实现了对建筑现有的楼宇自控、视频监控、能耗分项测量、废水监测等操作的智能化运维管理。例如在某医院新建大楼的施工中，在与客户签订的供应商合约中，明确规定了各个供货商要提供运维系统所能应用的数据界面，以便为以后的业务整合提供坚实的商业依据。在早期的建模过程中，首先要构建对应的监测装置，然后把各个监测的位置信息录入装备的属性中，将平台中的监测目标与楼宇自控中的监测数据进行比较，对实际的监测对象与平台中的监测数据进行整合。

（二）一体化运维管理

赋能资产设备物联网化实现一体化运维管理。建筑进入运维阶段，利用 BIM 和物联网技术对资产设备进行一体化监测管理与反馈，实时呈现建筑细节，并基于虚拟控制现实，实现远程调控和远程维护。针对建筑重要设备建立设备台账，便于日常的信息查看、录入、维修、保养使用。通过实时监测全面掌控设备整体状况和使用情况，及时进行设备状态跟踪、调控优化方案，简化设备管理工作，优化管理流程，为建筑设备科学管理提供有效的数据支撑。

设备健康智能维护云平台依托多年的工业行业数据产品及解决方案研发经验，在充分调研客户需求和多个行业实践应用的基础上，打造的具有高度可靠性和安全性的平台应用级产品。平台利用物联网、微服务、大数据、智能算法以及边缘计算等先进技术，通过对现场设备进行数据采集、分析以达到实时监测、故障预测以及健康管理的目的。

通过对设备进行数字化建模，构建适合现场应用的智能预警体系，利用智能诊断模型、人工诊断等多种方式在线提供诊断结论，并结合可视化技术展示设备的完整生命周期管理。同时，iPHM 平台能够提前告知设备潜在的故障，例如滚动轴承和减速箱早期故障诊断等，方便管理人员及时进行干预，从而降低设备运维成本，实现基于设备状态的维修或视情维修和自主式保障。iPHM 平台提供公有云/私有云/混合云部署方案，提供轻量级应用服务模式，方便满足建筑业企业标准化或定制化需求，大幅度降低企业数字化门槛与风险，帮助企业快速实现数字智能化转型。

作为一站式数据分析和管理平台，因联科技提供端到端的解决方案，底层通过公司自主研发的传感器，能够高效地进行振动、温度、转速、油液等数据的实时采集，除此之外，可通过其他协议接入设备的运行、工艺等多种类型的数据，基于因联科技自主研发的多维度报警体系，能够实现设备故障的准确预警，与传统预警方案进行比较，可减少至少 10 倍以上的无效预警。基于设备模型、预警模型和振动模型以及人工诊断的闭环处理方案，能够实现设备故障的精准定位，实现关键设备运行状态的自行监护。

企业管理人员或状态监测中心工程师利用基于 B/S 架构的网页浏览器即可满足对关键设备的状态监测、远程监视及分析的要求。同时，也可利用移动端微信小程序方式获取状态监测数据，见表 7-3。

表 7-3　设备健康智能维护云平台功能架构

自有模型库和算法包	平台提供可用于不同行业、不同类型的设备模型百余种，并结合行业经验、设备运行情况构建自有的预警、诊断、效能分析等算法包，建立起完善的设备故障预测与管理知识库体系
多源异构数据接入	平台提供统一、便捷的数据接入规范，具备多种协议的对接能力，提高数据对接的便捷性，降低投入成本

（续）

智能预警和实时推送	基于因联科技自主研发的智能预警体系，平台提供在线数据分析与智能预警功能，并支持告警消息的主动推送，保证信息的及时性
多租户多用户管理	系统提供多租户、多用户、多权限等管理能力，有效保障不同租户、用户之间的数据隔离和访问权限，系统提供良好的数据访问权限，保证访问的安全性
数据驱动与机理相结合	平台使用机理与数据驱动相结合的方式构建诊断模型，从而实现设备故障的智能诊断，同时提供专业图谱分析，方便进行远程故障排查和故障的精准定位
安全可靠的数据管理	基于业内知名云服务平台搭建，具备较高的安全管理能力。同时系统内部采用分布式部署等方案，有效保证数据的安全性

专栏7　基于机理分析+机器学习设备健康智能运维系统

案例 7：因联科技开发的设备健康智能运维系统通过对工业设备运行中的相关参数信息进行采集、筛选、传输和数据分析，预知设备运行故障，确定故障性质、部位和起因，并准确预报设备故障的程度和劣化趋势，为设备运维管理提供科学依据，实现工业设备的预测性维护，提高生产过程的连续性、可靠性和安全性。

实时监测	数据分析	智能告警	智能诊断
支持设备运行状态的实时展示	时域/频谱/趋势分析等实时振动分析	多参数趋势，基于故障算法模型的告警	基于AI对故障样本进行训练分析，实现自动诊断

设备健康智能运维系统平台功能

智能运维系统的开发有助于实现设备状态实时监测，规避人工巡检存在的诸多问题；设备故障提前告知，可以使潜在风险及时处理，缩短停机时间；远程故障诊断分析，提高诊断效率和准确度，降低维保成本；动态能效分析管理，有效提升设备产能，提高企业生产效率；设备故障预防性维护，防患于未然，实现主动反应，提前干预，延长设备资产寿命。

 状态监测与异常告警

以工业微服务中设备接入、设备管理服务为支撑，采用设备集群形式集中展示设备最新运行状态，对异常设备进行智能预警

 智能诊断与故障处理

以智能预警、故障诊断服务为支撑，通过故障计算模型准确评估设备故障部位，匹配相应处理措施与维修建议。同时支持多设备故障概览、异常设备诊断以及设备故障处理

 运行效能计算与分析

以能效分析与数据统计服务为支撑，深度挖掘设备运行大数据，配合多维度图标构成BI看板，直观呈现设备运行效能

 设备健康与全生命周期管理

以设备管理、故障诊断服务为支撑，以设备大事记为展现形式，提供设备全生命周期健康管理

平台功能概述

专栏8　建筑智能运维平台在线监测案例

　　案例8：天津市依托新一代人工智能创新发展试验区行动计划，开展"生态城公共项目资产数字化管理平台"专项课题，通过以城市信息模型（CIM）为基础，构建生态城公共项目资产数字化管理平台，实现生态城区域内公共项目的数字城市与现实城市同步规划、同步建设，打造数字孪生城市和智能城市。该平台的出现既能作为数字化转型趋势下智慧城市协同管理机制的实现工具，也是天津市新一代人工智能创新发展试验区行动计划中有关人工智能促进天津智慧城市建设的重要内容。

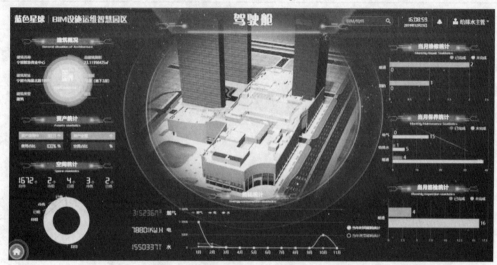

建筑运维管理系统界面

　　该数字化运维管理平台通过接入天津生态城国资公司提供的生态城海量实体项目数据及城市信息模型数据接口，通过CIM、物联网、人工智能等技术，超前布局新型智慧城市公共项目，支撑建设生态城智慧城市公共项目数字化管理中心，助力健全生态城大数据资产管理体系。

建筑运维平台资产管理模块

（三）基于数据驱动的超前预警

基于大数据挖掘分析实现超前预警和实时报警。对现场设备实时运行数据进行分析和深度挖掘，便于发现潜在故障因素，提前采取相应预防措施。针对系统状态异常情况可进行判断并发起实时报警，通过多维度数据可视化展示警告信息，实现事件的实时监测、故障分析、智能预测，能够有效检测系统异常并追根溯源，为建筑后期运营维护的实时决策和应急处理提供保障。

专栏 9　基于数据驱动的超前预警与实时报警应用实例

案例 9：重庆旱獭信息技术有限公司是行业应用系统＋物联网方案提供商，依托自主研发的 JetLinks 软件，积极大力投入物联网相关领域发展，致力帮助各行业企业以低研发、低运营、低维护成本快速创建各种业务场景，实现搭建高效、稳定、安全的物联网平台。平台从产品＋研发＋服务出发，多方位满足各类需求，与建筑领域诸多企业达成商业合作。

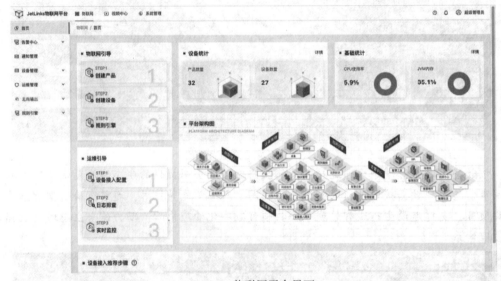

JetLinks 物联网平台界面

平台提供基于网络协议、云平台、边缘网关、视频通道等多种设备接入方式，提供基于 ReactorQL、自定义脚本计算、规则引擎等强大的数据处理功能。平台支持 Elastic-search、ClickHouse、InfluxDB、TDengine、Cassandra 等数据存储中间件，可自定义配置。平台提供所有功能 API 接口，第三方应用可轻松获取平台数据；同时支持 Oauth2 单点登录。提供基于可视化规则编辑器，以托、拉、拽的方式处理数据输入、清洗、计算、输出、存储等业务。支持设备和定时维度实时触发报警规则。支持报警推送、报警阈值、报警解除、报警限频等功能。

（四）基于机器学习的 PHM

基于机器学习对设备资产进行故障预测与健康管理（PHM）。PHM 技术是一门新兴的、多学科交叉的综合性技术，是实现装备从预防性维护向预测性维护转变的关键技术。PHM

技术的价值从时间因素、空间因素、经济价值等三个角度可以总结为减少紧急维修事件的发生、减少需紧急驰援事件的发生、减少财务损失和降低系统费效比。PHM 技术针对正在服役的大型设备，在维修更换数据和实时退化数据建模的基础上，进行可靠性的动态评估和故障的实时预测，以及基于评估和预测的信息制定科学有效的健康管理策略。

专栏10　设备故障监测与健康管理案例

案例10：设备故障预测通过基于故障的征兆指示和设备的退化过程进行机器学习建模，预测设备的剩余寿命、失效时间及失效风险。当系统、分系统或部件可能出现小缺陷和早期故障或逐渐降级到不能以最佳性能完成其规定功能的状态时，可以通过选用相关检测方式和设计预测系统来检测这些小缺陷、早期故障或性能降级，使装备维护人员能够预测故障发生时间，从而采取一系列预防性维修措施，不必等到故障发生才做出被动响应。故障征兆指在故障模式发生前或故障模式演变初期可以观测到的异常。

健康管理则是在各系统处于运行状态或工作状态时，通过各种方式监测系统的运行参数，并判断系统在当前状况下是否能正常工作（工作能力）。健康评估与诊断为提高装备的可靠性、可维护性和有效性开辟了一条新的道路。为了避免某些运行过程发生故障而引起整个装备系统瘫痪，必须在故障发生后迅速处理，维持基本功能正常，提高装备的利用效率和使用安全性，保证安全可靠的运行。

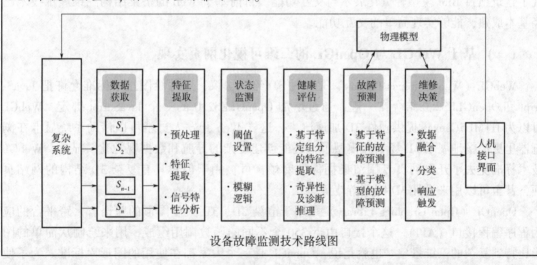

设备故障监测技术路线图

第三节　基于数字孪生技术的平台功能实现与应用研究

一、三维可视化与信息可视化

"数字孪生城市"依托地理信息系统（Geographic Information System，GIS）、建筑信息模型（Building Information Modeling，BIM）以及城市信息模型（City Information Modeling，

CIM）等数字化手段，开展全域高精度三维城市建模。自然资源部相关政策文件明确要求建设三维立体自然资源"一张图"，推进实景三维中国建设；住房和城乡建设部提出城市信息模型（CIM）基础平台建设要求，并印发了相关技术导则。鉴于此，平台应整合各类数据资源，构建三维地图引擎框架，并运用计算机技术实现三维数据可视化和各类数据的查询功能，实现地上地下三维模型一体化展示。

数量众多且在持续增加的建筑工程项目的管理问题是工程管理部门面临的严峻问题。世界各国针对各自国情相继开发出了多种工程管理系统，例如 Worktile、PingCode、CBMS 等。现有的工程管理系统具备基本信息管理、检测数据管理、技术状况评定、退化预测等功能，能够便捷地存储和共享信息，对建筑的技术状况进行评定。借助互联网技术，工程项目管理系统由 C/S 架构转向了 B/S 架构，管理人员可以通过浏览器方便快捷地登录系统界面从而实现可视化。

但是现有的工程管理系统（CBMS）大都利用表格、图片和文字展示信息，信息的关联性和可视化程度较低，限制了管理人员对信息的高效获取和应用。为提高项目管理系统的可视化程度，WebGL 技术被应用到项目管理系统中。基于 Web 的桥梁可视化管理系统能够无须插件在浏览器中直接浏览建筑结构的三维模型，实现了结构三维可视化，开发了基于 Web 的 BIM 三维模型浏览和信息管理系统，实现了 BIM 模型的展示和对 BIM 信息简单管理，实现了建筑项目 BIM 模型轻量化展示与交互功能。目前基于 Web 的桥梁结构三维展示技术已经基本成熟，能够实现简单的交互功能。

（一）基于 WebGL 与 OpenGL 的三维可视化网页实现

WebGL（Web Graphics Library）是一种 3D 绘图协议，这种绘图技术标准允许把 JavaScript 和 OpenGLES2.0 结合在一起，通过增加 OpenGLES2.0 的一个 JavaScript 绑定，WebGL 可以为 HTML5Canvas 提供硬件 3D 加速渲染，这样 Web 开发人员就可以借助系统显卡在浏览器里更流畅地展示 3D 场景和模型了，还能创建复杂的导航和数据视觉化。显然，WebGL 技术标准免去了开发网页专用渲染插件的麻烦，可被用于创建具有复杂 3D 结构的网站页面，甚至可以用来设计 3D 网页游戏等。

OpenGL（Open Graphics Library）是用于渲染 2D、3D 矢量图形的跨语言、跨平台的应用程序编程接口（API）。这个接口由近 350 个不同的函数调用组成，用来绘制从简单的图形比特到复杂的三维景象。也就是说，OpenGL 是一个大家都在使用的图形库标准。为了使 OpenGL 可以在 Web 开发中得以应用，WebGL 封装了 OpenGL 的 JavaScript 实现，而实现的 WebGL 又因为 API 比较多，实际开发起来比较麻烦，于是 Three.js 又在 WebGL 上面给封装了一套，这样就可以使用 Three.js 来完成 web3D 开发了。

Three.js 是一款运行在浏览器中的 3D 引擎（基于 WebGL 的 API 的封装），可以用它来创造你所需要的一系列 3D 动画场景，如在线试衣间、医疗设备可视化等。Three.js 采用面向对象的方式建立三维程序，场景（scene）、相机（camera）和渲染器（render）是 3 个基本对象，如图 7-8 所示。首先，场景提供一个三维空间，结合几何和材质能够形成模型网格，将模型网格添加入场景就形成了模型空间；然后，利用相机观察模型空间，在观察范围内的物体能够被渲染，而范围之外的物体不会被渲染；最后，利用渲染器在 Web 浏览器中将相机观察范围的物体渲染出来。

（二）可视化平台总体设计思想与框架体系结构

三维平台的设计以符合软件规范、有效提高工作效率、界面友好、便于实际运用和操作为指导思想，采用面向对象的设计思路，利用原型法进行设计。一方面保证系统的实现过程与实际应用相符；另一方面让用户参与平台的开发，保障其对平台的基本维护能力和深层次的应用。

三维可视化基础信息平台设计的基本思想是以数据为基础，在三维可视化信息平台中展示城市地上地下的各种数据信息，将空间数据与属性数据、二维数据与三维模型相结合。三维可视化基础信息平台的总体框架结构如图7-9所示。

可视化平台数据挖掘研究及市场信息可视化展示平台应用架构区分为八大模块，见表7-4。

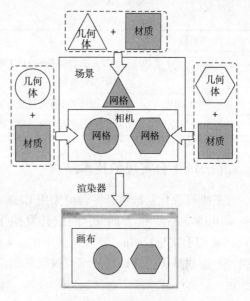

图 7-8　Three.js 基本对象

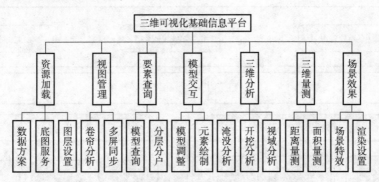

图 7-9　三维可视化基础信息平台总体架构

表 7-4　可视化展示平台应用架构八大模块

模块	功能描述
首页	可视化展示页面，对各类数据分析结果数据进行多样化展示
外部数据管理	为获取外部的公开数据，通过配置网络爬虫、数据页面接口的方式自动获取外部数据
交易数据管理	收集区域内的市场主体数据，包括电力用户、交易中心、售电主体、电网公司、调度机构等市场主体，配置区域内发生的交易类型，实现对市场交易数据的展示和维护
指标体系管理	对电力多边市场大数据指标体系进行维护，包括指标体系的层级关系及计算逻辑，数据分为系统维护类指标和公式计算类指标。系统维护类指标指系统初始指标，由业务人员通过导入的方式进行维护。公式计算类指标通过系统初始指标计算得来，由系统页面配置公式来进行维护
数据挖掘分析	模块内配置了预测、分类、聚类等算法，可针对特定场景对数据进行数据挖掘分析
数据配置管理	本平台的外部数据维护入口，可灵活接入其他系统数据，通过配置数据源信息，构造数据集分析主题，为后续多维可视化分析提供数据

(续)

模块	功能描述
数据多维分析	平台的数据多维分析工具,可针对不同的数据集进行多维数据钻取,通过多类别的图标形式进行展现
其他工具	支撑日常工作所开发的定制化小工具
用户管理	实现对平台用户账号、权限等进行统一管理

(三) 平台实现的技术结构

三维可视化基础信息平台可采用 Cesium 引擎,页面开发采用 Vue 和 ElementUI,后端服务采用 GeoServer 和 Tomcat,前端开发使用 Visual Studio Code 软件。通过 Webpack 配置将 Vue-cli 脚手架与 Cesium 整合,使用 Vue + Cesium 进行组合编写代码,开发相应的 Vue 功能组件,搭建基于组件式的三维可视化基础信息平台,实现菜单和业务功能的分离,如图 7-10 所示。

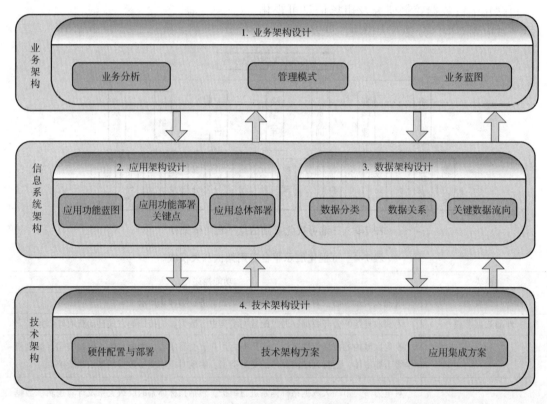

图 7-10 平台实现的技术结构

平台功能描述基于 Cesium 的三维可视化基础信息平台采用浏览器/服务器 (Browser/Server, B/S) 模式,在功能上可分为服务器端功能和客户端功能两大部分。三维可视化基础信息平台系统主要包括客户端可视化展示、查询分析模块、服务器数据存储以及服务发布模块。

1. 服务器端功能描述 (Server)

服务器端功能主要包括空间数据信息的维护管理与属性信息的管理和维护两种功能。其中：空间数据信息的维护管理包括二维地图数据和三维模型数据的增加、删除、修改及发布等功能；属性信息的管理和维护包括图层和模型关联属性数据的定义、修改、录入及编辑功能。

2. 客户端功能描述（Browser）

客户端功能包括地图操作、数据服务管理、视图管理、环境管理、模型加载调整、查询分析以及在三维图上量算等功能。

（1）地图操作　地图操作功能主要包括地图的放大、缩小、漫游以及场景刷新等操作。

（2）数据服务管理　数据服务管理功能主要包括地图服务、地形服务的加载切换，数据方案的加载、清除、切换以及各类图层的开关管理等。

（3）视图管理　视图管理功能主要包括初始视口、设置卷帘分析效果、自定义双屏三屏和多屏浏览以及实现二三维数据分屏同步展示。其中：视点的添加、删除、修改功能便于三维可视化基础信息平台资源加载渲染、设置视图管理、要素查询、模型交互、三维分析、三维量测、场景效果、数据方案、底图服务、图层设置、卷帘分析、多屏同步模型查询、分层分户模型调整元素绘制、淹没分析、开挖分析、视域分析、距离量测、面积量测、场景特效点的快速定位；飞行路径可设置停靠点等功能模块。

（4）环境管理　环境管理功能主要包括雨、雪、雾等环境特效的添加和移除，光照、阴影、深度检测以及地下模式等场景开关设置，地形透明的开关及其透明度的调节，界面工具栏、时间轴、比例尺等小工具的开关设置。

（5）模型加载调整　模型加载调整功能主要包括根据路径加载模型、位置拾取和设置、模型的旋转平移以及单击模型并标注属性等功能。

（6）查询分析　查询分析包括查询功能和分析功能。其中：查询功能包括要素识别、信息点（Point of Information，PoI）查询定位、单击楼栋进行建筑单体化和模型分层；分析功能包括地形的开挖效果和挖填方计算、模型的控高分析、绘制点线面并设置范围进行缓冲区分析、可视域分析、洪水淹没模拟分析、地形地物的剖面分析以及通视分析等功能。

（7）三维图上量算　三维图上量算主要包括距离量算和面积量算。距离量算功能包括水平距离、空间距离、垂直距离、地表距离以及三角测量功能，通过在图上选点画线实现距离量算；面积量算功能包括水平面积、空间面积以及地表面积量测功能，通过在图上单击画面实现各类面积量测。

（四）平台技术特点

基于 Cesium 平台定制开发，优化数据组织和管理，开发人员可实现完全自主可控的三维可视化基础平台，可支持商业和非商业免费使用，并且可申请自主知识产权保护。

1. 基于主流开发技术的 UI 构建方式

目前，主流的 3 大前端框架分别为 Vue、React 和 Angular。其中，Vue 是一套用于构建用户界面的渐进式框架。系统设计选择 Vue 与 Cesium 开发，实现响应的数据绑定和组合的视图组件。

2. 形成统一的三维数据预处理和数据发布模式

通过对矢量数据转换、影像数据重投影、数字高程模型数据生成以及三维数据切片处理等流程的探索，三维平台流程形成了统一的二三维数据预处理。GeoServer 和 Tomacat 作为服务器，具有良好的服务能力。

二、智能辅助决策系统实现

在基于三维可视化技术的基础上，决策支持系统（Decision Support System，DSS）在支持多维分析的管理能力方面具有较大优势。它使管理人员能够分析海量数据，识别相关知识，并根据不同的实际情况快速做出相应决定。建筑运行数据均存储于数据仓库（DW）中。在数据仓库中，所有数据按照统一标准进行组织，以方便数据分析和演示。这种使用数据和多维表格的编码模式通常被称为多维模型。其中，数据是关于业务绩效的观察，维度是描述业务测量的一组属性，数据与维度相结合，生成模型或表格。通过使用多维模型，管理人员能够整合、分析和可视化大量数据。

以建筑能源管理系统（BEMS）为例，BENS 是支持能源管理流程的决策支持系统，包括监测、分析、控制和优化能源使用。一般来说，BEMS 可以最大限度地降低能耗，并最大限度地提高能源使用效率。BEMS 的功能主要分为四部分：①整合来自不同来源的能源数据；②使用数据访问工具分析建筑物性能；③将能源相关数据可视化；④生成报告。所有这些功能都必须基于通用的数据模型。目前，虽然在信息系统领域已经建立了多维模型，但为能源管理创建一个可供参考的多维模型却很困难。首先，现有能源管理标准并未提出精准并一致的能源管理业务要求。其次，这些标准并没有提供适当的细节来推导准确的信息需求。除此以外，业务流程系统化对于获得准确的模型制定是必不可少的，模型的不完整或不准确，都会导致信息丢失，导致开发和维护成本增加。

数智驱动的人机协同智慧决策系统虽然并未成为完整的框架体系贯穿项目全过程，但是现在已经在部分阶段实现了辅助决策的功能，本章将介绍数字孪生实现智慧决策在建筑领域实现空间布局设计、建筑应急管理、设备故障检测等应用服务。

（一）建筑设计空间布局

提到人工智能在建筑领域的具体的应用场景，首先不得不提到空间布局问题。设计师在对空间进行排布的时候，通常是基于行业共识，进行相对有据可循的空间设计；因此，这种"排平面"任务大多是有一种内在逻辑支撑。所以，平面设计非常适合人工智能的应用。现有研究就已实现了使用图像到图像的神经网络（GAN）来训练智能决策模型，使其依据平面图边界自动生成内部的布局图纸，如图 7-11 所示。

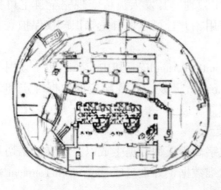

图 7-11　从平面边界到设计图的机器学习

但 GAN 的缺点也很明显，这种"一对一"的神经网络根据一种平面边界，只能给出一种平面图，而建筑师往往能给客户设计出多种方案。为了解决这个问题，我们将平面图进行了矢量化处理，如图 7-12 所示，从图形学而不是图像学的角度来重构平面图数据，使得数据本身的表达更具接近本质的抽象逻辑。

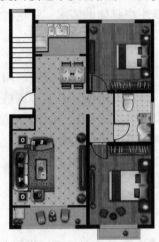

图 7-12　户型图的矢量化

基于矢量化的数据，我们以户型图的生成为例，训练了一个混合式的神经网络，如图 7-13 所示。人工智能模型不再只从表面的图像上去理解一张户型图，而是真正学习户型图背后的矢量逻辑，以更接近建筑设计师思考的模式来生成多种户型图方案。

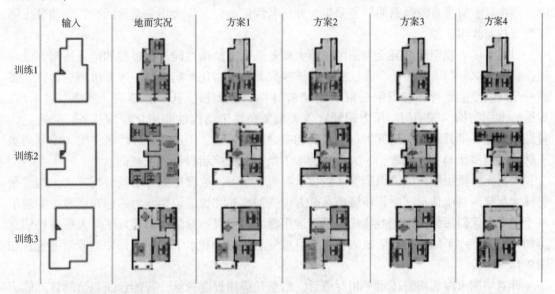

图 7-13　平面布局问题的多解性

在这种混合式的神经网络的作用下，对于一张用户输入的户型边界，程序可以自动生成多达 200 种不同的户型图，其中涵盖了各种户型配置，比如一室一厅或两室一厅等。其中也不乏一些具有特色的方案，比如拓宽的阳台空间或较大的厨房等，可以充分满足用户的不同需求。

对于空间布局问题，以上我们给出的是一种基于大数据学习的解决方案，可以替换不同的数据，比如商业楼的平面图，就能训练人工智能来学习并生成不同类型的建筑平面。

除此之外，另一种解决方案是基于评价函数和多目标优化算法的。这里以强排问题为案例来介绍这种解决方案。强排问题可以理解为，在空间中摆放多个建筑物，使得它们满足一些强制要求的同时，又能带来最大的优势。我们根据用户具体的需求，将这些强制要求和优势的评价写成了数学公式，通过人工智能的优化算法来寻找公式之中的最优解，进而生成强排方案。

空间布局问题的另一种求解模式即基于评价函数的优化。程序首先读取用户预设好的场地和建筑信息。算法在随机尝试多种强排的可能性后，逐渐收敛到若干种可行解，最终找到最优化的解。这个最优解兼顾了场地周边的河流带来的景观优势和采光距离的要求等，形成了一种强排方案。在空间布局问题上，基于数据和基于算法的解决方案所适应的条件是不同的。我们在选择解决方案的时候，应当评估数据获取的难度和算法求解的难度，然后定制化地决定不同任务适应的技术手段。

（二）水坝的防灾减灾

中国水库大坝数量众多，施工期与运行期积累了长历时、多尺度、多源异构海量信息，但信息之间缺乏有效交互，信息繁杂，增加了信息融合难度，造成信息交叠浪费。针对传统水库大坝信息采集方法存在机动性不足、可维护性差、缺乏时效性，以及在信息融合过程中缺乏能够对大坝海量多源异构信息进行深度融合与可视化分析的成熟理论与方法，研究提出水库大坝多源信息透彻感知、智能分析、特征融合与挖掘的成套理论和方法，为实现多尺度、多维度、海量多源数据的智能采集、分析与深度融合，为大坝安全诊断与智能预警提供理论支持与技术支撑。

目前水库大坝钢筋混凝土和钢结构等大型复杂水工结构性能演化过程的定量检测方法与损伤断裂测试装备尚不完善，无法深入系统探究其相应劣化影响机制与灾变机理。为此，需进一步研发复杂运行环境下钢筋混凝土结构（如挡水面板、孔口、隧洞、闸坝、进水塔、廊道）和钢结构（如闸门、压力钢管）等大型复杂水工结构性能演化测试装备，并通过大量试验研究明晰其细观及局部劣化与宏观响应之间的关系，揭示恶劣环境条件下大型复杂水工结构性能演化与灾变机理，为大型复杂水工结构灾变控制提供理论基础。

采用无人机摄影、图像识别等高新技术与机器学习、数据挖掘等智能分析算法，构建了包括大坝空间基础信息、服役环境信息全方位透彻感知和智能识别能力的感知体系，实现了基于无人机倾斜摄影的大坝参数化建模，运用深度学习目标检测网络实现了对大坝现场信息感知，设计了水下结构物表面缺陷仿生双目视觉测量方法和水下偏振成像缺陷监测系统，如图7-14所示。

针对中国水库大坝管理水平相对滞后、信息化应用程度较低、智能诊断与协同管理能力薄弱等突出问题，利用现代信息技术手段，全面感知多源信息，通过数据融合，研究建立大数据环境下大坝安全诊断指标体系及评判准则，提出大坝安全多维多源信息的决策融合方法，构建大坝安全综合评估知识工程与智能诊断模型，集成高效精准的健康诊断与除险决策、预测预警与优化调度、风险评估与应急管理等一体化的智慧管理决策系统，实现大坝安全智能诊断与智慧管理。项目重点解决的两大关键技术问题包括大坝结构与服役环境互馈动

图 7-14 基于 BIM 技术的可视化分析

态仿真技术和大坝安全智能诊断、预警及智慧管理关键技术。

针对大坝材料参数、边界条件、荷载、监（检）测信息、力学模型及淤积、地质灾害、超大或超长历时洪水、极端气温（持续高温或冰冻）、旱涝急转、水位骤升骤降等服役环境多源信息不确定性，研究大坝结构与服役环境多源信息不确定性的传递累计效应及降低技术，在此基础上研究融合多源信息的大坝建模与参数综合反演技术，动态服役环境下大坝四维全景仿真技术，揭示大坝结构与动态服役环境互馈机制与长效服役性能演化规律，并研发基于 BIM 的大坝结构与服役环境互馈智能监控技术。

基于现代信息技术手段，通过研究大数据环境下大坝安全智能诊断与预警指标体系及评判准则、安全智能诊断模型，以及结构性态预测预警自适应优化方法、智慧决策理论与方法，提出大数据驱动的大坝安全智能诊断、预警与智慧管理成套技术，如图 7-15 所示。

基于系统安全理念，围绕以工程安全、公共安全、生态安全的智慧管理目标，深入分析了智慧决策内涵，即透彻感知、全面互联、深度融合、广泛共享、智能应用、泛在服务，在此基础上构建了具有预测、预警、预演、预案"四预"功能的智慧决策架构体系，为优化决策过程、科学化决策方案提供了借鉴，如图 7-16 所示。

大坝安全管理决策影响要素动态演化机制，突破了大坝安全管理决策研究的传统线性思维和局部视野，系统考虑组织、人员、技术多层级风险因素，构建了决策影响要素因果反馈回路，形成了风险演化过程与管理决策互馈调节结构。揭示了预警时间、组织抢险能力、群众风险意识、洪水淹没程度与决策效果的动力学演化机制，为大坝安全管理智慧决策提供了理论支撑。

（三）设备故障检测

随着人工智能的快速发展，基于数据驱动的机器学习算法被应用于设备故障检测领域，故障诊断即利用设备运行时的状态参数变化来判断其性能变化，具有信息来源稳定、信息量丰富等特点。该方法沿用了早期设备管理人员对相关设备装置的故障诊断思路。首先实时获

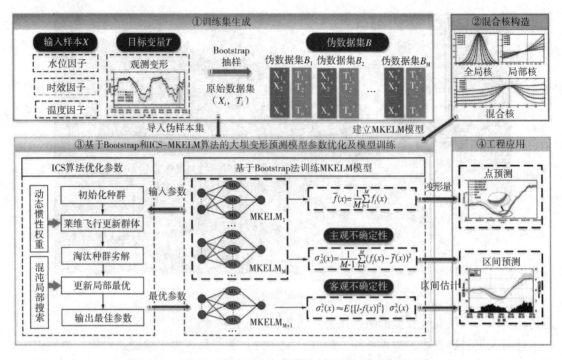

图 7-15 大坝安全智能诊断、预警与智慧管理成套技术框架

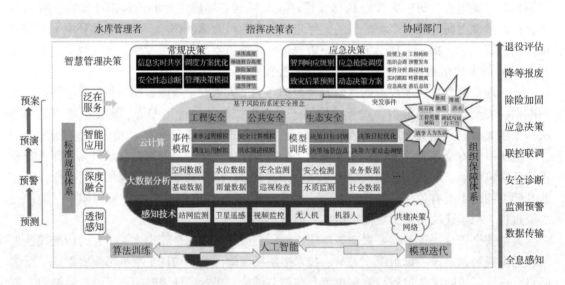

图 7-16 水库大坝安全管理智慧决策架构体系

取系统的特性参数，并基于设备或子系统的即时数据进行在线计算以获取其性能指标，当性能参数的蜕变程度超过既定阈值，则判定故障发生。具体流程如图 7-17 所示，主要包括数据预处理、性能计算、性能分析、故障判断、故障信息输出等基本过程。

基于模型和基于知识的故障诊断方法的本质均为依靠对设备及相关故障的先验认知而进行的故障判别和分析，然而，其仅对预期故障具有分析能力，对于非预期故障则无用武之地。为了提高诊断系统的适用范围，需引入大数据驱动的故障诊断方法，其基本思路为根据故障类型来构建输入输出节点数量有限的具有高度适应度的神经网络，并按照实际子系统构建神经集群，进而建立整个神经网络集。该方法不仅可以有效解决大规模神经网络训练过程的时间复杂度和空间复杂度极高的问题，还有利于神经网络局部结构的更新以及诊断功能的拓展，从而为系统的逐渐完善创造条件。大数据驱动故障诊断子系统的基本流程如图 7-18 所示，主要包括定义故障状态、数据预处理、网络结构构建、训练、故障诊断等 5 个基本流程。

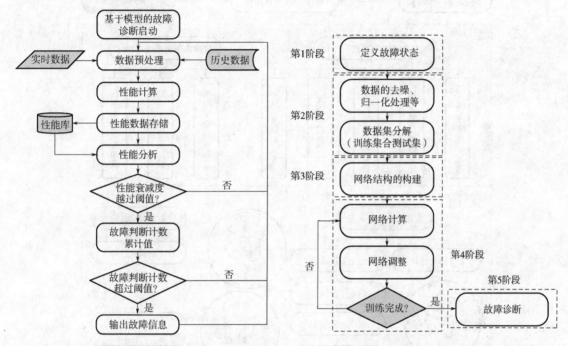

图 7-17　基于模型的故障诊断的基本流程　　　图 7-18　大数据驱动故障诊断的子系统的基本流程

故障诊断系统主要包括基于模型、基于知识和大数据驱动故障诊断子系统三部分，其中基于模型的故障诊断子系统包含故障诊断模型运行管理、故障诊断模型维护管理和基于模型的故障参数设置等多个子功能模块；基于知识的故障诊断子系统包含故障树搜寻管理、故障树维护管理和基于知识的故障参数设置等子功能模块；大数据驱动故障诊断子系统主要包含神经网络诊断计算管理、神经网络训练管理和大数据驱动的故障参数设置等各子功能模块。故障诊断系统的主要建设流程如下：

1）孪生体模型的构建。基于设计参数，采用 V-Das 分析平台完成计算分析模型的构建。

2）故障特征参数集的构建。根据系统工况范围来确定其典型工况集，以主要特征参数为基础，通过合理的激励进行参数故障相关度计算和分析，进而得到故障特征参数集。

3）性能计算模型的构建。以子系统或设备为单元，对研究对象进行分类，并构建反映对象性能的计算模型，从而完成模型性能的在线计算。

4）故障树集的构建。以先验知识为基础，按照故障树的基本要素，完成故障层级的分解、模型参数的分解，并通过统一的方式实现模型参数关系的表征，进而结合节点参数来构建整个故障树及故障树集。

5）神经网络的构建。基于"小网络集群"的思想，以子系统或设备为对象，确定输入输出节点的数量及内容，并通过"自调整"的方式构建各个小网络的结构，进而完成整个网络集群的构建。同时，需在运维平台设定标准的通信接口，用以与其他系统联合进行深入分析或为其他系统提供数据输入。图7-19所示为运维平台的工作流程，主要包含系统动态模型启动、运维平台设置信息加载、智能控制系统初始化、故障诊断子系统初始化、智能控制功能启动、故障诊断功能启动等功能环节。

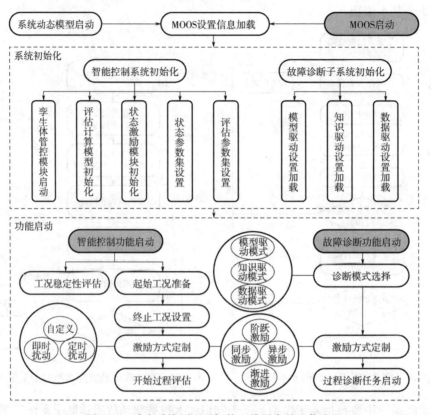

图7-19 动力系统原理型智能运维平台的工作流程

对于舰船典型蒸汽动力系统的凝给水子系统，通过修改给水旁通阀的性能参数进行故障注入，并采用智能运维平台进行故障诊断。根据综合分析，得出了系统给水旁通阀严重阻塞的故障诊断结果，该诊断结果与故障注入一致，验证了方法的可行性。通过在蒸汽动力系统虚拟设计分析及试验平台（V-Dats）上扩展故障诊断及智能运行模块（MOOS），即可实现本文提出的数字孪生智能运维架构，以及基于综合平稳度的智能控制技术以及复杂系统综合故障诊断技术，对于智能运维平台的建设具有重要意义。

三、信息安全分析

（一）数据安全管理

智能化平台系统依托现代计算机技术、传感技术和互联网而广泛应用，在时代更迭和技术发展下，让不同行业凭借科技的优势推动建筑行业的发展，让建筑业更快速成长，转变以往建筑安全体系建设观念，以信息化、智能化、数据化为中心，建构智能化安防系统，提升建筑的建设质量以及服务性能，满足不同阶段便捷化、安全性的需求，通过安全防范系统建设，对各个子系统的协调与控制，有效控制和降低建筑施工阶段的作业风险，改善了建筑施工的环境，提升系统运用和风险把控效率，让建筑业更好地适应当代绿色、环保、安全、节能的主题思想，在合理控制成本和确保施工安全以及建筑质量的情况下为企业谋求更多经济效益。与此同时，建筑智能化系统的建设，有助于相关行业对信息化智能设备的应用。此外，为了进一步推动建筑智能化系统落实，需要结合新时代建筑工业发展背景和城乡发展建设的协调性问题，运用绿色发展理念，以技术效能加强住房信息安全的保障，打造绿色、节能、环保、智能的新城市。

（二）智能化信息安全防范系统基本要求

1. 划分风险等级，科学设计安全防范系统

数字城市的建设需要在安全防范管理系统上全面考量，以确保建筑区域安全为建构目的，加强技防系统设备应用，提升技防设备安全性能。其包括根据现代物理和电子技术对建筑内部或外部的异常和入侵破坏行为及时发现并控制，通过系统对风险的自动化识别，产生声光报警现象，提高对风险的警示作用，并根据监控功能实时录制风险发生时以及整个发展过程的图像和声音，为后续风险问题的处理提供破案的支撑凭据，以此提醒小区安防值班人员和管理人员针对此问题，采取相应的防范措施。具体来说，一是要根据智能小区保护对象的风险等级和安防要求，确定相应的风险防护级别，满足小区整体以及局部不同防护的要求，提升小区安全防护水平；二是结合智能小区的建设质量标准、功能以及安防管理要求，充分利用电子信息技术、计算机网络技术等，以技术效能打造先进的、可靠的、适合的安全防范体系；三是加强安全防范主系统与各个子系统的配合度和协调度，按照国家相关安全防范技术规则和智能小区建设标准，以用户需求为中心，采用集成化、规模化、标准化的应用方式，适应和满足当下智能建筑工程建设与技术发展的需要。

2. 优化智能小区各个基础设施，建立集中化管理

智能小区安防建设会根据不同区域范围设置相应的防范系统，通常会在小区周围、重点区域、室内等安装安全防范装置，并在公共区域、重点部位设置视频摄像头，由小区物业公司进行统一管理。为了进一步提升小区的安全防范水平，小区智能化安全防范系统建设需要优化和科学设置各个子系统，以集中化管理加强对各区域的智能化监管。一是在室内设置家庭防盗报警系统，通过安装家庭防盗或紧急求助报警装置，并与小区物业管理中心计算机系统、公安报警系统进行联网，提升风险处理效率，并以系统监控功能记录报警事件发生的全过程；二是在楼宇单元入口处或者进入户门处安装访客对讲以及可视化监控系统，并安装电子控制防盗门，便于住户对访客的监控；三是在小区周边围墙处和小区主要出入口以及公共区域中的重点部位设置电子监控系统、报警系统以及门禁系统。电子监控系统在很多小区中都有设置，但问题是对系统应用程度还有待加强，要让监控系统发挥实际作用，而非流于形式。当风险发生时小区物业管理中心就可以根据视频监控系统的记录自动或手动切换系统图像，查找风险问题并采取措施。同时，在小区周边和大门出入口设置安全防范系统是至关重要的，这些出入口通常也是风险常发生的区域，一方面，小区应用门禁系统要在小区大门、地下车库、公共大门、侧门等设置门禁；另一方面，在这些关键区域以及平常防范性不强的

小区围墙周边安装探测装置，并与小区物业管理中心计算机系统进行连接，一旦发生非法翻越围墙或者没有小区 IC 卡、系统人脸识别不出等问题，就通过报警系统自动发出警报，并将报警信息保存和实时记录下来。

3. 以新时代信息安全理念，利用可信计算技术

通过利用互联网，将不同建筑智能化系统集中管理，有效对智能建筑各系统进行控制，这种系统在为建筑赋能、提升智能化控制能力的同时，也为各子系统及集成管理的安全与系统应用带来安全隐患。相关建设和管理部门也对建筑智能化系统化的安全性问题给予高度重视，针对建筑智能化系统安全体系加大了研究，更新防御技术，从不同方面满足新时代智能家居风险防范的要求。一是树立信息安全的理念，从信息安全的防御方式更新上着手。以往信息安全防御方式主要是通过防火墙、病毒检测等建设安全防范体系，但是缺少防御主动性，信息安全仍然无法得到可靠的保障。因此，要从内患问题上入手，以新的信息安全理念，运用"防内为主、内外兼防"的模式，提高使用节点自身的安全。二是运用可信计算理论，采用可信计算技术，从根本上解决信息安全问题，弥补计算机系统中的安全漏洞。目前国内可信计算技术相对比较成熟，通过国内自主研发的 TCM 模块在技术上和市场上都获得了成功。因此，建筑智能化发展可以依靠可信计算密码模块，构建智能建筑安全体系，运用国内成熟、可靠的可信计算技术研究成果，打造智能建筑网络的可信终端产品，建设可信计算的密码应用平台。

第七章课后习题

1. 请尝试对建筑业智能化平台进行需求分析，探索建筑项目中的业务流程，简述在功能实现层应包含哪些功能模块。

2. 请简述基于数字孪生技术的协同设计有哪些优势，可以规避哪些方面的风险。

3. 你认为智能审图系统是否可行？智能审图的实现需要基于哪些技术？

4. 请列举数字孪生技术在智慧工地施工管理方面还有哪些应用场景。

5. 请查阅相关文献，简述施工安全管理具体应用实例。

6. 请简述建筑项目智慧运维管理的必要性与优势。

7. 请思考基于数据驱动的超前预警与实时报警都可以应用于工程项目的哪些场景，为生产施工乃至生活安全提供哪些便利。

8. 请简述人工智能在建筑设计领域的具体应用。

9. 基于数据驱动的故障诊断流程是怎样的？如何实现建筑设备故障诊断？

10. 如何保障数字孪生平台的信息安全？平台信息安全管理需要哪些技术支持？

第八章　数字孪生在建设工程项目管理中的应用实践

第一节　智慧运维管理实践——中新生态城公共项目资产管理平台

一、案例概述

人工智能作为科技跨越发展、产业优化升级和生产力整体跃升的驱动力量，可以有效解决现阶段城市公共项目资产数字化管理中的信息共享闭塞、决策方案智能化程度低等问题。工业互联网、物联网等新兴技术和产业的落地应用，推动了计算机技术与传统工业设计制造工业的深度交叉融合。基于计算机技术实现物理世界与数字信息世界之间的数据传递与虚实映射，成为重要的研究问题。在此背景下，数字孪生技术应运而生，且已经被应用至卫星技术、远程手术、智能汽车、设备维修与故障诊断、复杂工业自动化控制系统等多个方面。

中新天津生态城区域内示范项目将数字孪生技术融入资产数字化管理，搭建生态城公共项目资产数字化管理平台，平台界面如图8-1所示。打造智慧城市建造的国家级标杆，拓展更多可复制、可推广的应用场景，为生态城公共项目资产管理转型升级注入全新的"数字动力"。

公共项目资产管理平台依托天津生态城海量数据和丰富应用场景的优势，打造生态城智慧城市信息化、绿色化典型应用与示范。以数字孪生技术统筹区域内工程项目资产管理实现"物联""数联""智联"的应用，构建实施工程项目大数据平台中心，研发资产管理方案智能决策推优系统，健全生态城资产管理体系及解决方案，

图8-1　生态城公共项目资产数字化管理平台界面

形成具有深度学习能力、虚实融合的建设工程资产管理和运营模式，推动生态城区域治理能力与治理体系的形成。资产管理平台架构如图8-2所示。

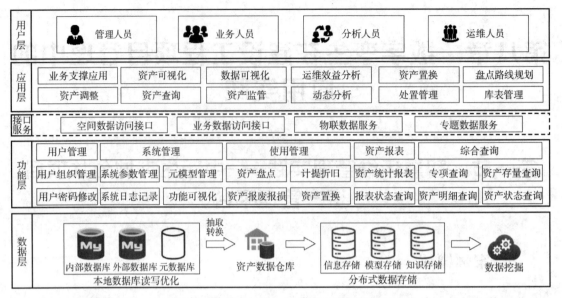

图 8-2 公共项目资产管理平台架构

数据层由组织资产管理过程中内部和外部产生数据库以及资产数据化元数据库组成，库中整合数字化的实物资产和数据资产。其中数字化的实物资产经过数据质量评估过程，将数据库中合格数据抽取、转换和加载统一后汇聚到资产数据仓库，资产数据仓库出于决策支持和进行分析报告而创建，可整理组织中多源异构数据，提供全方面制定决策计划的辅助能力。通过汇聚不同种类数据资产信息，挖掘和发挥数字潜力，以数据驱动资产管理流程再造。

利用数据层中数据信息构建数字化管理系统基础功能，主要功能涵盖资产全场景、全生命周期管理情景，并依托空间数据访问接口、业务数据访问接口，综合物联数据服务和专题数据服务，完成基于地理信息模型与 BIM 模型相融合的资产可视化管理，将组织中各管理要素诸如地理信息、建筑信息、资产信息进行有机融合，针对数字化管理业务提供有力支撑，实现资产数据可视化，分析部分固定资产运维信息，动态掌握资产状况，同时规划资产盘点路线，为分析人员和运维人员制定切实可行的管理方案。

同时系统基于城市信息模型（City Information Modeling，CIM）技术建立符合智慧城市信息化、绿色化公共项目管理规定的多功能子系统联动底层数据架构。构建公共项目现存设备资产运维子系统，保障智慧城市数据资产运营状态，融合网络安全技术和数据挖掘技术构建公共项目资产数字化安全保障子系统，为城市公共项目安全管理提供科学决策，为各类细分数据资产管理工作提供支撑，为政府机构、企业单位和公众用户提供城市风险预警、运维大数据展示等功能。

依托平台管理框架及业务需求，实现管辖范围内立项项目、新建项目和建成项目的全生命周期中文件、模型等数据信息的统一管理。通过调用区块链网络进行项目有关信息新建、编辑，完成文档、数据和模型导入。将项目建设全生命周期中资产信息不断更新、汇总、归类，并形成完备项目档案，根据项目需要提供相关文件的查询和下载功能。

二、平台功能

天津生态城公共建筑资产管理对象包含众多公共建筑（医院、学校、办公楼等）及相应设备资产。通过构建公共建筑资产数字化管理平台，可以提高公共建筑资产运维管理的智能化程度。图8-3所示为平台功能构成图，该平台实现了 BIM 模型数据、GIS 数据与物联网数据的集成与展示，且具有公共建筑资产管理、设备管理、备件管理等功能。

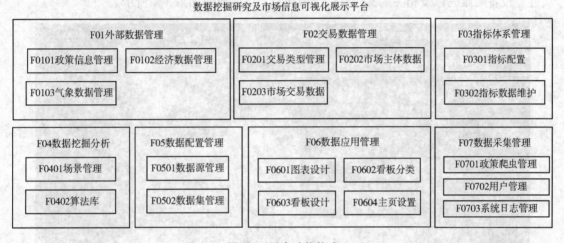

图 8-3　平台功能构成

为了实现资产管理目标，还需要建立相应的信息化管理工具，通过企业的电子办公系统（OA）建立了适用于三级资产管理体系的资产管理操作平台。平台主要由以下内容组成。

固定资产台账。基本信息：名称、型号、编号、购置时间、价格、款源、所属类型等，其中除类型可在满足条件的情况变更外，其他信息填写完成并经审核确认后不得修改。使用信息：使用部门、使用人、存放地点、接收时间等，使用信息的变更逐条存档。费用信息：费用类别、发生的原因、金额、时间等，逐条存档。

业务管理流程。审批流程包含采购审批、维修检定保养审批、调配变更使用人员或部门的审核签收、发放回收记录等固定资产管理过程中各主要环节。该平台借助关键字段将业务管理流程集成在台账中，通过台账查询或追溯单台/套资产的管理过程。并且实现了资产台账信息的共享，将费用数据以列表形式归集，配合查询条件，操作人员可以根据需要查询统计相关数据，不仅实现单台/套资产的全生命周期管理，还可以通过统计数据实现相同属性资产的横向比较，实施监督。在系统中可以实时查询某项固定资产的基本信息、使用保管记录、盘点及费用维护等信息。

（一）模型浏览

以智慧城区 GIS 数据为基础，将倾斜摄影数据与轻量化后的公共建筑 BIM 模型相融合，并导入资产数字化管理平台，实现网页端分模型、分专业查看构件。平台管理过程中启用了 ERP 系统，将各业务版块与财务管理模块集成在一起，在业务前端输入前期数据的基础上，完成相关会计核算、统计工作。在固定资产管理模块中，实现了基础数据共享。需求审批通过允许购置的资产，根据资产管理部门的意见，登记为固定资产的初始记录，采购部门根据审批结果填写完善该资产各项实际配置要求，形成完整的订单并执行采购，取得实物并验收合格后，由验收人在系统中填写验收结果，采购人员通过系统完成发票预制，并持票据等材料向财务部门办理报账，核算人员审核无误后进行业务处理。整个流程在数据传递的过程中，把资产编号作为唯一关键字段进行衔接，省去了基础信息的重复录入过程，有效减少了人为输出差异，同时将上述信息集成，方便用户直接调用和查询关联信息，大大节约了信息传递和查找的时间。此外，模型中的每个构件都关联构件信息、构件属性、设备信息、设备属性、设备二维码以及相关的文档信息。BIM 模型浏览界面如图 8-4 所示。

图 8-4　BIM 模型浏览界面

（二）资产管理

在各项公共建筑项目进行资产交接后，依据建设单位提交的项目基本信息和资产明细表，将资产的基础信息录入平台，对资产进行初次盘点，并对各项资产设备张贴条形码，最后形成资产台账。为了有效掌握国有资产的使用情况，最大限度地维护国有资产使用权益，在每年年末需要对固定资产进行再次盘点，历年盘点记录均可在平台端查看和下载，便于进行资产管理。资产管理流程如图 8-5 所示。

图 8-5　资产管理流程

(三) 设备管理

在设备管理中，数字孪生技术形成了一套完善的数据采集、数据处理、模型建立、模型应用体系而为解决设备状态评估中的问题提供了新的思路和手段，为实现精准的输变电设备状态评估提供了"驱动力"和"加速器"。生态城设备管理模块智慧城区内公共建筑设备模型数据与物联网接口进行关联，并补充设备位置和设备分类等相关信息，便于利用关键词搜索设备构件。通过可视化的方式展示设备日常运行状态，提高设备管理的智能化水平。设备管理界面如图 8-6 所示。

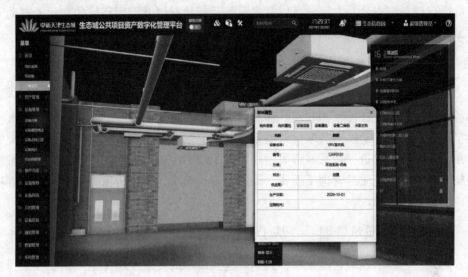

图 8-6   设备管理界面

(四) 备品备件管理

为了保证公共建筑的正常运营，需要提前准备所需的零配件、器具、工具等。将备品/备件的名称、编码、规格型号、类型、生产厂家、供应商、参考价、库存上限、库存下限、总库存等项目数据录入该平台，建立备品/备件管理台账，便于随时掌握备品/备件使用情况。系统界面直观展示公司/项目/拌和站本年主要材料真实收料情况，及时发现问题、规避风险。

如某项常用消耗备件占比较少时，可能原因是备件进场未使用系统验收。系统可以直观了解每月收备件超负差情况，及时发现问题、解决问题，防止备件备品进场损失；通过数据生成趋势分析超负差情况走势，掌握偏差管控动态效果。当超负差率和超负差量越来越小时，说明偏差管控效果越来越好；反之，说明超负差越来越严重，需要加强管控。

(五) 设备维修

在传统管理模式下，设备维修流程烦琐。通过管理平台，设备使用人员可以在手机 APP 端拍照上传故障设备，直接通知相应的维护人员。设备故障维修后再拍照回传，在平台中生成完整的维修记录。通过维修流程的改进，不仅保证了维修结果的准确性，而且提高了维修效率。

（六）设备保养

设备保养是指对设备使用前和使用后的养护。在完成设备保养后，设备保养人员可以在平台中对当前设备状态进行评估，并同步记录设备保养结果和设备状态指数，实现对设备使用寿命的预测，以提升资产使用价值，延长设备使用寿命。

（七）设备巡检

通过资产数字化管理平台不定时地派发巡检任务，同时下发至维护人员的手机端，便于维护人员进行设备巡查。一方面，可以掌握设备运行状况以及周围环境的变化，有助于发现设备隐患及安全问题；另一方面，能够提升资产管理的数字化水平。

三、应用场景

得益于大数据、云计算、物联网、移动互联网、人工智能等新兴技术的快速发展，作为促进数字经济发展、推动社会数字化转型重要抓手的数字孪生技术已建立了普遍适应的理论技术体系，并在智能建造、智慧城市等领域得到了较为深入的应用。天津中新生态城整合数字孪生技术，搭载建筑质量管理子模块、设备管理子模块、资产价值评估子模块、能耗管理子模块、应急管理子模块。

（一）场景一：质量管理——基于图像识别的建筑墙体健康分析

随着建筑工程技术领域快速发展，人们对建筑质量的要求也越来越严格。在工程实践及现代工程材料的质量研究中，建筑结构最常见的质量问题就是墙体表面的裂缝问题，而建筑墙体的损坏总是从裂缝开始的。小的裂缝会干扰建筑的安全性，较大的裂痕会破坏构造整体性，缩短建筑使用寿命，导致安全事故，危害人民的生命和财产安全。建筑墙体产生裂缝无法避免，但是可以通过及时识别降低建筑裂缝对建筑的危害水平。当前建筑裂缝有害和无害的边界主要是依据工程建设标准和基本的生活经验确定的，针对一些特殊工程还要考虑心理及美观的需求。因此，有害及无害墙体裂缝的界定对不同区域工程是变化的。

天津中新生态城公共项目资产管理平台质量管理子模块通过识别建筑墙体裂缝图像，可以提前分析裂缝像素特征，有效识别建筑墙体裂缝，降低人工成本。目前传统的裂缝图像识别方法主要集中在裂缝的特征提取方面，进行裂缝特征提取时算法的计算量较大，计算机运行时间较长，因此存在运行速度慢、效率低等缺点，还不能完全适用于裂缝的实时快速识别，难以在图像采集过程中实时对图像是否包含裂缝进行判断。因此，现将图像结构信息用图像的亮度信息、对比度信息和结构元素掩码来表示，提出基于图像结构信息的隧道衬砌裂缝实时快速识别方法，在图像采集过程中实时快速识别裂缝，自动判断图像是否包含裂缝，提高隧道病害的检测效率，特别适用于建筑质量检测管理系统。

在功能实现方面，首先对天津中新生态城内建筑物墙体进行信息采集，在对墙体裂缝图像进行判断的过程中，对采集的建筑墙体裂缝图像进行预处理，为建筑墙体裂缝图像的识别提供较好的、可识别的依据。采用中值滤波法对图像进行去噪处理，接着利用目标检测算法，对采集的建筑墙体进行检测，以裂缝吻合程度、清晰度、纹路重合程度及显示的裂缝宽度等为指标建立相应的评价指标体系，将评价指标代码化，自动输出当前建筑墙体的健康状况，如图 8-7 所示。

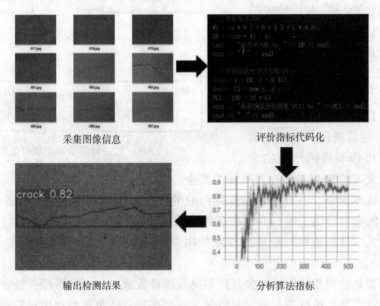

采集图像信息　　　　　　　　评价指标代码化

输出检测结果　　　　　　　　分析算法指标

图 8-7　建筑墙体健康分析系统

基于混凝土微裂缝选择性热激励理论，发明了热激励混凝土微裂缝识别设备。喷水温差激励过程中，因裂缝处的水与其周围混凝土进行的热传递比较快，裂缝处温差持续时间较短。基于混凝土微裂缝具有的强烈毛细吸水性能，向微裂缝混凝土表面喷洒不同的化学试剂溶液，微裂缝处吸入或黏附的水溶液明显多于混凝土表面的其他位置，所喷洒的化学试剂能够在微裂缝处发生反应并能长时间稳定地放热。因而裂缝处存在的温差能够维持较长时间且明显高于其他部位，则微裂缝能够长时间在热像图上清晰地呈现出来。

本模块在功能实现上采用一种基于机器学习模型的建筑墙体裂缝图像识别方法，依靠搭载的物联网现场采集技术，对建筑墙体表面的裂缝图像进行角点求解处理，通过选择掩模平滑法对图像进行增强处理，以此为基础，采用局部直方图均衡法对局部图像信息进行增强，并将特征选择模型与图像识别模型相结合，以实现对建筑墙体裂缝图像的识别。

（二）场景二：设备管理——设备故障预测与诊断

随着现代工业的发展，设备呈现出精细化、复杂化的趋势，设备健康可靠的运行是企业良好运转的基础，也影响着企业的经济效益和社会效益。在对国有企业的实际调研中发现，设备维护的难度不断加大，因而，准确判断设备健康状态对设备维护具有重要意义。特别是传统的设备维护方法难以适应企业发展的要求，如：设备维护人员对设备大多是事后维护，对设备健康状态掌控不足，不能在设备故障发生之前采取维护措施；设备维护优先级缺乏科学性，很难确保健康状态恶化最严重的设备最先得到维护。设备健康管理主要包括设备健康状态监测、设备健康状态评价、设备健康状态预测以及设备健康状态维护四个方面，图 8-8所示为设备健康管理功能框架图。

随着企业间竞争的不断加剧，企业会选择设备更新迭代以降低生产成本，从而提高在行业内的竞争力。设备所具有的大型、复杂、精密的特点，导致设备维修费用日渐成为企业一项占比较大的开支，因此，设备维修活动的效益直接影响着生产安全性以及企业盈利情况。目前，对设备管理产生的维修活动中财力支出占比快速攀升，有数据显示：设备维修费用通常会超过65%的年运营费用；对企业而言，设备故障维修和停机产生的费

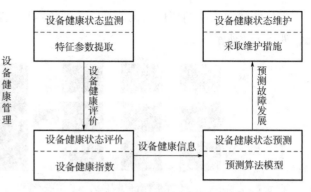

图8-8　设备健康管理功能框架图

用占整个生产成本的35%左右；对不同类型企业来说，矿山开采类行业的设备维修费用已经远远超过总成本30%，在铁路、冶炼等行业的设备维修成本占到总成本的60%，在设备管理相对完善的电力和化工类行业的设备维修成本也会占到总成本的25%。对设备进行有效的维护，降低因计划或意外故障而导致的损失，是降低成本、提高企业竞争实力的有效方法。

资产管理部是公司受托代管的公共建筑物及基础设施、公司名下经营性资产的具体管理部门，负责对资产使用单位进行指导与监督，主要职责有：负责办理固定资产移交手续，并对移交后的资产进行盘点及验收；负责定期开展统计、检查等工作；负责指导与监督资产使用单位日常运营维护，定期检查日常运营维护情况；依据上级主管部门有关要求及经理办公会批复文件办理固定资产的出租、出借、处置等事宜。

从时间维度来看，管理机构的资产管理部门工作贯穿于资产的全生命周期，始于资产移交，终于资产处置。在资产移交前期，需要与建设单位以及使用单位联合编制资产汇总表与资产明细表，验收合格后，方可进行资产移交工作；资产移交后，资产管理部门同移交单位以及使用单位对移交资产进行初次盘点，三方清点无误后，对相应资产粘贴条形码标志并在资产清查盘点表上记录备查，盘点工作完成后，将资产移交单及现场盘点表作为项目移交资料归档，由资产管理部门对资产进行标志张贴固定资产卡片，此时正式形成固定资产，工作流程如图8-9所示。

1. 设备维护

目前设备维护常用方法包括事后维护和事前预测两大类，通常有以下三种维护方法。

（1）故障维护　故障维护（BM，Breakdown Maintenance）也称为事后性维护，是指使故障设备恢复正常状态而开展的维护，只考虑与维护操作相关的成本。具体的维护措施和时间则需要根据维护人员的经验、故障复杂程度、抢修故障方案的难易程度、设备现场环境等综合决定，具有很强的不可控性，而设备健康状态往往劣于之前水平，导致设备状态越来越差。这种维护方式的优点是可以使设备的组件都发挥到最长使用寿命，做到"物尽其用"；而不足之处就是停机检修会严重影响既定的计划，会使生产管理面临潜在的经济风险和安全风险。

（2）预防性维护　预防性维护（PM，Prevention Maintenance）也称为计划性维护，即维修人员根据某一时段（如每季度、每月）检查设备的工作状况，是以时间为导向的维护方法。通过统计设备过去的故障信息并立足于设备当前的健康状态，来采取适当的维护措

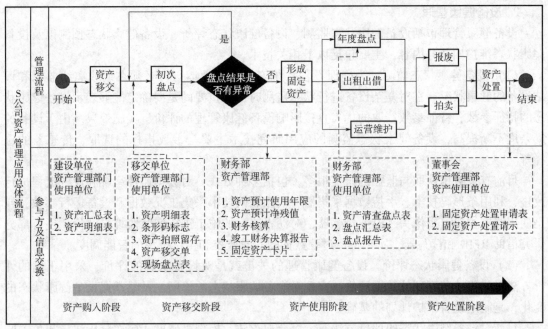

图 8-9　公司资产管理应用总体流程图

施，进行固定周期、固定维护措施的管理，使设备持续保持在良好状态，此类维护方式主要以"预防"为主，按照既定的时间和维护安排来开展维护行动，会造成"设备欠修"和"设备过修"的现象，会浪费大量的人力、物力和时间，维修效率低下。

（3）预测性维护　预测性维护（PdM，Predictive Maintenance）也称为状态维护，是新兴的一种设备健康管理方法，通过检测设备运行的健康状况，利用设备的日常巡检数据、设备在线监测数据以及离线数据等预测设备未来状态，第一时间内发现设备的劣化情况和潜在故障，从而制定相应的维护措施预防故障的发生，在故障发生之前或在功能未完全丧失前安排维修行动，最大限度地保持设备稳定性和可靠性，是基于数据驱动的事前维护手段。与以上两种维护方式相比，预测性维护能够及时发现设备中的潜在故障，有效减少不必要的维修活动造成的经济损失，为设备维护和资产管理提供支持。

表 8-1 总结了以上三种设备维护方式的差异之处。

表 8-1　现有设备维护方式的主要差异

差异	故障维护	预防性维护	预测性维护
预防故障程度	不能预防故障发生	能预防部分故障发生	能预防故障发生
故障维护依据	存在的故障	历史记录、维护经验	数据采集技术 状态监测技术 趋势预测技术
故障判断方法	存在的故障状态	故障历史发生规律	监测数据、预测情况
故障维护成本	设备成本、维修成本、不可控的停机损失	维修成本、可控停机损失	物联网监测仪器成本 维修成本
适用范围	自动化程度低的设备	故障不可预测的设备	故障可预测的设备

2. 设备健康管理

设备健康管理包括设备健康状态监测、设备健康状态评价、设备健康状态预测以及设备健康状态维护四部分内容，主要包括以下相关技术。

（1）设备健康状态监测　为确保设备系统安全可靠地运行，必须在线或离线监测和评估设备的健康状况。在对复杂设备进行状态监测时，最重要的是要确定能够表示设备健康状态的特征参数，特征参数选取的优劣直接影响设备健康管理的评价、实施效果。由于设备的复杂度不断提高，设备健康状态监测的应用研究技术主要是参数指标的选取、传感器的选择等。

目前有关数据获取与监控的研究很多，包括多种方式：对数据监控系统和业务流程进行改进，利用条形码技术、手持数据采集器、机床联网技术采集工况数据和设备运行参数；或是使用监控主机、摄像头、温度传感器，对沥青路面的施工进行实时监控与评价；还有部分研究借助 RFID 和读写器，实现生产过程数据的实时监控和生产资源的智能调度。

（2）设备健康状态评价　设备健康管理的关键就是对设备状态的评价，采用正确的评价方法对收集、整理到的数据评价，实现对设备健康状态的诊断，及时掌握设备健康状态的变化，是制定设备维护计划的基础。

目前对设备健康状态的评价方法有：综合权重法、模糊隶属度、层次分析法、灰色关联法、高斯模型等，还有一些专家学者在综合权重法的基础上引入基于熵值修正模型对评价指标合理赋值，可准确分析齿轮箱的健康运行状态；或是结合层次分析法和模糊隶属度，反映配电变压器的运行趋势并为差异化设备运维提供支持；或是建立高斯混合模型多状态特征融合的健康状态评价模型，对风电机组进行验证。

（3）设备健康状态预测　设备健康管理的优势就是可以预测故障，通过历史维护数据或者实时采集数据借助各种模型、算法来预测设备的健康状态以提供给维护人员制定维护方案，目前常用的设备健康状态预测方法有：依靠模型、依靠知识以及依靠数据。

（4）设备健康状态维护　设备逐渐向复杂程度较高且运行要求较苛刻的方向发展，传统设备管理模式难以适应设备要求，所以，一种以设备健康状态为主的新型的设备管理模式应运而生，在设备发生异常前采取适当的维护策略，降低设备故障率，此类维护方式摒弃了维护人员的主观经验，提高了决策的科学性。本文建立的设备健康管理流程如图8-10所示。

图8-11所示为故障维护方法与预测性维护方法的设备状态比较，其中，粗曲线代表故障维护方法，细曲线代表预测性维护方法，纵坐标代表设备状态，10 表示设备优秀、7 表示设备中存在需要维修的构件、3 表示设备中存在需要更换的构件，阈值处在 7～10 之间，每个构件最开始的健康状态均为 10（优秀）。随着设备的使用和磨损，设备的状态开始下降，当设备状态下降到阈值 T1 时，设备维护管理人员通过程序预测的结果安排维护计

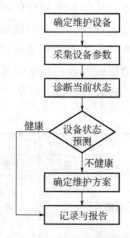

图8-10　设备健康管理
流程图

划，根据预测结果在 T2 时刻采取维护措施，修复后设备状态有所提升，但是没有达到最初始的设备状态，类似的情况也发生在 T5—T6 之间与 T9—T10 之间，设备维护人员在间隔期内根据预测结果安排设备维护任务并执行操作。

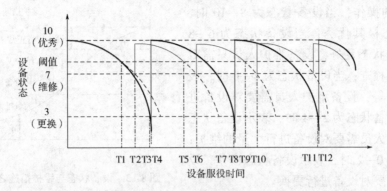

图 8-11　故障维护方法与预测性维护方法的设备状态比较

　　故障维护方法通常需要在故障发生后进行更换或者修复构件，在 T3 时刻表明设备已经无法使用，维护人员需要时间来准备并进行维护操作，在 T4 时刻更换构件使得设备状态再次提升至优秀，同样的情形发生在 T7—T8、T11—T12，故障维护方法一般是在设备状态较差且组件不工作时执行。对比可以看出，预测性维护方法在每个周期都会优化设备状态，提高设备维护的效率。

　　图 8-12 所示为故障维护方法与预防性维护方法的设备状态比较，粗曲线代表故障维护方法，细曲线代表预防性维护方法，每一个时间间隔 d 表示定期检查。在 d1 时刻结束后，设备状态依然良好，表示不用采取维护措施，直到 d3 时刻结束后，发现设备状态处在需要维护的状态，此时，设备维护人员在 T1 时刻将情况进行上报，并在 T2 时刻完成维护操作使得设备状态有了大幅度提升。同样的情形发生在第 6 个检查周期后的 T5—T6 之间、第 10 个检查周期后的 T9—T10 之间。但是预防性维护无法确保每次精准地找到维护时间，例如，在第 9 个检查周期后，设备状态高于需要维修的状态，并没有采取措施，但是到下一个检查周期 d10，设备状态远低于需要维修的状态，此时采取维护措施有些延迟，造成设备欠修。因此，相比较而言，预防性维护方法只通过定期检查的方式尝试防止故障，容易造成设备过修或欠修。

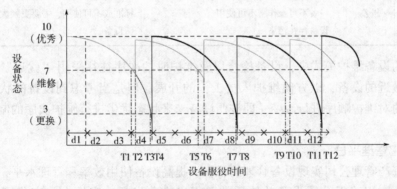

图 8-12　故障维护方法与预防性维护方法的设备状态比较

　　与故障维护方法和预防性维护方法相比，预测性维护方法不仅可以预测设备未来的状态，还可以在设备到达维修阈值之前进行调度和维护操作，为设备维护操作争取时间，防止进一步恶化。设备状态与维护措施之间的关系如图 8-13 所示，不同的状态代表需要进行维

修或者更换的操作，当设备状态为 8—10 时，
表示设备状态极其优秀；当设备状态为 6—8
时，表示设备状态良好，设备维护人员只需对
设备进行定期检查；当设备状态为 4—6 时，表
示设备状态中等，设备维护人员需要对设备进
行小修；当设备状态为 2—4 时，表示设备状态
差，设备维护人员需要对设备进行大量的维
护；当设备状态为 0—2 时，表示设备状态极差，设
备维护人员需要对设备进行更换。

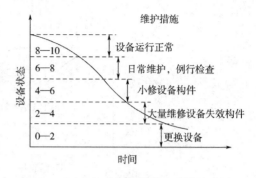

图 8-13　设备状态与维护措施之间的关系

通过 SVM 算法的预测，可以实现对设备状态值以及状态等级的预测，设备维护人员根
据预测的值来决定需要采取哪些维护措施，设备状态评估与方案见表 8-2。

表 8-2　设备状态评估与方案

设备状态	评级	设备状态描述	需要采取的操作
8—10	优秀	设备无缺陷 呈现新的状态，无可见损坏	每月定期检查，满足设备效率和容量目标，保持所需要条件
6—8	良好	设备有些轻微缺陷，表面磨损 设备不需要大型维护	设备效率可能有些低下，通过日常维护可以解决轻微的劣化或缺陷，没有功能的影响
4—6	中等	中等状态 设备存在明显缺陷 处在服务期内，但需要注意	设备需要修理，已存在恶化，维护需求迫切，设备目前还在寿命期内，可以满足使用
2—4	差	设备严重恶化 存在潜在的结构性问题 设备外观较差 设备存在失效构件	设备不满足标准或需求，构件至少需要大量维修或更换，目前没有安全问题
0—2	极差	设备存在失效构件 设备不可操作，不可使用 设备存在污染	设备已经发生不可修复问题，设备不满足标准或不可使用，需要更换大量构件或购置新设备

在传统的设备维护模式中，设备检修以及维护时的次序往往采用"就近"原则，即最
先处理距离最近的设备，以方便维护人员工作的开展，但是当考虑到设备的状态预测结果
后，创新性的对维护顺序进行改变，即按照设备未来状态优劣进行维护次序的制定，确定优
先级。

3. 数字化管理平台

为确保资产管理公司实现设备管理的目标，提高设备使用效率和管理水平，建立并完善
设备管理方法，以确保公司设备的使用效益得以充分发挥，应加大数字化管理平台建设
力度。

资产管理公司以城市信息模型（CIM）为基础，构建资产数字化管理平台，实现管辖项
目的数字城市与现实城市的同步建设、规划，打造数字孪生城市和智慧城市，同时，依托
BIM、物联网等智能技术，支撑数字化管理。

（1）实现资产统计 资产数字化管理平台可以实现以月度报表、季度报表、年度报表等时间间隔，直观展示 S 公司资产数量统计、资产金额统计、修缮金额统计、资产状态统计、资产业务统计。其中，资产数量统计以及资产金额统计按照 GB/T 14885—2022《固定资产等资产基础分类与代码》中的房屋和构筑物、设备、文物和陈列品、图书和档案、家具和用具、特种动植物、物资等 7 个门类划分，设备维护人员可以在平台中快速检索到设备所属分类及使用情况，资产统计功能如图 8-14 所示。

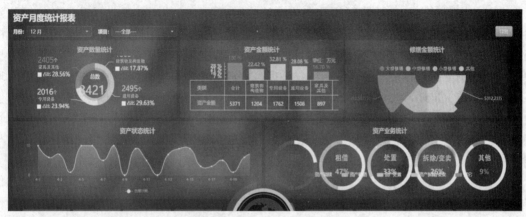

图 8-14 资产统计功能

（2）设备状态预测 平台可以呈现 S 公司的所管项目的设备状态情况，利用平台优势，将平时的设备维护情况记录到平台中，包括设备的各类信息、维护历史及报表等。其次，平台嵌入关于设备健康状态预测的 SVM 算法，根据算法预测设备健康状态，在达到状态等级阈值时平台可以自动发出提示，此时，设备维护人员可以进行设备保养工作，工作完成后再次将设备状态同步更新在平台中，使设备始终保持在较好的状态。平台可实现的设备状态预测功能如图 8-15 所示。

资产名称	小修次数	大修次数	当前状况
隔热铝合金型材窗	0	2	优秀
通气帽	1	4	差
钢制防火平开门	2	3	差
压力传感器	1	0	优秀
VRV空调室内机	1	0	优秀
网络一体化红外枪式摄像机	0	4	良
室内消火栓加压泵	2	4	极差
喷淋泵控制柜45kW			

每页显示 20 条/共 4692 条跳转至

图 8-15 设备状态预测功能

（3）建立多方合力监管的管理制度 由于资产管理公司采用的是"资产持有者和监管单位 + 运营管理单位 + 物业服务单位"的三级管理模式，由运营管理单位提出设备采购申请，资产管理公司批复同意后进行采购，形成该公司所管辖的固定资产，而运营管理单位仅局限于本单位的使用权，缺乏维护保养的意识，形成"重购置重使用，轻维护轻保养"的局面，维护保养的工作完全由物业服务单位承担。

因此，应明确运营管理单位设备管理人员的岗位职责与管理目标，物业服务单位应定期深入到运营管理单位中，积极做好设备养护的宣传工作，加强对设备管理的维护教学工作，与同事开展设备保养工作的经验交流，借此提高运营管理单位的设备保养意识，形成良好的氛围，以此实现对设备日常管理的常态化维护，提高设备的使用效率，提升设备的经济效益。同时，由物业服务单位定期开展设备健康检查与评估工作，并将实际使用情况积极反馈至运营单位中，反馈结果要与运营管理单位人员的工作业绩挂钩，纳入年度工作业绩的考核中，建立激励与约束相结合的奖惩制度。最后，资产管理公司应将物业服务单位的设备管理工作纳入考核，定期对物业服务单位的工作进行评价，并及时将评价结果反馈至物业单位中。形成"资产管理公司监管物业服务单位，物业服务单位监管运营管理单位"的三级管理机制，扭转过去只有物业服务单位负责设备管理的单一情况，打破设备管理中使用单位与维护单位脱钩的局面，构建三方共同监管的制度，共同保障设备健康运行。

（4）加强对维护人员技能素质培养　设备维护人员是设备的管理者，也是设备维护和保养的主力军，国有资产政府投资项目的设备具有采购成本高、运维成本高、对维护人员的操作水平要求高等特点，同时要求资产的保值增值，因此，各单位需要建设高水平的维护管理人员队伍，使之具备数据分析、管理使用、维护操作等技能，以保障设备维护活动的顺利开展。

各单位要科学设置岗位管理目标和管理职责，不断提高设备管理岗位待遇，充分吸引人才，调动积极性；同时，要有组织、有计划地开展关于设备健康管理的培训，掌握平台信息录入、二维码扫描信息更改维护信息等操作步骤。要注重培养设备维护人员的技能素质：从设备移交形成固定资产开始，需要维护人员录入资产名称、资产代码、所属项目、资产类别、资产状态、所在位置等信息，同时上传现场照片，每一个设备录入以上信息后，可以生成相应的二维码，每次设备维护过程及文档可以通过扫描二维码进行补充完善。建立的资产台账如图8-16所示。

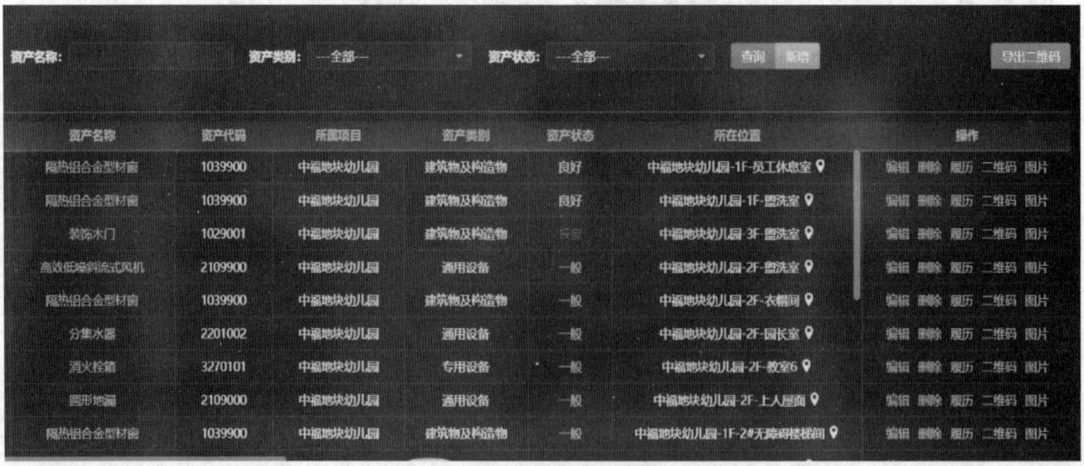

图8-16　创建资产台账

设备维护人员还应掌握利用平台生成设备巡检路径和盘点路径，以指导实际工作，完成相应任务后，在平台中实现实时反馈与更新。同时，设备维护人员要根据设备健康状态的预测合理控制备品备件的库存，完成设备领用、设备购置、设备订单以及设备出入库管理，实现对设备备品备件的动态管理，从而减少备品备件的浪费及库存积压。

与此同时，建立严格的人员管理制度，将设备的日常保养和维护落实到个人，明确到个人责任，保证设备维护的高质量高水平，实现设备的可持续使用及管理。

（三）场景三：资产管理——基于机器学习的资产评估模型

天津生态城国有资产管理平台承接的资产管理对象均为国有公建固定资产，因而资产评估既是资产交接时的重点工作，也是日后进行资产决策时的重要依据，又是衡量其交易价格是否基本公平、公正的价值尺度。随着现代信息技术的飞速发展，人们正加快推进互联网、大数据、机器学习等数字化技术在传统产业中的落地与应用。在新的发展背景下，要实现经济的高质量发展，对传统产业的升级就变得十分重要。

资产评估是对资产价值形态的评估，从业人员根据评估的相关标准或方法，以货币为尺度在一定时间节点上对资产进行评定。企业在进行资产交接时，独立、客观、公正、科学的资产评估，有助于维护国有资产权益、避免产生不公平交易的发生。在很多情况下，企业账面资产价值并不能真实地反映资产现值，在资产交接时仅凭账面价值不能客观反映资产实际情况，若由此而进行产权交易则有失公平、公正的原则。所以，当企业进行资产交接时，必须对其资产现值进行评估，以确保交易双方的公平、公正。又由于企业间的兼并、收购、合资、全营、转让等整体产权变动的价格，并非是各项资产要素价格的简单叠加，而是整体资产价值；因此，要对企业的所有资产要素进行评估，要素组成见表8-3。资产评估过程需要把这些资产要素作为具有获利能力的综合体，对其未来的盈利能力进行科学的综合评估和预测，并应用多种途径的评估方法相互验证。由此而得出的企业评估结论，是资产交接决策时重要的咨询资料。

表 8-3　国有资产交接资产评估的要素分析

要素	要素组成
有形资产	机器设备、房地产、长期投资、在建工程、资源性资产、流动资产和确知的有形资产等
无形资产	目标企业的就业前景、人员素质、管理水平、商誉、创利能力和无法确知的无形资产等
数据资产	各方履约监管、安全、质量、计划、进度等各要素的信息化、标准化、数字化、可追溯化管控

独立、客观、公正、科学的资产评估，既是国有资产管理部门加强国有资产监管，防止国有资产流失的一项重要措施，又是投资者和所有者在企业产权交易中实现公平交易的有效办法，而且还是产权交易机构在企业产权交易中进行规范化、科学化交易工作的重要基础，对培育产权交易市场、搞好企业结构调整和资本运营、促进党风廉政建设都有着积极的现实意义和深远的历史意义。

在资产管理工作中，为保障评估结果的真实性与客观性，确保评估结果接近真实的账面资产价值，首先对生态城固定资产管理的所有工作业务流程进行识别，把涉及的岗位、环节、流程和表单对照相关的国家法律、法规、办法、制度、意见等政策进行规范化、表单化；然后进行风险识别、确定风险点、完成风险分析和评价、制定风险应对措施，调整相应的工作岗位和工作流程，并在实践中验证、跟踪；最后，不断评价和审计内部控制执行的效果、更进一步地识别内部控制中的问题，持续改进。通过建立一套完整的数据资产建设体系方案，支持数据资产围绕业务创造价值。综合分析工程现场产生的海量信息数据，包括工程进度、现场监控等，通过固化安全、质量、进度等各类工作标准与流程，利用人脸识别、视频监控、自动化监测等设备，实时采集现场信息。针对项目参建各方及关键部位等的信息，进行直观、动态、综合、统一的实施管控、智能分析和数据共享，实现工程参建。

设备的更新决策是企业保持良好运作的重要前提，要维持设备正常工作需要满足经济性需求，解决设备更新方式以及何时进行更新的问题。设备最佳的使用时间取决于经济寿命，而经济寿命受到的影响因素较多，主要受到设备年度使用费用的影响。年度使用费主要包括设备消耗的水电费、消耗品费、空调费、备件费、改造费、维修材料费等，通常该值的变化可分为三种情况：固定不变、不规则变化、逐年增加。设备经济寿命与年费用关系如图8-17所示。

为优化平台对于国有固定资产的管理能力，采用了一种基于全生命周期设备台账的方式，建立设备资产价值评估模型，对公共项目固定资产进行价值评估，以满足资产管理功能需求。固定资产价值评估的常用方法有重置成本法、收益现值法和现行

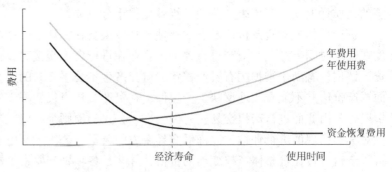

图8-17　设备经济寿命与年费用关系

市价法。但在实操过程中，资产评估对象采用不同评估方法得到的资产价值具有差异性，并且每种方法都有一定的局限性，如在资产交易市场不完善的情况下使用现行市价法所得的评估价格可信度不高；重置成本法不适用于超期服役的机器设备的价值评估等。

外部数据采集有三种渠道：从开放媒体平台免费获取、从专业机构订购、线下信息收集。通过网络爬虫、服务接口、文件导入、手工录入等采集方式，把外部数据采集到大数据平台，如图8-18所示。

资产管理模块将数字化技术融入设备价值评估与经济寿命分析中，以电子设备相关数据作为研究对象，如图8-19所示，以现行市价法、特征价格等理论方法为基础，将大数据、网络爬虫、机器学习、数据库等技术应用于资产评估工作中。

现在国内的资产评估方法中得出评估结果如果

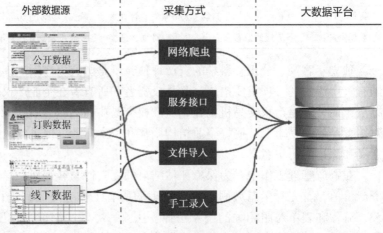

图8-18　数据采集渠道

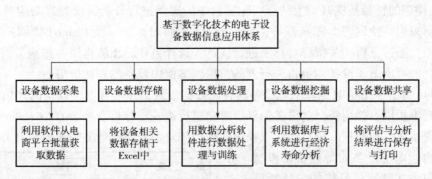

图 8-19　基于数字化技术的电子设备数据应用

涉及评估人员的预期，大多会给出预期中使用的假定，但是列示得并不详细，并且很多时候是直接使用有关文件中的限制值，而限制值往往是一种平均水平，并不能适应千变万化的经济事件。在操作层面上可以通过程序的合理性来对信息优势的一方进行制约，使交易双方可以比较容易地判断其所提供的信息的真实性和质量。另外，更重要的是，大多评估报告中并未给出这些预期对评估结果的影响，就好像一个黑箱，从评估依据到评估结果中间的过程被掩盖了。因此，本模块按照以下几个步骤开展资产评估工作。

1）首先通过分析传统资产评估方法的使用前提以及存在的局限和不足，提出利用数字化手段进行改进的方案，接下来基于爬虫软件批量获取二手交易平台的设备交易数据以及信息，并对数据进行预处理工作。数据采集流程如图 8-20 所示。为便于分析设备各项特征与价格的关系，通过参考相关文献构建一级指标 3 项、二级指标 18 项，利用嵌入法对特征进行筛选，对部分无关特征进行剔除，得到训练所需的设备的特征数据。

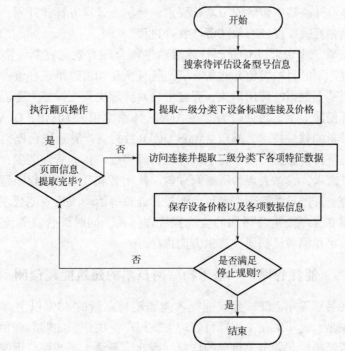

图 8-20　基于爬虫软件的数据采集流程图

2）在构建的特征数据基础上结合实际项目中的案例进行分析，设置好对应算法的训练参数后分别采用线性回归、随机森林回归、XGBoost 回归算法以及 LightGBM 回归算法对模型进行训练，通过分析相关指标对算法进行优选，选择最佳的预测算法。并基于该回归算法对本文研究的对应电子设备的价格进行预测，得到案例中设备的评估价格。

3）最后借助 SQLite 数据库汇总设备的各项数据信息，并结合电子设备的评估价格以及日常的运营维护以及使用费，对设备的经济寿命进行进一步分析。基于 QT Creator 构建设备信息与管理系统并与数据库进行绑定以快速实现经济寿命分析等任务，如图 8-21 所示。

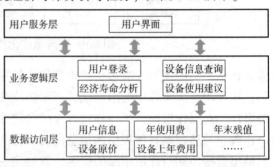

通过构建电子设备的特征价格模型，分析影响笔记本式计算机价格的各项特征，利用机器学习算法对特征数据进行训练，并最终得到相关设备的评估价格；基于设备的评估价格以及设备的年维护费用等，对设备的年费用进行计算，对设备的经济寿命进行分析；利用 QT 以及数据库等方法构建设备信息管理系统，对设备的经济寿命进行分析，辅助企业对设备进行管理。基于真实的交易

图 8-21　设备信息与管理系统结构

数据对设备的价格进行分析，能够使评估的价格更加贴近实际，具有较强的实践意义。

资产管理体系（Acquisition Milestone Management System，AMMS）为组织中制定和改进资产管理方针、目标等活动提供必要的流程和组织架构。平台构建的资产管理体系，利用资产自身属性，加强数据对内管理和对外展示能力，为了解决资产管理公司中出现的资产汇聚能力弱、利用率不足等问题，引入联机分析处理（Online Analytical Processing，OLAP）方法，并进行了总体设计。其中包含四个基础要素，分别为管理方针、计划、业务过程和管理平台，各要素之间相互关联促成有效的资产管理过程。

基于 AMMS 的管理平台可以对资产管理活动进行合理有效的控制、协调和指导，最终达到统一实现管理计划的目的，但并非所有资产管理活动均可以呈现在管理平台中。信息化管理平台只提供了基础数据的使用形式，存在平台对管理决策支撑能力薄弱、资产管理形式单一、信息传递不便捷等不足之处。为此在 AMMS 体系中引入 OLAP，OLAP 是一类针对多维综合数据进行分析的软件技术，基于 AMMS-OLAP 数据资产管理平台框架如图 8-22 所示。

建立资产管理平台需要围绕数字化手段降低管理难度、扩大管理范围，同时增加资产供给，满足日常业务需求，具体表现为明晰管理者、使用者和开发者的权限范围，涉及授权和审批环节明确规范，资产日常管理、盘点、调拨、处置等活动决策规范合理；同时平台应对多场景管理内容建立资产全生命周期的全流程管理体系。同时综合业务流程和需求分析内容，为有形资产数字化溯源机制研究提供方向指导。

（四）场景四：能耗管理——基于物联网技术的建筑能耗预测

建筑运行能耗持续逐年上涨，建筑能耗占能源消耗总量的 40% 以上。建筑能耗预测作为建筑节能的第一步，近年来在工程项目管理中获得广泛关注，能够准确预测能源消耗在建筑能源控制和运营策略中起着至关重要的作用。因此，天津生态城智慧运维平台能耗管理子模块降低建筑用电能耗已成为节能减排计划的主要实施对象。

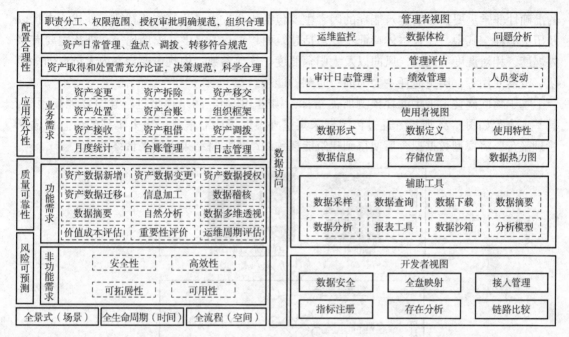

图 8-22　基于 AMMS-OLAP 数据资产管理平台框架

既有建筑能耗预测方法主要分为物理建模方法和数据驱动方法。物理建模方法利用热力学原理进行能耗建模和分析，由于其需要详细的建筑物信息，导致建模过程复杂且低效。随着物联网技术的进步和智慧城市的发展，相较于物理建模方法，基于物联网技术构建建筑物能耗感知预测系统，可以提高建筑物能耗可视化程度、赋能城市管理水平、提高建筑管理能力以及能源使用效率。

该建筑能耗预测系统基于物联网技术采集能耗预测所需指标，将思维进化算法融入 BP 神经网络，建立了集成人工神经网络模型对能耗进行预测，并将该神经网络模型运用于建筑能耗监管平台，为能耗监控与节能提供有效手段，实现了有效节能和高水平的能耗管理，切实降低建筑总能耗，为节能研究、设计与建设提供参考依据。通过传感器采集室外温度等所需信息，将采集到的信息传输到管理平台，将模型数据拟合后便得到建筑能耗预测结果，将结果返回用户界面。

能耗数据采集和处理是整个能耗监管分项计量系统中负责数据收集和整理的子系统，该子系统实现了对电、水、热、冷等的分类计量和对电能实施分项计量，具体包括有功电能、无功电能、三相电压、三相电流、频率、功率因数、用水量、水道压力、用热量、用冷量等数据，对这些数据进行采集存储、传输、审核校验、报警、建模、运算、同步等，再将整理好的数据传输至其他子系统，如图 8-23 所示。

能耗预测模型配合建筑管理系统，根据历史数据对建筑物未来能耗进行准确预测，合理优化用电配置，减少建筑用电浪费和碳排放。建筑能耗的影响参数有很多，分析各特征参数与能耗的相关性，合理选择输入特征变量对提高能耗预测

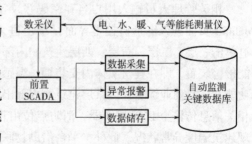

图 8-23　能耗数据采集和数据处理系统

的准确性非常重要。影响建筑能耗的因素主要包括 4 个方面：建筑本体特征、外扰、内扰以及历史能耗。其中，建筑本体特征主要包括建筑面积、建筑高度、窗墙比等；外扰主要有室外温度、相对湿度、风速、风向以及太阳辐照度等气象参数；内扰主要为室内人员流动、照明、电器使用等；历史能耗主要为前一时刻的能耗。

基于物联网技术采集能耗预测所需指标，构建 BP 神经网络模型进行建筑物能耗预测，其基本流程如图 8-24 所示。通过传感器采集室外温度等所需信息，将采集到的信息传输到管理平台，将模型数据拟合后便得到建筑能耗预测结果，将结果返回平台终端。

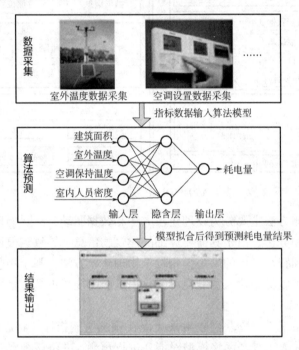

图 8-24　建筑能耗预测流程图

（五）场景五：应急管理——火灾应急疏散仿真模型与路径优化

天津生态城国有资产经营管理有限公司管辖范围内包括众多幼儿园及中小学等人员密集的建筑，一旦发生火灾时会威胁到建筑内人员的人身安全，造成财产损失。安全是基于物联网技术的智慧建筑具备最基础也是最为重要的功能，对于生态城辖区公共建筑物而言，消防安全至关重要。

相关管理人员输入用户名和密码登录智慧建筑运维管理平台主界面，单击系统界面下的default 页面进入图形监控主界面，单击进入应急管理-火灾应急疏散系统界面，相关人员通过单击一层、二层、三层、四层建筑物内部各个探头明确状态。建筑通过物联网技术打造了智能报警装置，即在建筑实体内安装烟、温感探头，根据预先设定的智能报警程序自动触发报警功能，一旦商业综合体内某层建筑物内部出现温度高于标准值的现象，智能报警装置识别并将相关信息传输至 BMS 服务器，消防点位由正常的绿色跳转至异常红色，提示建筑管理人员出现建筑温度异常状况。此外，平台借助物联网技术及 Floyd 算法建立火灾疏散模型，可以对建筑内的火灾情况实时感知并对建筑内人员的疏散路径进行有效指导，如图 8-25 所示。

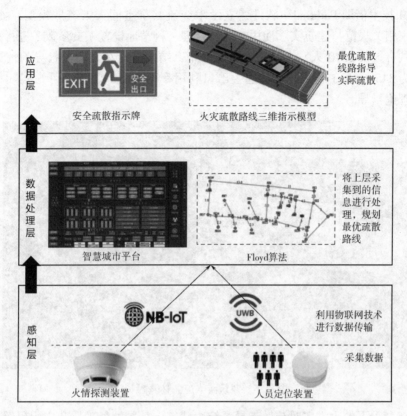

图 8-25　火灾疏散模型系统框架图

　　建筑内的烟感、温感设备对建筑内的温度及烟雾情况进行实时感知并传输，在探测数据值超过安全阈值时发出警报，同时将建筑平面拓扑矩阵和建筑内人员位置作为 Floyd 算法输入值，算法计算后输出最优疏散路径，指导建筑内人员进行避险疏散，经验证，基于物联网及 Floyd 算法的火灾疏散模型规划的路径距离更短，疏散速度更快，可以有效提高疏散效率、减少人员伤亡与财产损失，解决智慧城市建设过程中的消防疏散系统与城市发展进程不匹配的问题，进一步提高城市现代化治理水平。

　　模型的建立首先针对智慧城市建筑火灾发生的风险影响因素进行识别，建立智慧城市火灾风险评价体系，并对建筑整体火灾风险与各方面风险进行分析评价，根据风险评价结果对智慧建筑火灾疏散情况进行仿真模拟分析，并提出了基于物联网技术的智慧城市火灾实时疏散系统构建方法，提高智慧城市的疏散效率。

　　应急管理模块结合智慧城市建筑的特点，根据智慧城市建筑的火灾发生风险重点进行分析及梳理，利用德尔菲法建立智慧城市火灾风险影响因素识别清单，经分析得到火灾发生风险、火灾应急救援风险、火灾疏散风险以及火灾日常防范风险四大类风险层次，以及 17 项风险影响因素指标，能够对智慧城市火灾风险评价提供一定借鉴。在对智慧城市建筑火灾发生风险进行评价时，采取定性研究与定量研究相结合的方式，首先采用层次分析法计算各个风险指标的权重，然后采用模糊综合评价法根据层次分析法计算所得的数据求解各个风险影响因素发生的概率，计算得到建筑整体火灾风险处于较高与高之间，在 4 个影响方面中，火灾疏散风险程度较高，是智慧城市建筑火灾风险防范重点。

基于 BIM 技术借助 Pathfinder 软件建立学术交流共享空间火灾疏散模型，如图 8-26 所示。根据国家相关规范与建筑实际使用情况，合理、科学地设置人员参数，进行火灾疏散模拟，建筑内共有人员 2870 人，人员位置随机分布，结果显示在无疏散指导的情况下人员疏散所用时间为 345s，存在逃生通道与逃生出口利用率不均衡的情况，可为实际火灾疏散方案提供数据理论指导。

图 8-26　建筑防火应急仿真模拟

智慧城市背景下的火灾实时疏散指导系统由感知层、数据处理层和应用层组成。感知层进行建筑内的火灾情况与人员分布情况的实时监控；数据处理层根据感知层采集到的数据发出火灾警报，并且利用 Floyd 算法规划人员疏散路径；应用层根据数据通过分布在建筑内各处的指示牌、广播等方式指导人员进行疏散，有利于提高人员疏散效率，缩短疏散时间，增强智慧城市管理能力，提高建筑安防智能化管理水平，该系统构建方法能够为智慧城市消防疏散指导平台的构建提供借鉴。

运用逃生模拟分析软件对建筑的 BIM 模型进行系统性分析，进行烟气扩散、人员逃生路径模拟，设置疏散人数并研究参数设置，得到疏散时间、疏散轨迹、疏散口人数曲线图和区域人数变化曲线图，提高公共项目安全治理综合能力。以 CIM 集成的数据为载体，建立数据库和信息模型库，根据用户需求，运用深度学习和案例推理，对已有资产管理方案进行特征提取并建立知识图谱，通过深度学习算法的应用，将用户需求与知识图谱库中的资产管理方案匹配，筛选出相似度高的决策方案。

四、案例总结

本节以天津生态城公共项目管理公司资产管理现状为例，介绍了平台构建的国有资产管理系统框架，探究现阶段公共项目资产管理系统不完善之处，立足数字化时代下资产管理中数据汇聚、资源共享、协同联动的实际需求，梳理数据资产管理起源和发展现状，依托数字化技术扩大数据资产管理范围。

平台搭建了多方协同、共同维护的资产管理框架体系，建立有形资产数字化质量评估流程，依靠搭载的物联网现场采集技术，将特征选择模型与图像识别模型相结合，以实现对建筑墙体裂缝图像的识别，实现建筑数字化质量管理；建立了基于支持向量机的设备故障预测与诊断模块，实现设备资产全生命周期健康管理；设计基于区块链技术的资产管理流程，定义可溯源的数据资产语义模型；编写并部署智能合约，根据共识机制实现资产盘点流程再造，平台承载了包含建筑质量管理、设备管理、资产评估管理、能耗管理、应急管理等多个应用模块，实现了资产全生命周期业务流程智能化对接。

第二节　数字孪生赋能智能建造——崖州湾科创城数据决策系统

一、案例概述

三亚崖州湾科技城位于海南省三亚市西部，规划面积为 26.1km²，如图 8-27 所示，是三亚市为贯彻落实习近平总书记"4·13"重要讲话和中央 12 号文件精神，根据海南省委、省政府的决策部署，重点推进的海南自由贸易试验区 12 个先导项目之一。

三亚崖州湾科技城大学城深海科技创新公共平台项目是推进海洋强国、加快推进海南自由贸易试验区先导性项目。具有建设标准复杂、施工技术精益、运维管理范围广泛、智能化服务高等特点，在科技创新层面上具有重大研究意义。为保障三亚崖州湾科技城的高速建设与发展，需要建立一套数字化管理平台，搭建三亚崖

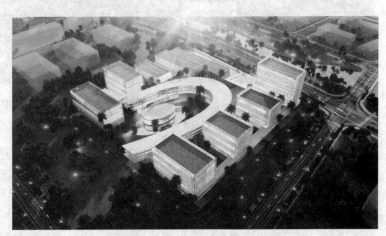

图 8-27　三亚崖州湾科技城效果图

州湾科技城数据决策平台，设置劳务、技术、安全、智能建造等多个模块，以提高工作效率、减轻管理负担、创新管理模式为目标，切实满足项目管理者对建造过程智能化的管理需要，形成以业务数据为基础、施工过程可视化的数据决策系统。

二、平台功能

基于数字孪生技术的数据决策系统建立施工一体化智慧管理平台，通过应用于进度计划动态可视化管理、项目资源配置管理、安全质量管理、环境监测管理、全景监测管理、BIM集成管理，将信息技术、人工智能技术与工程施工技术深度融合与集成，使进度、安全、质

量、成本实现透明化管理，并将项目管理全过程数据化、信息化，具有可追溯性，这对施工技术难度大的大型钢结构建设项目意义重大。项目总控管理模块界面为三亚崖州湾科创城数据决策系统的主界面，如图 8-28 所示。将施工场景三维模型与施工过程物联感知数据进行数据融合叠加，全面展现施工项目三维场景及施工状态，包括项目的总体概况、总体安全状态、预警报警、环境监测、传感器运行状态、人员在场、离场率情况统计等各类信息。

图 8-28　三亚崖州湾科创城数据决策系统主页

1. 进度计划动态可视化管理

进度管理是项目管理的核心，加强项目施工进度计划管理是保证施工安全、质量及成本等目标的基石。因此，智慧工地决策系统引入施工进度管理子系统，可实现项目进度实时跟踪，动态分配人、机、料等施工资源，对比实际施工进度进行动态调整，及时分析施工进度偏差原因与是否影响总工期，调整施工资源，保证施工进度目标。

通过三维可视化模型与施工进度计划关联，现场工程师根据实际施工进度，在系统中录入当期完成的工程量情况，由进度计划管理部实时调整进度计划前锋线，配合 BIM 工程师调整进度模型，对建设工程项目进行工作分解，将工作步骤及施工接口留置进行三维模拟与显示，使进度信息清晰地体现在模型上，实现模拟的真实性与实用性，可使项目管理人员直观了解进度情况，紧抓关键工作，保证项目按时竣工。

在流程管理方面，设计了自下而上的计划信息上报流程，依靠各投资主体对现场信息进行定期的收集、汇总和分析。每月，施工单位会以简报材料的方式向各投资主体汇报工程进度，由其汇总成进度报告，施工进度计划如图 8-29 所示。各投资主体建设指挥部将各工程实际进度进行汇总，检查月度计划执行情况，分析偏差对年度计划和总体计划的影响，特别是对关键线路上控制性工程的进度影响，研究制定并落实纠偏方案。对于各类参建单位之间的资源冲突问题，按照归属的层次，由相关的主管机构或单位进行协商解决。

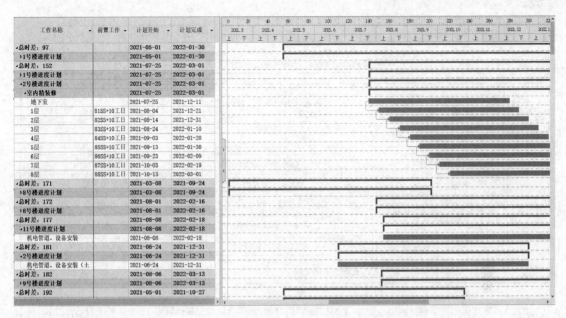

图 8-29　施工进度计划

2. 物料管理

针对参建单位众多、涉及专业广、施工人员数量多以及交叉作业管理难度大等项目资源管理难题，劳务管理系统模块自动捕捉闸机（翼闸）处的影像资料，利用摄像头人脸识别等技术进行现场劳务情况进出统计，并集成门禁系统进行现场劳务管理，系统对各专业工种人数及材料与机械使用量进行记录与统计。

针对物料进场量庞大、数量统计烦琐等问题，采用物料监控系统，该系统是由汽车自动称重系统、车牌自动识别系统、RFID 车辆识别系统、微电子集成线路控制系统等自动获取进场材料基本信息，并通过触摸屏输入单元、自动打印系统对进场材料进行信息存储，同时根据大屏幕指挥系统、语音系统、视频监控系统、异常状况手机短信通知系统、红绿灯提示系统等对进场材料的情况进行分析、判别和预警，最后通过远程查询系统实现数据的传输和共享，物料监控系统主要对混凝土、钢筋等大宗材料进场物料验收进行记录统计。

管理人员通过及时掌握现场应用情况调整管控力度，通过折线趋势分析管控效果变化，直观了解每月收料超负差情况，及时发现问题、解决问题，防止材料进场损失；通过折线趋势分析超负差情况走势，掌握偏差管控动态效果。当超负差率和超负差量越来越小时，说明偏差管控效果越来越好；反之，说明超负差越来越严重，需要加强管控。若运单填写率较低，需要收料过磅时将运单数量录入系统，才能更好地进行偏差计算；若偏差设置率较低，需要在数据分析平台称重设置中设置材料允许的偏差范围，从而确定管控力度。若运单填写率和偏差设置率较高，超负差率较低，说明项目负差应用好，管控效果好；若运单填写率和偏差设置率较低，超负差率较高，说明项目负差应用差，超负差情况严重。整体的管理系统体系结构如图 8-30 所示。

用劳务管理系统、物料监控系统将人工、材料投入记录导入系统进度计划管理模块，并在进度计划的资源配置中体现，与原施工进度计划资源配置计划分析论证，优化后续施工资源配置，使施工管理精细化，也能为施工企业相似的改扩建项目提供经验。

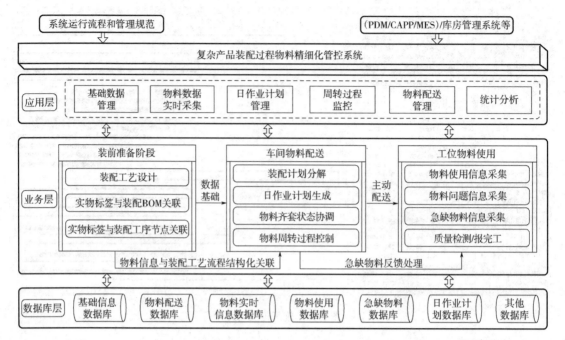

图 8-30　物料管理系统体系结构

3. 质量安全管理

项目管理人员使用数字项目管理平台移动端 APP 进行协同，质量、安全工程师对危险性较大的分部分项工程验收、工序验收及安全管理工作进行管理，将验收过程中的问题整改描述、整改照片或现场安全隐患照片录入数据决策平台，并通过 BIM 集成连接入平台模型中进行定位，将验收情况及整改内容推送至相关负责人，提前解决施工质量问题，及时消除隐患。

借助在建筑表面的监测点和地表、地下管线相应监测点上布置的监测棱镜，以及在支护结构、混凝土内部表面、周边建筑上埋设的传感器，通过无线数据采集模块实现数据的自动化采集，基于系统软件对数据进行处理，输出报表和预警等，实现对施工现场的自动监测，确保工地和周边环境的安全。现场责任工程师监督分包，劳务相关负责人需将问题整改回复上传后闭合流程，系统形成整改回复记录并在 BIM 模型中定位标记，警示相关管理人员后续施工要加强监管，提高施工效率。

面向管理人员开发建筑工程大型施工机械安全监控功能模块，展示特种设备（升降机、塔式起重机等）基本信息、运行情况，监控升降机、塔式起重机运行实时动态情况，当发生违章操作时，监控设备在发出预警、报警的同时，自动终止升降机的危险动作，有效防范和减少升降机安全生产事故的发生。智能建造质量安全管理与控制体系如图 8-31 所示。

4. 环境监测管理

环境监测系统主要布置于施工项目的周围，环境监测系统安装高度为 2m，主要展现现场 PM2.5、PM10、噪声、温度、湿度、污水 pH 值、能耗等数据。通过传感器检测到的信息，在施工现场对施工环境影响程度进行分析，将智慧工地环境监测系统与施工现场自动喷淋系统结合，当施工现场扬尘、PM2.5 等指标超过预警值时，自动喷淋系统自动洒水降尘并向智慧工地系统警报，可降低施工对周围环境的影响，实现绿色施工精细化管理。

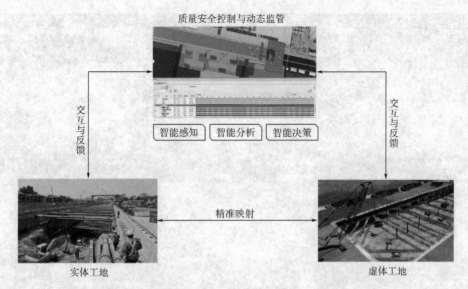

图 8-31　智能建造质量安全管理与控制体系

在出渣车辆管理方面，集成现场车辆门禁与视频系统、车辆冲洗设备，当日常进出场地的出渣车辆经过识别摄像机时，可得监控采集视频信息，通过整合分析数据，建立相应的信息档案，与车辆基础库的信息进行比对分析识别，对不合格或未备案车辆以及未冲洗车辆，系统将自动进行报警提示。

在施工污水监测模块，根据向系统上传污水排放相关标准，在施工现场污水处理设备排放口加装监测设备，实时监测浑浊度、氨氮、pH 值等指标，对数值超标的情况进行报警。

5. BIM 集成管理

建筑施工场景三维模型是准确掌握建筑施工要素及施工过程状态、动态识别施工安全隐患、及时管控施工行为的信息载体。建筑施工场景涉及要素众多且较为复杂，主要包括拟建建筑物、施工配套设施、施工机械设备和施工区域及周边环境等内容，根据建筑施工管理要素的空间形态特点，并顾及建模的方便性及效率，可采用多种技术手段结合的三维建模方法。其中，拟建建筑物模型为建筑设计单位所建立的 BIM 模型，施工配套设施、机械设备采用基于如 Sketch up、3DS MAX 等成熟的 CAD 类软件进行模型构建，施工区域及周边环境基于倾斜摄影测量影像进行三维实景模型构建。

由于工程项目复杂节点零件组成多、结构复杂、精度要求高、焊接顺序要求非常明确，在智慧工地数字决策系统——BIM 集成管理模块中，通过 BIM 模型将复杂节点可视化，极大地提高了现场施工人员对结构构件和节点的理解及领悟力，降低了因图纸理解错误导致的经济损失；结合手机等移动端 App 共享，现场施工人员可迅速查询所需构件、零件信息，极大地提高了工作效率和准确率。

BIM 模型深化模块如图 8-32 所示。图 8-32 中的管线和节点布置非常复杂，在建筑施工识图中对建筑施工人员的专业技术要求非常高。而有了 BIM 可视化模型，则大大降低了建筑识图难度，提高了建筑识图的准确性。

通过 Revit、Fuzor 及 BIM 智慧安全帽管理系统协同 BIM 集成管理系统，发现项目部分区域施工在飞行区内。为保证机场正常运营需严格控制施工人员的作业范围，按民航局要求，

图 8-32　BIM 模型深化模块

每五名工人施工需配一名经过培训的管理人员。通过智能安全帽管理系统可以提前划定施工区域，实现前端现场作业和后端数据管理的实时互动，对临近和超出施工边界区域的人员做出实时预警，这样可减少管理人员的投入，提高安防的精准度和效率。

本工程临边洞口多，多种专业工程同时作业，立面交叉作业面极多，对安全施工来说是重大考验。通过 IGH 智能安全帽系统可精准定位管理人员及作业人员位置，各单位安全管理人员可通过系统反馈作业人员定位进行实时监测，对相关人员进入交叉作业区提前预警，提高安防的精准度和效率，实现精细化施工管理。

IGH 智能安全帽管理系统包含传感器与语音报警系统，对施工现场作业人员脱下安全帽、不系帽带的行为警告并记录，推送至相关负责人进行处理，且对警告次数、处理时效等数据统计与记录，大大提高了安全管理效率。

三、应用场景

1. 场景一：大跨度钢结构施工风险管理系统

大跨度钢结构工程受到结构设计、材料特点及施工特点等因素影响存在大量的风险源和风险因素（表 8-4），采用传统风险管理手段不易对具有多重模糊特性的风险源和风险因素进行针对性的管理，并通过事前控制以达到风险预防的效果，故平台基于 BIM 技术进行数值模拟及优化的风险管理应用。

传统的大跨度钢结构工程风险管理方法主要依靠管理人员施工管理的经验进行提前预防和过程管控，没有针对大跨度钢结构工程的特点建立完整的项目风险管理体系，因此，该平台针对复杂钢结构工程的施工和管理环节提出基于风险识别和评价的工程风险管理流程，以此制定科学的应用模式，并基于风险识别和评价的结果提出项目的风险管理目标，在管理目标的基础上建立项目的风险管理体系及 BIM 应用体系，最后针对大跨度钢结构工程的风险管理体系制定相应的风险应对措施，从而使得整个风险管理流程更具有科学性和针对性。

表 8-4　大跨度钢结构工程风险因素识别清单

风险源	风险因素
钢结构深化设计风险	结构设计方案不合理
	结构荷载受力计算错误
	材料选择不合理
	节点深化设计质量不高
	未充分考虑施工特点
钢构件加工安装风险	钢构件性能、质量不符合要求
	安装、焊接、紧固过程不符合规范
	施工方案不合理或管控落实不到位
	施工作业人员影响
钢结构整体提升风险	整体提升方案不合理
	钢结构支架失稳、倾覆、坍塌
	大型提升设备侵限、失稳、倾覆风险
	液压提升系统操作失误
不可抗力风险	工程成本风险
	自然环境风险

风险管理流程通过将 BIM 技术、数值模拟分析技术、虚拟仿真技术等数字化手段引入大跨度钢结构工程的风险管理过程当中，经过数值模拟分析得到的定量数据可以实现对设计方案和施工方案的优化，通过预设施工情况的模拟分析，实现了风险发生的事前管理，并在施工过程当中通过实时的动态监测防止大跨度钢结构工程在整体提升过程当中发生结构失稳的风险，通过定性评价与定量分析相结合的方式避免了以往凭借经验判断进行风险管理的盲目性，实现了项目全过程的动态风险分析和管理，通过对项目设计和施工方案的优化避免实施过程当中风险事件的发生，实现事前控制风险发生的目的。依据风险管理流程建立的原则，建立如图 8-33 所示的大跨度钢结构工程风险管理体系。

风险管理系统采用了数值模拟与虚拟仿真的关键技术和方法，结合 BIM 技术针对大跨度钢结构工程

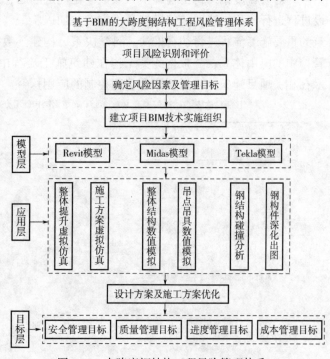

图 8-33　大跨度钢结构工程风险管理体系

中的风险源以及风险因素进行风险管理应用实践，通过有限元仿真分析进行深化设计阶段的风险管理应用，发现设计失误并进行优化，基于 Revit 软件建立钢结构模型对整体提升过程进行虚拟仿真模拟以辅助现场施工方案交底并降低整体提升过程的风险，如图 8-34 所示，采用 Tekla 软件进行钢构件的图纸管理和碰撞冲突检查以辅助钢构件加工安装阶段的风险管理工作。基于数字化

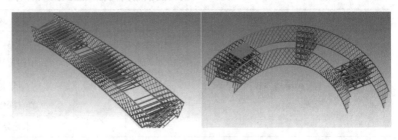

图 8-34   Revit 软件结构模型深化

的管理手段可以实现针对风险因素的事前管理过程，提前发现设计阶段、整体提升阶段和加工安装阶段中可能导致风险发生的风险点，从而进行针对性的优化和管控以实现风险预防的效果，降低了风险发生的概率，并通过加强管理减轻了风险造成的预期损失，有助于提高项目各参与方的社会效益和经济效益，优化工程项目风险管理流程。

2. 场景二：施工方案数字化优选体系

大型钢结构建筑物相较于传统结构形式，其构件体积庞大，结构形态复杂，使得建筑全生命周期精益管理都提出了全新的难题。另外，大跨度建筑的发展不仅体现在大跨结构的设计上，其建筑施工组织问题更是需要重点关注的。对于施工方案的优选，直接影响了工程的成本、质量和进度等重要因素，要确保施工建设的安全和经济，符合"双碳"目标，获得较好的效益指标，优选的目的就是运用科学的方法，以最小的劳动消耗取得最大的效益。

针对大跨度钢结构工程施工方案数字化优选问题，通过参数化模型的建立，对其关键建设过程进行流程再造，数值模拟最优方案并加以验证，借助可视化工具对该大跨度钢结构建筑的重要施工流程进行仿真推演、科学决策。构建了数字孪生技术在大跨度钢结构建设过程管控中的应用体系，并根据此类结构在建筑施工流程中的实施重难点问题，进行了 BIM 技术在相关项目建筑施工过程综合管理控制的应用探究，如图 8-35 所示。

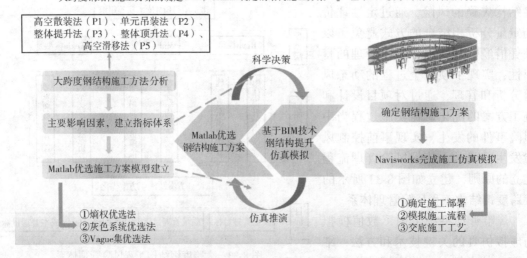

图 8-35   施工方案数字化优选模型

对大跨度网架钢结构建筑的一般施工方法进行对比分析，结合实际工程案例，讨论了一般的施工方式、工序，并总结出了其主要的工艺与技术点；以工程结果为基准，通过剖析影响大跨度钢桁架结构方案选取的主要原因，从而形成了大跨度钢桁架结构的优选评价指标。在分析不同施工方法的综合优劣后，以某大跨度钢结构建筑为例对多种施工方法进行了细致的技术经济分析，从而形成了综合优选的工程评价数学模型，进行优选评判；用熵权法可以客观地测算出各指数的权重；运用了灰色关联法与 Vague 集合理论，形成了综合评价数学模型，其中 Vague 集合是模糊集合的推广，有双重隶属度，使综合评价问题更加科学与合理，为求解问题方便使用 Matlab 语言编写了求解程序。

因为大跨度钢结构过程比较复杂，所牵涉的各种因素广泛，很难直接用很明确的方式来处理，所以选择不确定性体系的研究方式将更为合理。针对该工程的特点，将采取信息熵法优选、灰色体系法优选以及 Vague 集法优选来综合评价优选。在权值比例的计算上，将完全采取客观方式，使用熵权法决定权重，并力图尽量减少主体影响，客观表示各个指数的平均权值比例。随着钢结构科学技术的快速崛起，大跨度钢结构建筑应用领域持续扩展，该类建筑的结构形态将显得更加错综复杂，从而促进了 BIM 技术在大跨度钢结构中的运用，借助 BIM 技术的参数化、可视化、施工模拟等特点，解决钢结构构件的加工运输及安装、复杂节点的深化设计、提升方案的比选及优化等施工重难点问题。

3. 场景三：基于 BIM 技术的大跨度钢结构施工仿真

随着中国建筑行业信息化进程的日益推进，数字孪生技术的发展和使用也在如火如荼地开展，并且建筑物结构体系规模化和建筑物形状复杂化也正是当前中国公共建筑发展的主要方向之一，尽管这类结构可以更好地适应公民的意愿，但这也势必会给建设施工管理工作带来新的考验，怎样全面保障类似庞大建设施工过程的可行性、安全性、经济性，是建筑行业广泛重视的问题。在上述庞杂工程建设施工过程管理中融入 BIM 技术，势必会给施工企业创造解决疑难情况、提高综合效益的新模式。

通过构建 BIM 参数化模式，利用了 BIM 工程技术在大跨度钢结构施工控制中的重要作用优势，如图 8-36 所示，分别完成了 BIM 技术在施工力学模拟中的运用、BIM 技术在施工工程计算中的运用等重要工作环节和 BIM 建模数据的传输，并结合施工案例进一步证明了研究成果的可行性和适用性。

4. 场景四：BIM技术与无人机技术的综合应用

随着我国大型基础设施工程建设步伐的逐步加快，传统施工现场管理难以应对大型基础设施工程建

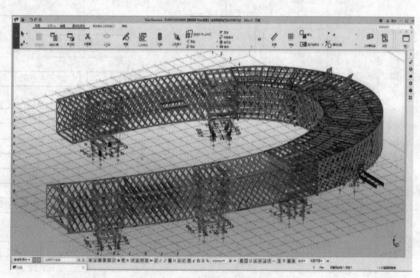

图 8-36　Tekla 钢结构深化模型

造投入大、施工周期长、多工种交叉作业的高效管理需求，且施工现场细部管理决定项目竣工质量、时间乃至企业形象。利用无人机简便、高效的特点，通过整合飞行位姿数据、图像数据，能够降低三维模型建立成本，生成实景模型与工程数据融合，辅助大型工程施工进度、质量等方面管理，扩大施工管理半径，有效提升管理效率。随着测绘技术的不断发展，以倾斜摄影测量为代表的实景三维数据获取技术受到广泛重视。基于倾斜摄影测量技术制作的实景三维场景具有多项优势，不仅能完整地还原地形地貌，还能够呈现出真实的实景三维影像，将地面物体的纹理和形状加以全方位反映，更符合人们的感知特点，同时具有高精度的测量性。

针对三亚崖州湾科创城项目施工区域大、交叉作业多、工期紧凑等施工难点，采用无人机航拍现代化管理模式辅助施工管理，旨在实现精细化、数字化、定量化施工管理。利用无人机技术快速获取不同高度、角度全景影像等优势，对采集的测区图像及位姿数据进行降噪、分类、处理，形成实景图、全景图、建筑立面图等成果，结合模型构建、数据处理与融合，将三维点云经纹理映射生成的地形模型与 BIM 建筑模型融合，实现城市新基建模型的创建，在三维地形模型中融合 BIM 技术，准确完备地集成了地势、道路、水系等信息，形成拟真的三维立体框架，利于管理者施工指挥调度。无人机建模技术路线如图 8-37 所示。

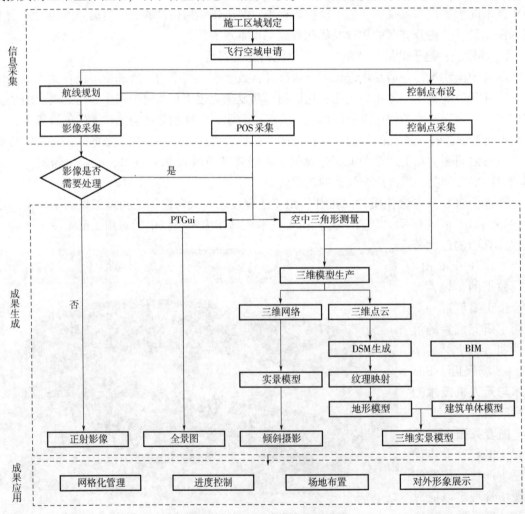

图 8-37 无人机建模技术路线图

相较于传统现场管理方式，这种方式不仅在管理效率、管理半径上有明显提升，同时将三维实景数据与 BIM 三维深化模型融合，实现三维可视化现场管理。使用三维数字建筑实景模型为信息基础，承载了建筑物全生命周期的地理环境信息；以实景模型数据为信息载体，集成建筑物全生命周期的动态变化。如图 8-38 和图 8-39 所示为无人机技术在某大型工程施工管理中的应用。

图 8-38　场地布置调整模拟

图 8-39　实际施工场地布置

三维实景模型需要进行三维地形模型与 BIM 模型融合，但二者模型数据在语义表达上存在差异。三维地形模型属于城市地理标记语言，用于表达城市地理信息要素；BIM 模型数据共享和转换标准格式是 IFC。因此为有效避免表面模型与实体模型多格式不兼容的问题，在实体模型导入三维地形模型中，需完成几何属性以及坐标系统的转换。

利用 TerraExplorePro 软件辅助进行三维地形模型与 BIM 模型融合，生成的三维实景模型充分考虑施工现场作业区内临时设施与建设主体的位置关系，通过搭建三维实景模型，对原施工平面图中的土方、材料堆放区进行调整，并综合考量空间立体相互关系后布设作业塔式起重机，直接形成施工初期三维施工场地布置方案；经实际应用，该方案短时间内科学合理地对现场进行优化调整，通过三维实景模型的建立，便于管理人员在把控场地空间位置关系，在一定程度上降低了场地布置的决策难度。

5. 场景五：建筑突发性火灾疏散仿真 BIM 应用

随着城镇化进程的加快，城市快速现代化与火灾应急管理发展落后缓慢之间的矛盾逐渐凸显，传统的二维逃生疏散图与逃生疏散演练方式存在的问题日益显现，已无法满足当下智慧城市的疏散需求。为寻求智慧城市火灾应急管理的技术突破与管理创新，将智慧城市建筑火灾风险指标评价与火灾疏散仿真模拟相结合，并提出智慧城市背景下的火灾实时疏散系统构建方案，以提高智慧城市应急疏散效率及火灾预警管理的专业化、智能化水平。

火灾疏散风险影响因素众多，智慧建筑火灾风险评价体系尚不完善；智慧建筑内部结构复杂、人员众多、发生火灾后易产生拥堵和踩踏等问题影响疏散安全；火灾突发性强，传统火灾疏散方案针对性较弱，发生火灾后人员很难在第一时间撤离火灾现场。并且，突发情况下，公共场所内人员易产生盲从现象，都希望通过最短路径快速逃生，在出口处或较窄的"瓶颈"路径处容易发生拥堵，出现"快即是慢"现象，此时将拥堵人群有效分流到其他路径变得极为重要。通过考虑人群流量与排队时间的动态关系可有效降低疏散路径重叠概率，运用蚁群算法能优化烟气条件下人员的疏散路径，利用改进粒子群优化算法可有效减少行人的年龄和性别对火灾疏散路径的影响。

研究案例位于某智慧城市示范区域内，该智慧城市示范区域内设立城市智慧大脑等智慧城市运营管理中心，区域内建筑布设了一系列物联网设备，对建筑情况实时监控。该智慧城市示范区域内包含住宅、公寓、学校、商业综合体等，本研究以其中的大型学术交流共享空间为例，进行智慧城市背景下的火灾疏散仿真规划研究。

大型学术交流共享空间建筑整体结构形式为核心筒 + 大跨度架空双曲面桁架结合钢结构，建筑面积约 2.26 万 m²，建筑高度 24m，外环长度 372m，内环长度 294m，内外环最小间距 15m，承台钢柱间最大跨度 48m，建筑地上五层，地下一层，耐火等级一级。建筑下部为混凝土结构，上部为钢结构，上部建筑主要组成部分包括核心筒、平台梁以及两侧网格桁架，建筑整体结构如图 8-40 所示。学术交流共享空间内设会议室、洽谈室、餐厅和展览区域等，可容纳人数多，结构形式较为复杂，一旦发生火灾极易造成人员伤亡。

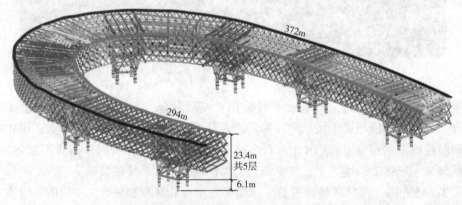

图 8-40　学术交流共享空间建筑整体结构

首先从学术交流中心 CAD 图纸中提取建筑、结构、装饰装修、应急指示分布等信息，进行图纸翻模绘制三维信息模型。再从传感系统和监测系统中提取消防参数信息，设置逃生人员、传感器位置和火源危险点等数据。通过从 Revit 模型中提取的三维建筑信息，在 Pathfinder 和 PyroSim 软件中添加疏散人员特征、定义反映和表面属性等内容。针对数据结果进行集成，对逃生行为、烟气蔓延规律和拥堵状况进行分析，图 8-41 为火灾模型信息集成。

通过烟气蔓延分析，建筑物内烟气聚集点的可视化标记可以帮助应急管理人员确定关键导航点，提高疏散过程的安全性。疏散路径重新规划后，逃生人员的疏散行为经过引导可以选择通行能力较强的楼梯与出口，部分人员逃生路线发生更改，避免了不必要的排队和拥堵时间，均衡各个逃生出口疏散流量，总体提升了人员的疏散效率。通过对第一次疏散模拟中人员逃生行为和拥堵状况分析，在疏散网络模型上进行标记，第二次疏散模拟时可找出关键位置，设定导航点降低拥堵出口人员流量；在受烟气蔓延影响处提前设置导航点阻止人员在危

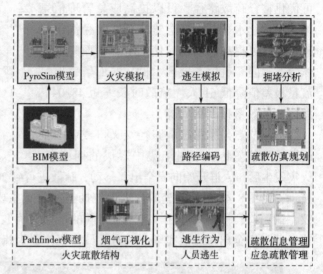

图 8-41　火灾模型信息集成

险时段通行，分流逃生人员，在进行重新规划疏散时，除导航优化外，人员的生理参数均与第一次保持一致，火灾疏散仿真模型如图 8-42 所示。

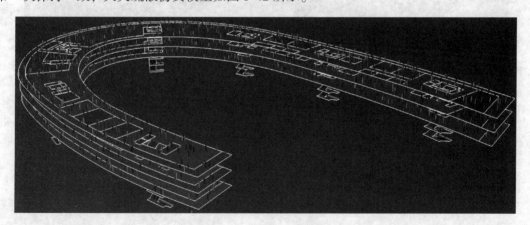

图 8-42　火灾疏散仿真模型

经导航优化后第二次疏散模拟共计用时 446.24s，对第二次疏散重新规划后各出口疏散人数进行统计，绘制重新规划前后人员流量比较图，如图 8-43 所示。通过设置关键位置进行导航疏散，从出口 B 逃生人数减少 21 人，从出口 C 逃生人数减少 69 人，降低了 B、C 出口的人流负荷，加快了教学楼整体疏散速率。出口 A 人员疏散量增加 34 人，出口 D 人员疏散量增加 27 人，出口人员流量极差值由 219 人降低到 158 人，使重新规划后的各出口人员

流量更加均匀，具体如图 8-43 所示。综合优化前后模拟结果和信息模型所进行的可视化信息决策分析，验证了人员疏散重新规划的有效性。

通过建立高层民用建筑应急疏散管理模型，以 BIM 技术和仿真模拟作为核心应用，综合使用火灾模拟和人员疏散软件进行参数分析可优化整合疏散路径，可以提高应急管理信息化、科学化水平。对高层建筑开展路径优化与疏散引导可提高逃生出口使用率，从而降低整体疏散时间。就生态城区示例建筑而言，出口流量极差值降低 61 人，疏散时长缩短 48.04s，总体疏散效率提高 9.72%。

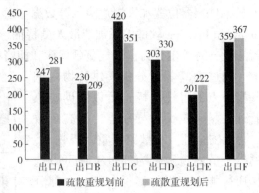

图 8-43　出口疏散人员流量比较

拥堵节点是指在疏散路径交叉口或者安全疏散出口位置因人群过于集中形成的拥堵点。火灾发生后，人群开始向安全出口移动，疏散进行到 20s 时建筑 5 层的人员密度情况如图 8-44 所示，由图 8-44 可知，建筑内人员较拥挤的位置主要为各疏散通道交界处，如展览厅和会议室的门口、楼梯入口处等。随着时间的推移，疏散人员会由各个房间行进到疏散楼梯上，或已通过安全出口疏散完毕，此时人员密集位置为疏散楼梯。

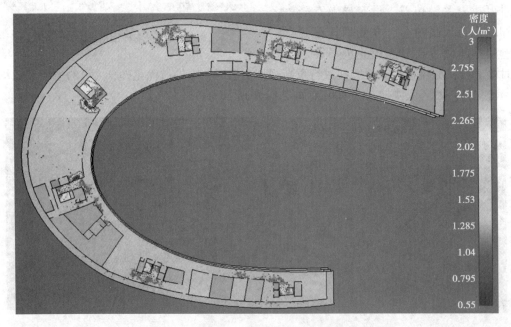

图 8-44　建筑部分区域人员密度热力图

火灾发生后，建筑内发出火灾警报，人员开始疏散逃生，对于建筑熟悉的人们在选择疏散路线时会倾向于较近的疏散路线，对建筑不熟悉的人们可能会选择跟随其他人进行逃生，因此人们在不知道建筑内疏散通道是否拥堵的情况下，盲目选择距离较短的疏散通道逃生会加重拥堵程度，从而延长疏散所用的时间，这样就会导致一部分安全出口超负荷，而一部分安全出口在一定时间段内闲置的情况。

为对 Pathfinder 中人员疏散路线进行干预, 引导人员按照 Floyd 算法求得的人员疏散路径进行疏散, 需通过导航点干预人员疏散路线选择, 优化后的疏散路线如图 8-45 所示。

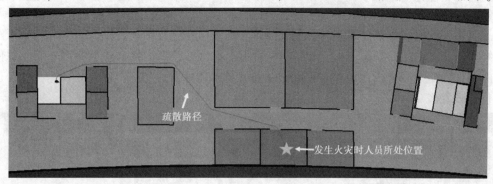

图 8-45　优化后人员疏散路径

智慧城市疏散指导系统搭载于智慧城市管理平台上, 系统由感知层、数据处理层以及应用层构建而成, 系统架构如图 8-46 所示。感知层主要用于采集建筑内的火灾相关信息以及人员分布信息, 并利用 NB-IoT（Narrow Band Internet of Things, 窄带物联网）技术、UWB（Ultra Wide Band, 超带宽）技术将采集到的数据传输至数据处理层。数据处理层在建筑火灾风险超过相关阈值后, 向应用层传输火灾警报信号, 并根据危险源位置与人员分布信息基于Floyd 算法规划最优疏散路径, 将规划

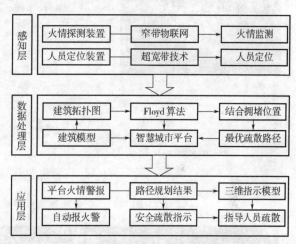

图 8-46　火灾实时疏散系统架构图

的路径相关信息传输至应用层, 通过智慧城市平台与建筑内的安全设施指导建筑内人员规避拥堵节点与危险源, 提高疏散效率。

以天津市某智慧城市学术交流共享空间为实际案例, 结合 Pathfinder 疏散模拟软件验证火灾疏散系统的有效性, 经验证对比, 优化后的疏散路径缩短 27.3m, 疏散时间减少 31.3s, 疏散效率提高 24.3%。

6. 场景六: 智慧能耗管理系统

传统方式下建筑运维管理存在数据共享困难、系统集成工作量大等问题, 尤其是建筑新功能需求的提出无法与现行系统相契合, 影响整个建筑物的正常运维。技术不断迭代, 智慧建筑也迫切需要新的技术予以推动发展。云计算、物联网等技术应运而生为智慧建筑的发展注入了计算服务能力和丰富的感知能力, 助推建筑追求功能、结构、形态上的变革, 但与此同时也对建筑内部众多设备和子系统的实时监控和集成管理提出了较高要求。

作为自动化技术、感知技术、人工智能的有机结合体, 物联网技术具有促进物物、人物信息交互和无缝衔接的功能, 恰好能有效解决包括大型商业综合体建筑形式的运维瓶颈问题, 提供创新性的智慧建筑解决方案。因此, 借助于物联网技术搭建智慧建筑运维管理平台

具有必要性。立足于智慧建筑物联网感知层、数据处理层及应用层三层结构，充分利用适配器转换各类智能子系统接口，打造智慧建筑运维管理平台，提升大型商业综合体建筑建设及运营效率，实现建筑智慧化运维管理。

三亚崖州湾科技城数字孪生平台能耗管理子系统实现能耗数据管理、数据监控分析及能耗运维保障三大功能，如图8-47和图8-48所示，平台可以提供各个楼宇的水电等能源使用情况的管理、监控和分析，轻松管理庞大设备系统及能耗，达到降本增效的目标，推动建筑业绿色低碳发展。

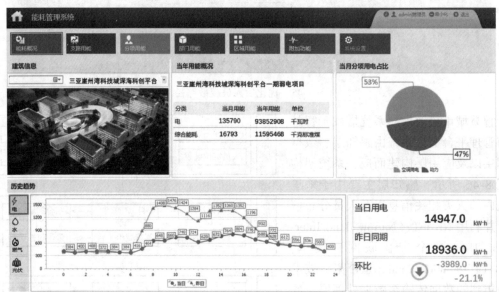

图 8-47　三亚崖州湾科技城能耗管理系统

图 8-48　三亚崖州湾科技城能耗分析

四、案例总结

三亚崖州湾科创城数据决策系统基于自学习自优化的人工智能算法、结合数字孪生底座，实现从单一部门数据到城市全维度发展规划大数据的升级跨越，以虚实结合的方式，将科技城 2020—2025—2035 各阶段的发展与规划展现在数字孪生的底座中，通过城市规划、建筑规划数据，结合精准建模，实现了发展规划的"可管、可控、可视"，从而做到科学防治。通过城市发展规划孪生可以对未来城市发展及规划进行可视化展示，更加全面支撑城市健康发展。

基于汇聚的海量数据，构建支持知识推理、概率统计、深度学习等人工智能能力平台，实现跨部门、跨单元的即时数据处理，实现数据融合创新，协调各个系统，通过大数据、人工智能等技术支撑各系统有效运行，提高在建工程运行效率。利用前端摄像机、传感器等设备，对每个工程内的多种安全隐患进行实时分析，每一个设备相当于一双眼睛，隐患发现及时率提升 80% 以上，节省人力 50% 以上。同时通过 AI 审图，快速完成工程规划阶段审图，提高审理人员工作效率 50%。

基于对城市配套设施的还原，通过数字孪生对区域内的交通、医疗、教育、住房、休闲进行可视化的实时监管。同时结合前端海量数据进行自主学习及分析，为城市管理人员提供更加有效、优质的数据支持设施的建设，提升人民群众生活质量。围绕园区重点关注的运营、管理等领域的实际需求，在保证数据安全和管理安全的前提下，穿透园区的建设、运行、管理的若干应用场景，实现协同的创新、集成的智慧，提高园区的自组织能力，持续提升园区运营管理的综合成效，各类数据打通可提高园区 20% 运转效率。

平台以"建筑施工全要素数据采集—虚实场景建模—智能情景分析—在线预警—辅助决策"为技术和应用主线，开展了施工管理场景三维模型构建及施工过程物联感知数据获取与分析技术研究，研制出智慧工地智能管控技术系统，系统的应用达到了以下几点管理目标：一是通过真实三维施工场景模型构建，实现现场各关键要素及施工全过程可视化管理；二是有效提高了施工管理工作效率，借助布设的物联网及各类传感器，第一时间全面掌握施工现场施工状态，并对施工人员违规作业、施工机械运行及施工关键环节进行动态识别与管控，继而做出合理的管理决策，工作效率显著提升；三是有效提升施工安全防范能力，全面掌控施工现场的实时态势，警示安全隐患及不规范施工行为。

三亚崖州湾科创城数据决策系统为施工现场提供了有效的信息化管理手段，可规范现场安全文明施工行为，实现远程可视化智能决策的理念；加快推进智慧化工地管理制度的建立，利用信息化对建筑施工安全生产进行"智能化"监管，将其深度融入安全生产核心业务；使管理工作科学化、规范化、制度化，以利于更高效、更全面、更系统地提升城市轨道交通建设水平，特别是土建施工期间的监控与管理水平，规范各方管理行为，强化参建各方监管，提高各层级工作效率，实现高效辅助推进三亚崖州湾科创城向智慧城推进的新目标。

第八章课后习题

1. 请简述数字化资产管理平台可视化展示的优势。

2. 请思考数字孪生技术在建筑项目质量管理方面还有哪些应用场景。

3. 请查阅相关文献，思考基于数字驱动的设备维护方法还有哪些？各存在哪些优势？

4. 请简述资产管理数字化转型的必要性。

5. 请结合本章能耗管理的相关内容，简述能耗预测流程。

6. 请思考智慧城市火灾疏散系统的工作原理，通过查阅相关文献，列举火灾疏散模拟的应用软件。

7. 请结合本章内容，针对一个具体案例设计构建数据决策系统平台架构。

8. 智能建造数据决策系统有哪些功能？大数据为建筑业数字化转型提供了哪些便利？

9. 请结合相关文献，简述大跨度钢结构工程的风险管理有哪些关键点及如何规避风险。

10. 请列举智慧工地中数字化技术的应用场景，并结合场景谈一谈数字化技术的优势所在。

第九章　数字孪生促进智能建造全生命周期管理创新实践

数字孪生作为智能建造的核心技术手段之一，将为建筑行业带来革命性、颠覆性的变化。目前，许多企业开始探索数字孪生技术在智能建筑领域的应用，其中 BIM 技术应用在建筑工程建设全生命周期管理中具有非常广阔的前景，对推动建筑产业转型升级、促进数字经济发展具有重要意义。

2022 年 8 月，中国建筑科学研究院有限公司、国家建筑信息模型技术研究中心有限公司在北京举办"数字孪生与智能建造"技术交流会。同时，中国建筑业协会在《关于加快推进 BIM 与数字孪生技术应用发展的指导意见》中指出："要积极推动建筑业数字化转型，要加强 BIM 应用基础研究与标准规范建设；结合行业实际需求，研究开发具有自主知识产权的数字孪生核心算法和应用软件；推动企业建设数字化管理平台或集成平台，建立面向各类应用系统建设和集成的 BIM 标准规范。"本章从数字孪生在智能建造全生命周期管理的应用出发，分析前沿行业数字孪生技术应用案例，为相关行业数字化转型提供参考。

第一节　数字孪生在智能建造全生命周期管理的应用

一、数字孪生在智能建造全生命周期中的重要性

随着我国科技水平的提高和新一代信息技术（5G、物联网、人工智能等）不断融入各行各业，目前大部分行业正在面临"互联网 +"与"智能 +"的双重变革，其中数字孪生作为重要的组成部分，被赋予了全新的内涵和价值。

数字孪生与智能建造是相辅相成、相互促进的关系，数字孪生作为人工智能和物联网的典型代表，在传统建筑行业已得到广泛应用。如美国的 Tensor-Flow 项目，通过对物理世界中建筑实体的可视化模拟，能够实现对施工过程、建筑材料、机械设备和人员等相关数据的监测与分析；英国 Achieving 项目利用虚拟现实（VR）等技术建立了数字化建筑，并以此为基础进行设计管理，如图 9-1 所示。在美国，通过建立数字孪

图 9-1　英国项目利用 VR 建立数字化建筑

生体（数字孪生城市）辅助政府决策，已取得良好效果。我国建筑行业在智能建造方面也有一定发展。

从技术角度来看，数字孪生通过对物理世界信息进行采集和分析，可以辅助工程建设全生命周期的管理决策，智能建造领域可以为建筑行业提供全生命周期的数字化、可视化、智能化服务。因此，数字孪生不仅对实现建筑行业智能化、数字化转型有重要意义，在智能建造全生命周期中更是绕不开的关键一环。

二、数字孪生在智能建造全生命周期中的应用内容

数字孪生技术在智能建造全生命周期中的应用内容主要有以下几个方面：一是通过模型化的方式实现信息的融合与反馈；二是通过人工智能技术进行智能化分析，并在虚拟环境中进行模拟分析，从而对整个工程项目做出正确判断；三是通过数据融合，形成一个更加全面和有效的决策系统；四是通过模型与数据的融合，使用数字孪生技术与信息技术、人工智能和云计算等结合在一起，能够使建筑从设计、施工、运维以及管理等各个方面都实现信息化，如图 9-2 所示。

通过数字孪生技术对建筑工程项目进行规划、设计、管理和运维，从而提高项目的经济性、安全性、可持续发展能力和效率。通过数字孪生技术可以实现建筑工程项目的施工计划与预测，如工程预算和施工方案，以提高项目的经济效益，同时减少人为错误和资源浪费。通过数字孪生也有助于建筑设计师优化整个建筑工程项目，以更好地控制施工过程和材料的使用。

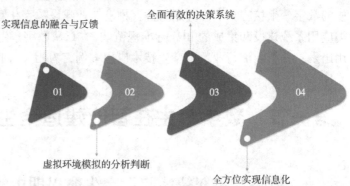

图 9-2　数字孪生技术在智能建造全生命周期中的四大应用内容

利用数字孪生可以为客户提供最佳服务并降低成本。基于数字模型的建筑项目设计与优化流程可以提高设计质量，缩短工期并节省资金。基于数字孪生的建筑方案设计还可提高对施工现场的可视化和互动性，减少事故隐患。

三、数字孪生在智能建造全生命周期中的应用价值

数字孪生作为实现智能建造的关键前提，它能够提供数字化模型、实时管理信息、覆盖全面的智能感知，更重要的是，能够实现虚拟空间与物理空间的实时信息融合与交互反馈，从而对建造过程起到可视化呈现、设备健康管理、智能预测管理三大方面的作用，如图 9-3 所示。

1. 可视化呈现
通过借助图形手段和可视化技术处理孪生体数据信息，结合三维场景实时渲染和数据建

模，对多源数据加以可视化解释，实现实时数据可视化交互。

2. 设备健康管理

数字孪生技术将结合物联网、云计算、大数据对建筑物的整个生命周期和建造过程的全要素进行监测和控制，在线检测系统功能齐全、人机界面清晰、状态检测及报警系统网络化、智能化、模块化和组态化。

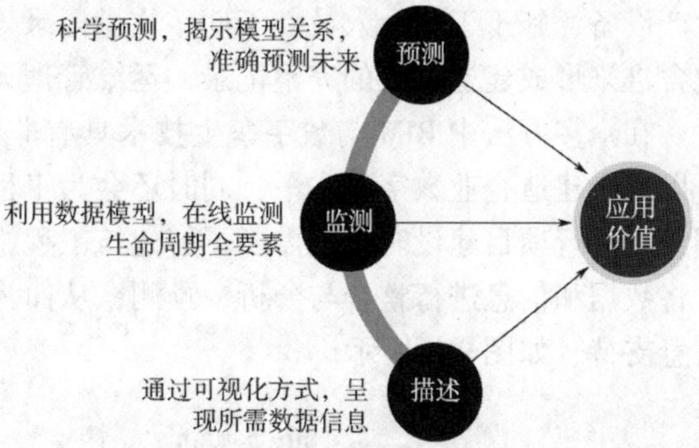

3. 智能预测

数字孪生模型可以根据获取的数据拟合出建筑物的性能函数，从而准确预测安全风险的影响程度以及引起风险的作用机理，保障了建造的科学性和可行性。

图 9-3　数字孪生在智能建造全生命周期中的
三大应用价值

智能建造数字孪生框架为智能建造系统提供了技术与手段，面向建筑物的全生命周期过程，以数字化方式创建建造系统的多物理、多尺度、多学科高保真虚拟模型。通过数字孪生技术与传统智慧手段结合后能达到更高的智能化和精细化发展目标。在全生命周期管理方面，以数字孪生为技术支撑，在项目决策、进度、质量、成本、安全等管理方面都能起到辅助作用。

第二节　数字孪生促进建筑项目的全生命周期管理

我国相关部门虽已发布了相关政策规范建筑行业发展，但由于我国企业在应用数字孪生技术方面存在一定差异性，当前我国企业数字化程度仍较低，且大部分企业不具备相应能力；因此需要借助数字孪生相关应用领域的解决方案。

随着科技的快速发展，人工智能、物联网及大数据等先进技术应运而生，其凭借更为广泛的应用环境而被各领域及行业所吸引。在这种背景下，建筑行业也在先进工程建造技术中引入新一代技术，设计构造智能建造技术并应用于工程建设管理之中，以推动工程建设各阶段工作更为高效地开展。

一、数字孪生技术与建筑智能建造的融合

从传统建筑到智能建筑再到智慧建筑，建筑的发展与演变是一个螺旋式上升的过程。智慧化，就是这场演变的终极目标。大数据时代下，若要建筑物达到智慧的目的，多种技术融合的数字孪生技术或是最优解。

（一）建筑项目中数字孪生的技术应用

1. BIM 技术应用

BIM 概念已经历了 20 年的发展，虽然可以通过 BIM 的 3D 可视化方案一定程度上解决

生产设备、施工工艺、人员、工期、质量记录等问题，但仍无法通过统一的方式将所有信息包含进来形成建造过程的完整记录，运维管理人员不能在 BIM 模型中找到所需的全部信息。

在众多方法中 BIM 与数字孪生技术具有非常明显的优势。BIM 与数字孪生技术的融合可以提升建造企业数字化水平，同时还会为工程建设过程中实现信息化、数字化起到很大作用；在进行项目建设时首先需要了解建筑工程施工前所需要知道的内容以及相关信息；其次是将数据和信息进行整合与分析、预测，从而为项目管理人员提供更加准确且全面的数据和信息支持，如图 9-4 所示。

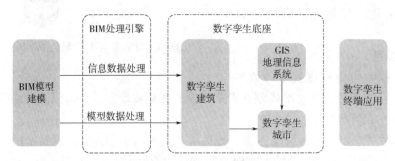

图 9-4　基于数字孪生的 BIM 技术应用

BIM 技术的突出特点决定了该技术在智能建筑管理应用中，具有与以往项目方案迥然不同的推进思路和综合优势。基于 BIM 技术的三维数据模型，依靠突出的模拟性能为项目优化提供有效依据，依靠协同工作大幅提升项目工程效率，通过对项目过程的全面模拟和动态监管切实控制建筑项目成本，在建筑产业信息的传递共享中为建筑项目各阶段、各专业的高效对接创造条件，如图 9-5 所示。

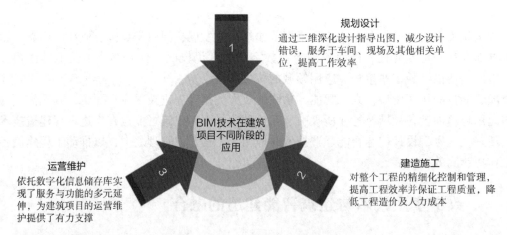

图 9-5　BIM 技术全生命周期应用

数字孪生在 BIM 的基础上具备了更全面、更精准、更快速的信息处理能力，能通过高精度数字模型描述和模拟现实世界中的事物。同时，数字孪生还能对建筑进行全生命周期的数字管理与数字模拟，结合物联网将现实世界中采集的真实信息反映到数字模型，使之随现实进行更新，从而在数字空间内，使用模型和信息进行预测性的仿真分析和可视化。

2. 多源数据融合技术

多源数据融合技术以地理信息系统（GIS）数据、物联网（IoT）数据、行业基础知识库数据等为数据源，利用机器自主学习、深度学习算法，对时空大数据进行自动识别、数据挖掘及三维重建，为海量数据赋予空间特性，构建全息数字空间。

多源数据融合技术通过射频识别、红外感应器、全球定位系统、激光扫描器等信息传感设备，按约定的协议，把任何物体与互联网连接起来，进行信息交换和通信，从而实现智能化识别、定位、跟踪、监控和管理的一种网络架构，如图9-6所示。

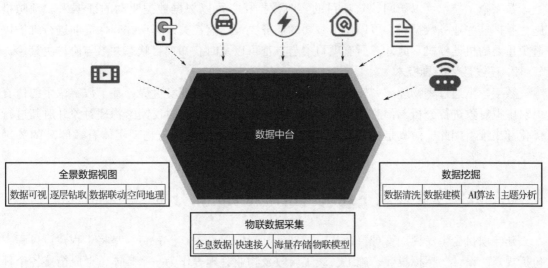

图9-6 多源数据融合技术图

GIS技术与增强现实（Augmented Reality，AR）技术的可视化功能相结合可评估空间信息、分析土地覆盖等情况，并输出全要素地形图，帮助设计方了解场地现状、交通流线、公共设施等信息，保障建筑设施与环境的协调统一。

3. 数字赋能基础管理技术

建筑行业对数字孪生最关注的就是能在现阶段的基础上带来什么价值，例如数字化系统是否能帮建设方省钱、是否可以借助数字化手段缩短工期加快进程、是否可以提高质量安全的管理水平。

在完整的数字化系统中，生产力、生产关系、生产对象、管理要素在数字化后形成一个系统，才能达到提高利润水平、缩短工期、提升质量安全的要求。在数字孪生技术没有接入建筑行业的时候，分散的管理很难高效统一，例如施工企业特别关注劳务管理，在劳务管理上都比较精细化，但是施工工资比较高的钢筋工在施工现场等待钢筋运抵，这样不仅工资成本高，而且工期也会长。

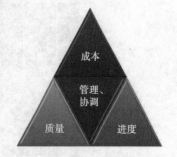

图9-7 数字赋能基础管理内容

因此系统管理将材料管理、人员管理、质量安全管理、技术管理进行串联，才能达到缩短工期、节省成本、提升质量的最终目的，如图9-7所示。

数字孪生技术在成本、进度、质量管理得到充分应用之后，对整个行业起到了快速推动的作用。数字孪生跟以前信息化的差别就在于系统化，之前的信息化是点状的，更多解决单线问题，但是没有解决系统的问题；数字孪生用系统化的思维来思考数字化，集成人员、流程、数据、技术和业务系统，实现建筑的全过程、全要素、全参与方的数字化、在线化、智能化，实现全局最优化。

（二）基于数字孪生技术的应用场景

1. 实时业务洞察数据

数字孪生技术可以访问建筑项目的实时数据，它可以根据数据驱动的证据采取预防措施。掌握这些业务数据后，可以做出重要的业务决策、监控关键资产并确保提前进行维护以避免重要的机器停机。此外，所有项目参与方都可以及时获知项目状态并参与协作决策。

2. 在线数字仿真技术

数字孪生通过将物理模型转化为数字模型的方式来模拟现实世界。基于数字孪生的仿真可对虚拟对象进行分析、预测及诊断等操作，并将仿真结果实时反馈给物理对象并对其进行优化和决策。因此，仿真是构建数字孪生体、实现数字孪生体与物理实体有效闭环的关键技术。

二、数字孪生驱动下建筑全生命周期应用分析

建筑项目全生命周期管理（Building Lifecycle Management，BLM），是将工程建设过程中包括规划、设计、招标投标、施工、竣工验收及物业管理等作为一个整体，形成衔接各个环节的综合管理平台，通过相应的信息平台，创建、管理及共享同一完整的工程信息，减少工程建设各阶段衔接及各参与方之间的信息丢失，提高工程的建设效率。

过去建筑建造过程的数字化程度相对落后，很多建筑企业没有信息化系统，或者只有很少的信息化系统。信息化的缺失，使建筑行业在做数字化时没有历史包袱，不需要继承或改造以前的系统，反而可以轻装发展。基于 BIM 的信息管理模式与传统的信息管理模式对比如图 9-8 所示。

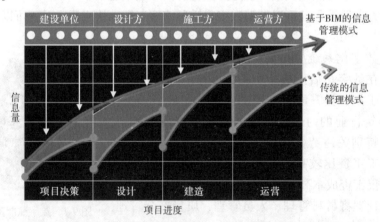

图 9-8　基于 BIM 的信息管理模式与传统的信息管理模式对比

建筑工程项目具有技术含量高、施工周期长、风险高、涉及单位众多等特点，因此建筑全生命周期的划分就显得十分重要。一般我们将建筑全生命周期划分为三个阶段，即设计阶段、施工阶段、运维阶段。

（一）数字孪生实现建筑全生命周期管理的必要性

对于建筑行业来说，通过数字孪生能够建立一个全面系统的数字化体系以及信息管理平台；在工程建造数字化管理基础上建立智慧工地系统；在智能化施工中实现项目管理信息化和施工可视化管理；在信息化建设上采用基于工业互联网的设计、采购与施工协同模式实现智能建造，如图9-9所示。

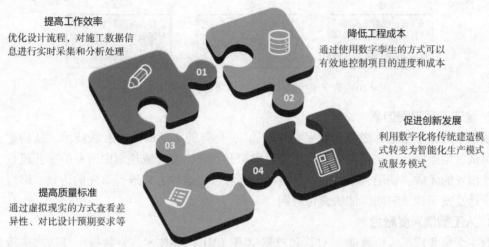

图 9-9　数字孪生实现建筑全生命周期管理的必要性

1. 提高工作效率

数字孪生技术通过模拟建造过程来优化设计流程，减少不必要的返工和浪费，同时还可以对施工过程中产生的数据信息进行实时采集和分析处理。

2. 降低工程成本

通过使用数字孪生的方式可以有效地控制项目的进度和成本。比如在项目前期就可以根据需求提前做好相应的计划安排并制定出合理的工作量清单；在设计阶段可以对设计结果进行模拟分析以评估设计效果及合理性；施工阶段可以实时跟踪施工进展情况并根据实际情况及时调整方案等。

3. 提高质量标准

数字孪生在建筑设计中主要起到一个指导作用。设计师可以通过三维可视化模型直观地看到设计方案是否满足用户的需求以及是否存在缺陷等问题；而业主则可以通过虚拟现实的方式查看实际的效果图与效果图之间存在的差异性以及是否能够达到预期要求等。

4. 促进创新发展

随着科技的发展进步及人们对美好生活的不断追求，"绿色""智能"已成为未来发展的重要方向之一，而数字化技术的引入则为这一目标的实现提供了有效的手段和方法，利用数字化手段将传统的建造模式转变为智能化生产模式或服务模式等，从而推动整个行业的创新发展进程。

（二）数字孪生技术实现建筑项目智慧建造的关键点

1. 三维数字模型仿真

三维数字模型仿真是将物理对象或构想对象1∶1逼真三维再现到计算机上的技术。数字孪生技术将带有三维数字模型的信息拓展到整个生命周期中去，最终实现虚拟与物理数据同步和一致。该技术是未来智能单元、智能生产线、智能车间、智能工厂、三维可视化数字孪生系统建设的基础，如图9-10所示。

图9-10　数字孪生技术实现建筑项目智慧建造的关键点

2. 建造工艺流程仿真

数字孪生被形象地称之为"数字化双胞胎"，是智能工厂的虚实互联技术，从构想、设计、测试、生产线、厂房规划等环节，可以虚拟和判断出生产或规划中所有的工艺流程，以及可能出现的矛盾、缺陷、不匹配，所有情况都可以用这种方式进行事先的仿真，缩短大量方案设计及安装调试时间，加快交付周期。

3. 人工智能深度融合

数字孪生集成了人工智能（AI）和机器学习（ML）等技术，将数据、算法和决策分析结合在一起，建立模拟，即物理对象的虚拟映射。在问题发生之前先发现问题，监控在虚拟模型中物理对象的变化，诊断基于人工智能的多维数据复杂处理与异常分析，并预测潜在风险，合理有效地规划或对相关设备进行维护。

三、基于数字孪生技术的大跨度钢结构的创新实践

（一）项目概述

国内某大跨度钢结构工程，位于沿海城市靠近海边的地理位置，工程的建设需求为进行海洋的相关科学研究及学术交流活动，工程总占地面积约为8万 m^2，总建筑面积约为17万 m^2，学术交流中心大跨度钢结构工程及配套工程为2万 m^2，整体建筑地下设置地下室一层，地下室采用钢筋混凝土框架结构作为上部建筑物的支撑部分，主要为停车库、人防设施区域及实验设备区，且地下室顶板作为上部各单体的嵌固层。项目整体效果图如图9-11所示。

三亚科创平台项目10号楼环钢结构横向跨度最大约28m。下部为混凝土结构，上部为钢结构。整体结构平面为半圆弧

图9-11　项目整体效果图

状，建筑高度约24m，外环长度372m，内环长度294m；内外环最小间距15m；承台钢柱间最大跨度48m。结构形式为核心筒+大跨度架空双曲面桁架结合结构。环钢结构主要由7个核心筒单元（每个核心筒单元由4个直径1100mm或1000mm圆钢柱组成）、平台梁、两侧网格桁架组成。U形钢结构工程模拟图如图9-12所示。

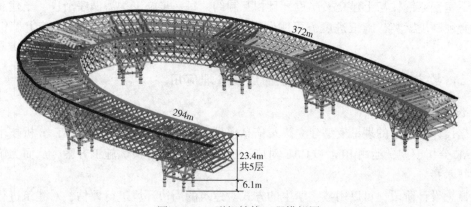

图9-12 U形钢结构工程模拟图

（二）工程难点

1. 构件超长、二次拼接量大

常规运输车辆载货量最长为17m，但本项目平台主钢梁为18~28m，因此几乎所有钢梁都需要现场二次拼接。

2. 斜交网格安装精度要求高

侧面斜交网格为双曲面结构形式，导致每个构件、每个节点均具有独特性，相互之间不可替代，且每个节点都带有弧度，因此，对加工制作和现场安装精度控制水平考验极大。钢结构核心筒模拟图如图9-13所示。

图9-13 钢结构核心筒模拟图

3. 构件多、焊接量大、焊接水平要求高

钢结构总构件数量多达 7000 余个，焊缝数量约 1.5 万条，焊缝长度为 1.6～3.8m，焊缝深度 16～80mm；焊接质量要求均为一级焊缝，对焊工焊接水平要求高。

4. 交叉施工、相互制约

地下室钢梁钢柱与土建交叉严重，且相互制约，每一步施工均需循序渐进，土建和钢结构配合必须高度默契，施工进度方可顺利进行。且地下室土建施工完全制约着上部钢结构施工。

(三) 数字孪生技术在项目全生命周期管理应用

1. 设计阶段

根据设计方案中的理论模型建立建筑信息模型（BIM），项目组通过 CAE 分析技术构建理论 CAE 分析模型，运用 BIM 和 CAE 对施工进行模拟并选择最优施工方案，从而为施工环节提供技术指导。

在概念设计阶段，可以用数字孪生的方式对建筑的周边环境进行评估，对建筑进行视觉体验。到详细设计阶段，各专业的知识需要全部注入数字孪生体，所有不同专业的工程师要有统一的平台进行协同工作，共同产生数字孪生体，然后在这个数字孪生体上做各种错、漏、碰、缺的设计验证，包括抗震、沉降、通风分析，保证建筑产品设计质量。数字孪生技术在项目全生命周期管理应用如图 9-14 所示。

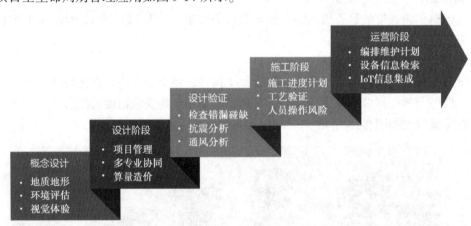

图 9-14 数字孪生技术在项目全生命周期管理应用

2. 施工阶段

通过数字孪生技术，能够将施工场内的平面元素立体直观化，以利于优化各阶段场地的布置。例如：综合考虑不同阶段的场地转换，结合绿色施工中节约用地的理念，避免用地冗余；临水临电、塔式起重机布置及其动态模拟，实现最优化的塔式起重机配置；直观展现用地情况，最大化地减少占用施工用地，使平面布置紧凑合理，同时做到场容整洁，道路通畅，符合消防安全及文明施工等相关要求。

基于数字孪生技术的模型中，将孔洞、临边和基坑等与安全生产相关的建筑构件突出展示，并与施工计划和施工过程中所需要的各类设备及资源相关联，共同构建数字孪生建筑知识库，实现在数字孪生环境下基坑及建筑危险源的自动辨识和危险行为的自动预测。数字化

施工阶段创新技术如图 9-15 所示。

利用数字化的优点辅助安全管理人员通过数字孪生环境预先识别各类危险源，从重复性、流程性的工作中解放出来，将更多的时间用于对安全风险的评估与措施制定等方面，提前在数字孪生环境中进行安全预控，在施工全过程中保障安全生产。

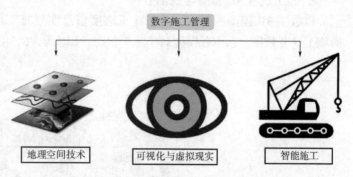

图 9-15　数字化施工阶段创新技术

3. 运维阶段

数字孪生建筑具有较好的综合分析和预测能力，为预测维修建筑物的智能设施提供了有效的技术支持，是智能建筑物运行与智能系统一体化的主要模式。从构件信息和数字模型的角度看，数字孪生建筑结构将智能结构体系从模型集成到系统，实现了微观和宏观的集成。

因此在运维时期，数字孪生能够预测整个项目的运营结果。在这一过程中，数字孪生将有助

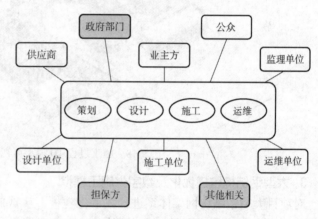

图 9-16　建筑项目全生命周期相关方

于提高整个项目运作的效率和质量。通过对项目运营风险、技术风险及环境风险等进行深入分析与评估，实现建筑行业可持续发展战略目标。建筑项目全生命周期相关方如图 9-16 所示。

（四）基于数字孪生技术在项目中的创新实践

将数字孪生技术与系统仿真方法相结合用于大跨度钢结构工程，对钢结构项目施工进行可视化参数模型建立，对于施工流程和关键工艺的可视化模拟以及实施方案的辅助决策功能通过数字模型可以一一实现，不仅可以实现各参与方的工程数据共享、协同工作，并且可以实现模型轻量化云端存储功能。

1. 多源施工信息采集与传输技术

实时采集施工进度、机械位置、物资存储等信息，如应用无人机组合定位技术来自动采集机械位置信息；应用多种类型传感器可采集施工质量、安全、环境等维度的信息，实现对施工过程精细控制，如图 9-17 所示。

图 9-17　多源施工信息采集与传输技术

2. 施工过程 4D 模型可视化分析

以数字 3D 模型为基础，关联施工进度信息实现施工面貌动态更新。通过数据接口读取的施工进度数据，获取各模型对象施工状态，以实现数字化 3D 建筑模型实时状态，如图 9-18 所示。

图 9-18　施工过程 4D 模型可视化分析

3. 大型钢结构碰撞优化及数字化施工模拟

对项目大型钢结构网架体系进行数字化建模，生成施工级深化模型，对空间进行分析，未来吊顶位置安装设备部分进行碰撞检验，生成碰撞报告，并对大型钢结构网架系统的吊装方案进行数字化施工模拟，科学合理排布及空间测量分析，如图 9-19 所示。

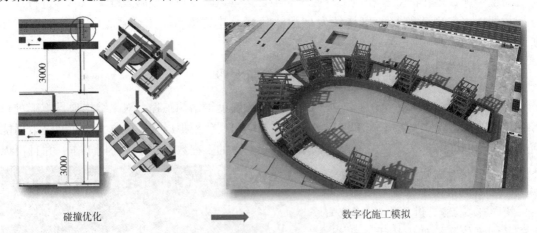

碰撞优化　　　　　　　　　　　　　　　　　数字化施工模拟

图 9-19　碰撞优化及数字化施工模拟

4. 项目物资运输路径优化调度

根据土石方调配的运输量、运输时段、施工机械配置，结合运输能力分析抽象出如下模型的循环或者扩展，将施工交通运输系统进行了物理抽象分析，进一步抽象为便于计算机理解的模型。可以确定道路建设的合理规模，确定最短的行车路线以及材料转运点，减少时间与资源的浪费。确保道路畅通，较少拥堵，提高效率，缩短工期，如图 9-20 所示。

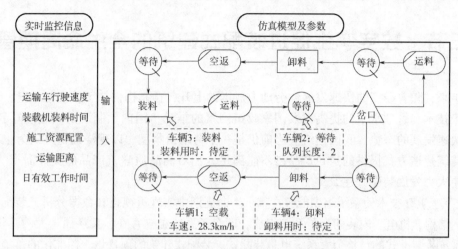

图 9-20　项目物资运输路径优化调度路线

5. 园区建筑突发性火灾智能疏散及应急避险系统

运用逃生模拟分析软件对建筑的 BIM 模型进行系统性分析，加载逃生路径和设置疏散人数并进行模拟仿真。开发基于 BIM 和大数据的火灾应急管理系统，利用 BIM + IoT 技术集成多个传感器数据信息对建筑内部运行状况实时监测，便于运维管理者查看建筑内部火灾发生地及当前人流分布，合理规划人员疏散逃生路线，如图 9-21 所示。

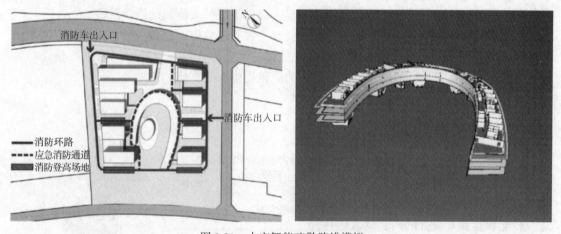

图 9-21　火灾智能疏散路线模拟

6. 多源施工信息交互式查询分析

将实时信息数据与三维模型动态整合，通过开发标准数据接口，获取多源施工信息服务。例如与分布区域模型交互，查询区域内存储应急物资种类、规格及数量信息。

本节直观介绍了数字孪生技术在大型建筑中创新实践应用，以数字孪生技术为载体通过软件完成协调管理工作，以建设工程施工方立场，对大跨度钢结构建筑施工流程中所涵盖的施工方法优选、结构力学模拟、施工流程预演、关键工艺展示等内容做出了分类阐述，为项目施工方预先发现建筑施工中出现的重大问题，并对相应解决预案所提供的方法进行了创造性思考。

第三节　数字孪生促进装配式建筑的全生命周期管理

近年来，随着经济的快速发展，劳动力成本的上升，预制构件加工精度与质量、装配式建筑施工技术和管理水平的提高以及国家政策因素的推动，国内预制装配式建筑重新升温，并呈现快速发展的态势。我国建筑业当前仍是一个劳动密集型、以现浇建造方式为主的传统产业，传统建造方式提供的建筑产品已不能满足人们对高品质建筑产品的美好需求。为此，我国需要大力发展装配式建筑。

"数字孪生"技术使系统组织能够在整个生命周期中实现可视化和数据分析，装配式建筑由建筑、结构、机电、内装四个子系统组成，四个子系统独立存在，又从属于大的建筑系统，每个子系统是装配式的，整个大系统也是装配式。装配式建筑的预置化、标准化的落地需求实现一体化建造就需要各方面协同，因此，数字孪生技术的信息共享、集成共用、协同工作的信息化优势得以充分发挥。借助数字化模型应用与协同管理平台，实现建筑装配一体化。

一、数字孪生技术与装配式建筑建造的融合

为提高装配式建筑施工过程信息化和智能化水平，实现对装配式施工过程进行全方位、多角度、深层次的实时管理，有必要将数字孪生应用于装配式建筑的施工阶段。

装配式建筑的建设是一个复杂的过程，会产生大量的数据，这为大数据技术的应用提供了条件。基于数字孪生的大数据技术是通过对规模巨大的资料在合理时间内进行整理与处理，将其转换为用来分析的原始资料，最终为决策提供有力支持。

（一）基于数字孪生技术演化过程

结合装配式建筑的发展历程，从物理空间与信息空间交互的视角对装配式建筑全生命周期过程（设计、制造、运输、装配和运维）进行分析，概括出装配式建筑产品数字孪生体的演化过程分为四个阶段，而当前正处于第四阶段，如图9-22所示。

1. 第一阶段

一切依赖物理空间。装配式建筑在中国的应用最早可以追溯到20世纪50年代，建造过程中的一切活动都是在物理

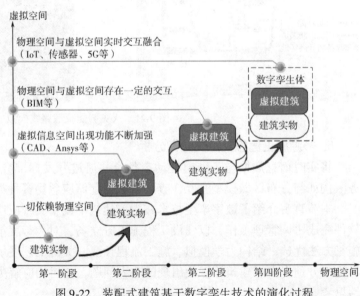

图9-22　装配式建筑基于数字孪生技术的演化过程

空间中完成，甚至图纸都是人工手绘图纸。

2. 第二阶段

虚拟信息空间开始出现，功能不断加强。随着计算机信息和通信技术的引入和使用，以CAD、Ansys、PLM管理系统等为代表的一系列数字化系统软件逐渐引入，在信息空间中开展施工过程的要素管理、施工活动计划和施工过程控制。

3. 第三阶段

物理空间与虚拟空间存在一定的交互。随着装配式建筑和信息技术的持续快速发展，在装配式建筑方面传统的CAD模式基本上以二维平面图为主，且缺乏高度的关联性，已经难以满足建筑业工业化和信息化发展的要求，BIM等技术也自然应运而生，相应的数据库的标准也在不断完善，能够提供信息数据库、可视化三维模型、协同工作平台等，物理空间与信息空间开始不断交互且不断增强，但主要是通过人为自主操作实现，缺乏实时、动态的交互和融合。

4. 第四阶段

物理空间与虚拟空间实时交互融合。随着计算机信息和通信技术的持续发展，IoT、云计算、5G等新一代新兴技术也渐渐应用到装配式建筑行业中。当前，装配式建筑发展正是处于这一阶段，数字孪生体通过对装配式建筑全生命周期中的结构与行为数据进行采集、分析、处理和模拟，在全生命周期中对各环节进行可视化展示、决策与模拟，并在各环节产生协同作用。

（二）数字驱动下装配式建筑建设创新实践应用

1. RFID构件信息全生命周期数据连接技术

装配式建筑的特点是由大量构件组合而成，无线射频技术可透过外部材料读取数据，实现非接触的读写，这项技术应用于装配式建筑的设计、生产、运输和装配全生命周期中更高效地对数据进行监测分析，如图9-23所示，保证施工的进度与安全。

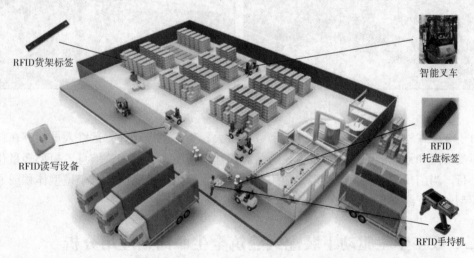

图9-23 RFID在预购件出厂时的应用

装配式建筑构件结构强度的分析根据构件的使用年限，一座建筑对于不同用户可能有不同的用途需求，如扩建、重建、室内装修或拆迁。用户可通过使用 RFID 读取器访问构件在当前状态的重要信息。通过 RFID 技术，工厂可以根据施工进度计划制造混凝土预制件。在制造之后，装配式建筑的预制件的信息可以输入到 RFID 标签中，当运送组件到施工地点的时候，它们的位置可以被迅速发现，因此减少了搜索的时间。超高频 RFID 设备也可以被使用在施工地点，能迅速地发现每一个装配式建筑预制件的吊装地点。

2. 全生命周期异构数据分析与融合技术

要实现装配式建筑数字孪生，数据是关键驱动力。装配式建筑建设全生命周期各类数据的采集、传输和存储是数字孪生模型的基础，数据的分析与融合是重点。通过历史数据和实时传感数据不断融合，能够实现数据驱动模型的不断迭代优化从而提升模型的准确性。

数据源既包括运输构件车载数据、地面数据中心的数据，也包括虚拟模型仿真产生的数据，需要对各类数据、特征、决策等进一步融合，将基于物理的建模和数据驱动的建模与大数据相结合，借助存于海量数据中的特征信息辅助构建模型，可以提升模型的准确性。

在装配式施工细节不明确、模型不完善的情况下，采用深度学习、支持向量机、统计方法、相关性分析、聚类分析、时间序列分析等技术是实现装配式建筑建设状态监测、故障诊断等各类服务的重要数据分析手段。

3. 多维信息模型轻量化与可视化技术

构建融合装配式建筑全生命周期孪生模型后，需要在时间和空间维度上对不同类型的多维融合数据和模型进行可视化展示，不同利益相关者可以对装配式全生命周期内数据和模型进行监管，如图 9-24 所示。

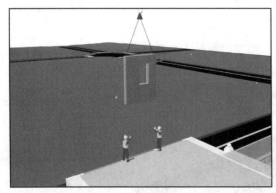

图 9-24　装配式建筑轻量化模型模拟图

由于装配式建筑涉及内容繁多，模型数据量大，为了使设计师、运维人员能够在移动设备上不受时间和地点的限制快速查看建造状态与建造模型，了解相关信息，模型轻量化设计势在必行。当前模型轻量化研究多是应用隐藏或删除模型特征算法来减小模型体积或通过对三维模型进行压缩从而减小模型存储空间等手段。

二、数字孪生驱动下装配式建筑全生命周期应用分析

装配式建筑传统的建造模式，设计、施工、管理这三个阶段是分离的，如果设计得不合理，最终问题只能在安装过程中被发展，造成变更及浪费，甚至影响质量。因此，要提高装

配式建筑的质量及效率，必须加强施工过程中信息化、智能化管理。通过建立数字化平台可以提高装配式建筑的信息传递效率和标准化管理水平，实现智能建造、智慧运维。

（一）BIM 技术与装配式建筑的结合应用

在装配式建筑施工中应将全生命周期管理放在首要位置，结合工期进度，及时检查并评估装配式建筑建造现状，通过反馈控制，发现装配式建筑全生命周期质量问题对装配式建筑全生命周期管理产生有益的推动作用，同时 BIM 技术能解决绝大部分装配式建筑发展现存障碍，如图 9-25 所示。

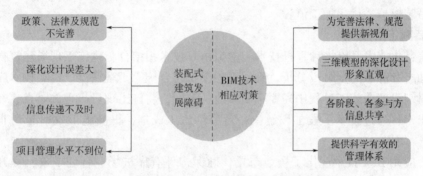

图 9-25　BIM 技术应对装配式建筑发展障碍相应措施

在推动智能建造与建筑工业化协同发展过程中，新一代信息技术加速向各行业全面融合渗透，BIM 技术作为核心支撑点，从根本上解决了建筑业数字化的问题，无论是建筑物本身，还是建造过程，BIM 技术使得我们真正意义上实现了建造一个实体建筑物的同时，也建造了一个数字建筑。

将 BIM 技术应用在装配式建筑全生命周期管理中，通过构建可视化模型对装配式建筑全生命周期进行管理，得出装配式建筑全生命周期局部最优的结果，如图 9-26 所示。

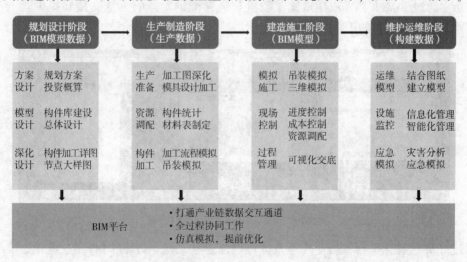

图 9-26　BIM 技术在装配式建筑全生命周期的应用

1. 规划设计阶段

将 BIM 可视化信息技术应用于装配式建筑能够在设计阶段预判出工程可能出现的问题，

根据 BIM 模型进行相应的调整，提高决策设计阶段的精准度，起到事半功倍的效果。同时通过碰撞检查，检查出实体构件的碰撞和构件安装过程中预留钢筋的碰撞，根据 BIM 信息化平台生成的碰撞检测报告制定对应的碰撞冲突解决方案，有效地提升设计效率，同时为后续施工解决构件安装碰撞的问题，提高了施工的可行性和可操作性。

2. 生产制造阶段

基于 BIM 技术可视化协同平台，为设计单位、施工单位及预制混凝土构件生产商提供了同步传递信息的平台。待设计单位完成构件库建设工作后，构件生产厂便可以直接通过 BIM 平台调取标准化构件的尺寸，进行通用模具的设计加工，并利用 BIM 技术进行加工流程模拟和吊装模拟，优化加工流程。

3. 建造施工阶段

BIM 信息化技术可以将计算机技术与虚拟仿真技术相结合，将施工现场建筑物及周边的情况进行动态和静态的全时段分析，确保工程模拟符合施工工程情况。BIM 技术应用避免了传统施工组织设计在施工过程中需要不断修改的弊端，将施工现场出现的难点、复杂点在施工前展示出来，通过技术手段加以解决，对节约施工成本、提高施工效率起到非常重要的作用。

同时，应用 BIM 技术优化了场地布置，确保构件有序进场、合理堆放，提升了安全文明施工水平。此外，运用 BIM 技术，施工单位可以对施工方案计划进行实际模拟分析，将施工 3D 模型与时间相联系，建立 4D 施工模型，对施工进度和施工质量进行实时跟踪，将实际统计数据与原计划数据相比较，得出偏差。这样有利于资源与空间的优化配置，消除冲突，进而得到最优的施工方案与施工组织设计。最后进入调整系统，采取措施对施工进度和质量进行调整，确保质量与进度不受影响。

4. 运营维护阶段

在运营维护阶段的管理中，BIM 技术可以随时监测有关建筑使用情况、容量、财务等方面的信息。通过 BIM 文档完成建造施工阶段与运营维护阶段的无缝交接和提供运营维护阶段所需要的详细数据，如图 9-27 所示。

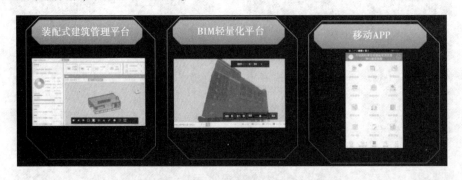

图 9-27　装配式建筑的运营维护阶段

通过 BIM 信息化平台，物业管理人员可以通过移动端 APP 随时查阅这些信息，实时监测预制构件及相应的设备运行情况，准确及时地对建筑物的安全性、耐久性和适用性进行分析和监测，及时处理建筑运行过程中出现的问题，有效地保护建筑物的使用安全。

随着建筑业数字化改革的推进，我们正迈入数字孪生时代，而真正实现建筑物数字孪生的智能建造，其基础前提是建造对象和建造过程的高度数字化，这样一个过程唯有依托 BIM 建立数据模型才能实现，真正达到智能建造或智慧运维。

（二）基于数字孪生的装配式建筑构件定位追踪技术

构件追踪定位技术的核心功能是处理装配式建筑全生命周期各阶段构件的空间信息，包括信息的创建、存储、采集、传递、共享和管理等。针对这一要求，本研究中的装配式建筑构件追踪定位技术链包括三项主要技术，即装配式建筑数据库系统、数据采集技术、装配式建筑信息管理平台。

其中装配式建筑数据库系统用于创建和存储构件空间信息，数据采集技术用于采集和传递构件空间信息，装配式建筑信息管理平台用于共享和协同管理构件空间信息，如图9-28 所示。

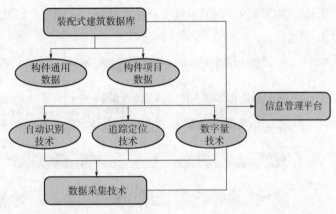

1. 装配式建筑数据库

装配式建筑数据库是构件追踪定位技术链的"大脑"，创建并存储了构件的所有信息。从构件个体与建筑总体的关系来看，装配式建筑数据库中主要包括两

图9-28　装配式建筑构件追踪定位技术链关键技术组成

类构件数据，一类是构件的通用数据，此类数据与具体项目无关，是构件的固有数据；另一类是构件的项目数据，如构件在项目中的编码、位置、状态、装配级别等信息，此类数据依托具体项目而存在。在这些数据中，构件类型、构件类别编号、构件尺寸、构件项目编码、构件位置、构件状态、构件装配级别等信息与构件的追踪定位有直接关系。

2. 数据采集技术

数据采集技术是把装配式建筑数据库与生产现场连接起来的"桥梁"。利用自动化辨识、跟踪与定位技术，可即时跟踪、传输工程各个阶段的构件状况及位置资讯；利用数字化技术，对构件的制造尺寸、位置进行准确的定位，并将实际建造信息反馈回装配式建筑数据库。

3. 装配式建筑信息管理平台

装配式建筑信息管理平台是一个综合的管理系统，它可以存储、维护和管理建筑数据资源，具有高信息模型处理能力，为专业应用提供数据接口，进行多方协同设计，实现项目全生命周期信息的统一管理，如图9-29所示。

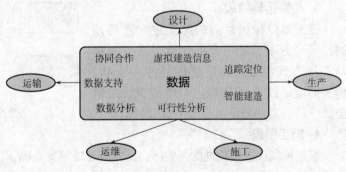

图9-29　装配式建筑信息管理平台主要功能

装配式建筑信息管理平台还可以实现对预制件的跟踪和定位，实现对构件的空间信息进行有效的共享和协调，提高了构件在全生命周期内的跟踪和定位能力。装配式建筑数据库作为信息平台的核心，通过数据采集技术可以实时地获得构件的空间信息，并将其上传到信息平台，从而实现对工程的统一管理。

（三）RFID 在装配式全生命周期管理中的应用分析

在装配式建筑的建造过程中，对预制件进行编码，做到"一物一码"，工作人员只需手持设备，即可了解各种构件信息，例如一个预制混凝土外墙构件，会明确显示其混凝土量、构件重量、钢筋体积、钢筋重量、套筒、吊具、窗洞宽高以及负责人、审核人等信息，如图 9-30 所示。

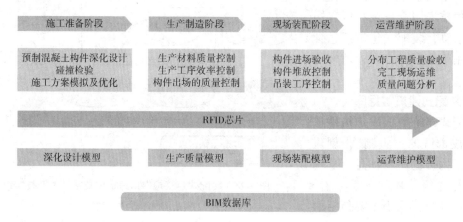

图 9-30　RFID 在装配式建筑的全生命周期应用

1. 设计阶段

在设计阶段，需要对预制件进行详细的设计布局和结构分析。根据预制构件编码系统的原理，每个预制单元分配到一个唯一的编码，随后存储在 RFID 标签上。

2. 预制件生产阶段

预制件进场卸载前，本单位的质量管理部门及时按编号和批次检查并上传至信息管理平台。BIM 数据库具有强大的信息处理能力，可以对扫描后的 RFID 标签进行分辨，并提取其中有效的信息，如图 9-31 所示。

3. 构件运输阶段

施工单位按照目前的施工进度安排预制件运输方案，由生产主管通过手机或移动终端查询、定位、记录预制件的现状。构件的输送线路还包括：工地位置、高速公路线路、高速公路入口等多方面的信息。

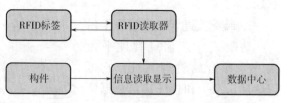

图 9-31　RFID 预制件生产流程

4. 施工阶段

根据预制件的安装进度，生产、运输进度需要重新确认，并作为规划和修订生产计划的参考反馈给生产商。在 RFID 管理信息系统中建立仓库的地形图，在入库时将构件所放位置输入到基于 RFID 管理信息系统，通过此系统，管理人员可以合理地安排生产进度和库存控制。

5. 运维阶段

同时，BIM 与 RFID 技术的有效结合，可以在门禁系统方面得到有效利用。在装配式建筑改建过程中，BIM 技术可以针对建筑结构的安全性、耐久性进行分析与检测，避免结构损伤，还可依据此判断模型结构构件是否可以二次利用，减少材料资源的消耗。

三、基于数字孪生技术的雷神山医院创新实践

（一）项目概述

2020 年新冠肺炎疫情暴发，武汉市作为国内疫情较为严重的城市之一，医疗资源压力突增，床位短缺成为制约疫情控制的重要原因。雷神山医院位于武汉市江夏区，是一个专为收治新冠肺炎重症、危重症患者建造的抗疫应急医院，建设用地面积约 22 万 m^2，总建筑面积约 7.9 万 m^2，可提供床位 1500 个，容纳医护人员 2300 名，如图 9-32 所示。

图 9-32　雷神山医院建设工地

项目根据用地情况分为东区隔离医疗区和西区医护生活区，并配备有相关运维用房，均为一层临时建筑。从计划到建成，该医院的工期不超过 10d，3500 套装配式集成房，实现了整体吊装和现场施工的有效穿插，确保雷神山医院能够在最短的时间内投入使用，也为疫情的整体控制争取了宝贵的时间，如图 9-33 所示。

图 9-33　雷神山医院俯瞰效果图

（二）数字孪生技术在项目全生命周期管理应用

雷神山医院的设计重难点主要有三个：一是要能快速建成投入使用，二是要防止对环境造成污染，三是要避免医护人员感染。采用 BIM 技术建立雷神山医院的数字孪生模型，根据项目需求，利用 BIM 技术指导和验证设计，为设计建造提供支撑。

1. 三维可视化模拟技术

设计人员利用三维可视化模拟技术创建三维地形地貌模型，准确分析建筑与场地之间的关系，完成可视化的三维空间规划。对医护在具体治疗、生活的封闭过程中进行动线模拟，生成动线图与漫游动画，找出可能出现的最大风险点，及时进行设计优化和方案调整，如图 9-34 所示。

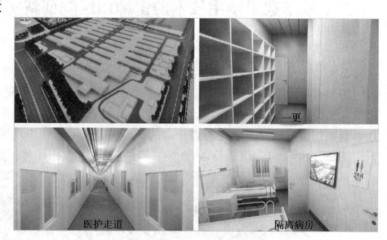

图 9-34　病房区域可视化漫游

2. 装配式设计与施工的 BIM 应用

雷神山医院的建设工期是整个项目的主要矛盾，而往往是设计未完，结构先行。结构专业的设计和施工速度直接影响了整个项目的建设速度，为了解决以上矛盾，雷神山医院的隔离病房区全部采用轻型模块化钢结构组合房屋体系，医技区由于对开间和净高的要求，采用钢框架结构，如图 9-35 所示。

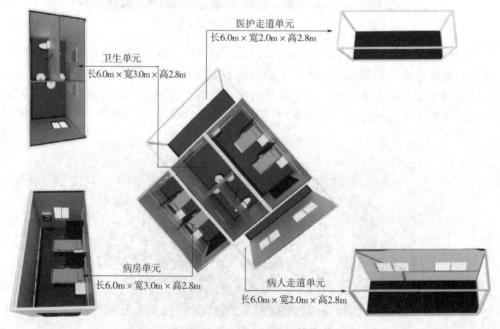

图 9-35　雷神山医院隔离病房区模块化结构解析

该工程 BIM 深化设计图通过 TEKLA 与 CAD 软件结合使用进行绘制。TEKLA 软件主要负责两部分内容：一是按设计资料先行模拟结构实际施工进行计算机建模；二是通过创建的模型匹配和调整加工制作图纸。CAD 软件主要负责进行工艺文件绘制、重要信息补充和施工图编排等，如图 9-36 所示。

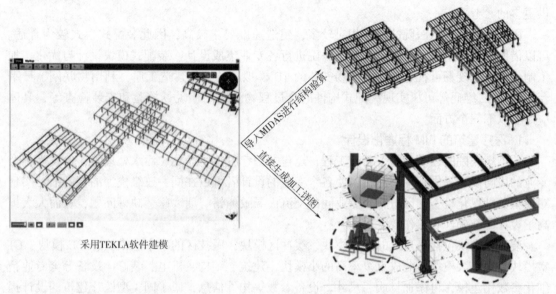

采用TEKLA软件建模

图 9-36　雷神山某区域钢框架 BIM 正向设计流程图

3. 室外风环境实时数据分析

雷神山医院的建设选址非常严格，项目周围没有居民区，所有的污水、雨水通过有组织的集中收集处理、消毒后排入市政管网，是绝对安全的。病区的排风也经过高效过滤后进行排放，但仍希望医院排放的气体能迅速在空气中扩散稀释，于是本项目利用 BIM 模型进行了风环境的分析，如图 9-37 所示。

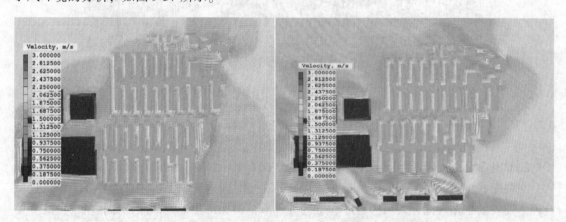

图 9-37　项目场地冬季和夏季自然通风风速矢量图

通过分析，在如图 9-37 所示送排风布局下，病房内形成了 U 形通风环境，气流从送风管流出，碰到对侧墙壁后改变方向，最后流经病房后到达下部回流区，经排风口过滤后排出，这种通风环境能有效改善病房内的污染空气浓度，降低医护人员感染的风险。

（三）基于数字孪生技术的临时性应急医院智能建造应用

火神山和雷神山医院的高效建设给疫情控制提供了至关重要的帮助，两个应急传染病医院的快速建设得益于装配式模式和基于数字孪生技术，为今后的临时性应急医院智能建造提供更多的参考。

由于临时性应急医院的标准相对较多，建造速度要求较高，因此装配式模式较为合适。可以借助数字孪生技术对传染病应急医院进行各专业集成设计、装配式模块设计与优化、加工制作模拟、现场可视化交底、现场安装的 4D 模拟等的智能建造工序，利用物联网、云平台、GIS、二维码等可以实现装配式构件的全过程物流跟踪、现场校验和安装检查等，具体应用有以下三个方面。

1. 医疗建筑的 BIM 标准化设计

传染病医院的建设，除了基础工程，还包括医疗气体、净化、污水处理等，BIM 为各个专业的协同设计提供了一个平台，使各个专业的设计者可以在同一三维模型的基础上，实现对模型的可视化检查，以防止因专业间的交流而导致的错、漏、碰、缺等问题，从而大大提高了设计的准确性和工作效率。

装配式模块包括病房区的病房模块、缓冲区模块，医技区的手术室模块、ICU 模块、CT 室模块等。将大模块拆分成重复率高的小模块，建筑、结构、机电、装修、设备等全专业精细化参数化建模，再添加材质、尺寸、设备参数等构件信息，便于同类型医疗建筑的设计提取和复用，如图 9-38 所示。

图 9-38　国内某临时性应急医院 BIM 设计图

2. 优化施工场地布置和人员材料协调管理

在装配式建筑项目工程中，施工总承包方要在短时间内组织、协调，为各施工单位提供合理、高效的工作时间、人员、程序、工艺等环节，确保每个单位都能充分利用自身的专业优势，同时也要确保各种构件材料的高效率管理。

施工方可以充分运用三维仿真技术建立工地模型，实现建筑的可视化布局，确定工地各个部位的布置是否合理，物料堆场的面积是否符合要求，并能在任意时刻对工地模型进行动态监测，从而为工地布置进行实时、科学的决策。

3. 应急医院楼宇设施设备全过程精准运营维护

医院的设施设备是医院核心价值最高的部分，有效率地运营维护不仅能节省能源及整体运行费用，更能确保医疗运行安全。

传统的以 BA 系统（楼宇自控系统）为基础的智能化平台体系，由于缺乏各系统组件所在空间形态的准确定位及运行全矢量参数的支持，维护可及性远远不能满足医院运行的实际需求。数字孪生医院提供的建筑设施的数字化、空间化、可视化模型，结合 BA 系统（楼宇自控系统）技术可实时监控建筑内部能源使用情况，实现设备系统及时准确的故障派修以及预防性保养维护，如图 9-39 所示。

图 9-39　某医院综合管理运维平台

第四节　数字孪生促进智能大坝建设的全生命周期管理

国家"十四五"规划纲要提出"构建智慧水利体系，以流域为单元，提升水情测报和智能调度能力"。根据水利部推进智慧水利建设部署，建设数字孪生已经成为当前智慧水利建设的核心任务与目标。因此，通过对有关业务流程进行全面梳理，将数字孪生技术应用于水库大坝安全生产中是当前的趋势。

运用以物联网、5G 技术、云计算等为核心的信息化技术实现数据采集、传输、存储、计算和综合利用，进而提出一套基于数字孪生技术的水库大坝安全管理云服务平台方案，并从数字孪生技术实现、云服务平台架构、运行支撑环境建设、业务功能设计等方面进行了论证。

一、数字孪生技术与智能大坝建设管理的融合

（一）大坝智能建造的发展阶段

我国大坝建造经历了人工化、机械化、数字化时代，随着新一代信息化技术融入工程建造领域，大坝建设正由数字化转向智能化，也把大坝智能建造推向了发展的新阶段。大坝智能建造先后经历了数字化、数字化网络化、智能化3个阶段。数字时代是智能大坝发展的基石，而网络技术则是发展智能化的桥梁，如图9-40所示。

基于数字孪生技术的智能大坝是将整个工程的数据信息全部数字化存储于服务器中，通过互联网或移动终端实现远程监控和管理的一种新型水利设施管理模式。

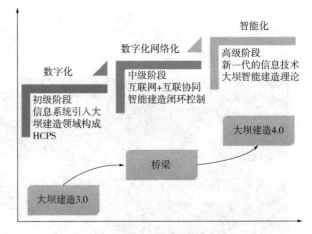

图9-40　智能大坝建造的三个阶段

数字孪生大坝是采用数字建模与仿真分析相结合的方法来研究大坝的安全性和耐久性的一种新技术，其基本思路是通过建立虚拟的三维模型并对其进行精确的分析计算以评估工程的整体安全性和可靠性，同时根据实际运行情况及时发现潜在的风险并采取相应措施加以解决。

（二）数字驱动下智能大坝建设创新实践应用

数字驱动下智能大坝建设由构建数据库，为数据设计统一定义、存储、索引及服务机制，形成TB级数据集、分布式集群管理，实现数据统一接入、交换和高效共享，构建全要素数据体系组成。

为智慧水利建设提供完整统一的三维数字底板。数字孪生系统包含全要素场景衍生数据（DEM、DOM、矢量、倾斜摄影、BIM、激光点云、人工模型等）、行业数据（水利、水务、城管、应急、交通、工地、能源、生态等）、物联感知数据（河湖监测数据、智能终端、可穿戴设备、智能传感器等）等多种数据。

1. 对坝体及附属设施实施数字化监控

在工程建设过程中利用三维建模软件将坝体及附属设施的形态与结构参数进行精确测量和记录。同时结合视频监控设备实时采集坝体和周边环境图像信息并存储到计算机中，为后期的大坝安全监测提供数据支撑，如图9-41所示。

2. 大数据分析的水文预报系统

通过水情自动监测系统实时收集水库的水位、雨量等水文信息，并进行综合分析计算后形成水位曲线图或降雨趋势图等辅助决策资料供领导决策使用。同时利用水利模型库中的相关数据建立水库的洪水风险评价体系并应用于日常管理工作中，水文预报在线监测系统测点如图9-42所示。

图 9-41　福建省溪源水库大坝数字化监控

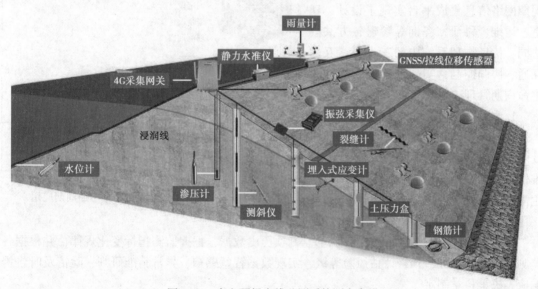

图 9-42　水文预报在线监测系统测点布设

3. 大坝安全数字孪生支撑平台

采用标准化、模块化、可视化、智能化的开发思路，建立水库大坝安全平台框架，按照具体项目业务流程需要，在可视化条件下模块化组件的快速拼装，减少开发人员的重复劳动，提高水库大坝安全信息化系统的开发效率，从而实现系统低成本、少维护、高效率、大规模的应用。

支撑平台支持三维可视化数字场景构建，实现空间数据、BIM 模型数据、业务数据、物联感知数据、多媒体数据等多源异构海量数据之间无缝融合，以及与现实世界的动态映射。

4. 大坝建设的多元技术融合

以 GIS 数据、IoT 数据、BIM 数据、公共专题数据、水利专题数据、互联网数据等海量异构多维时空数据为数据源，利用机器学习、深度学习算法，对时空大数据进行自动识别、数据挖掘及三维重建，能够为数据赋予空间特性及用途，构建涵盖地上地下、水里水外、二三维一体化的全息、高清的数字空间。

二、数字孪生驱动下智能大坝全生命周期应用分析

数字孪生水电站建设是水电行业大力推进数字化转型的成功落地，以数据连接物理世界和虚拟世界的两个维度的水电站，提供物理和虚拟空间中的基础设施运行过程的全生命周期数字表达和集成可视化，实现数字孪生水电站达到数字化、仿真、预测、诊断、实时优化控制、寻优决策和精准决策的目标。

大坝的建设阶段的设计、施工阶段的安全监测与管理、施工阶段的进度控制、竣工阶段的项目验收与结算、运营阶段的维护维修管理的具体应用如下。

（一）数字化大坝智能建造的全生命周期应用

基于数字孪生的数字化大坝全生命周期网络信息集成平台实现了设计、建造、运维、科研、咨询等参建各方共享协同，信息物理系统中的三大要素互联互通、协调控制，实现了建设大坝的全生命周期管理，如图 9-43 所示。

图 9-43　数字化大坝智能建造的全生命周期应用

1. 利用大数据模型确定设计方案

通过对拟建项目的场地地质条件以及水文气象条件的全面分析后，建立三维仿真模型，结合项目的设计要求及业主需求提出初步的设计方案建议。

2. 施工现场数据实时监测

实时跟踪大坝监测数据变化，展示监测项历史数据，把握监测指标变化规律，并根据各监测项的评判标准，预警评估风险等级，实现数据智慧感知、异常精准研判、险情及时告警响应，决策科学制定。

3. 特殊情况的应急处置

对于大型水利枢纽工程来说，由于工期紧任务重，所以经常会出现一些紧急情况。比如当发生地震时或者出现其他异常情况时就需要立即停止泄洪或关闭闸门，这时如果仍然采用传统的人工操作方法不仅效率低而且容易导致事故发生。因此可以通过数字孪生技术的运用实现对这些情况的应急处置。

4. 物联网在线远程监控

在施工过程中进行远程视频监控，以实现现场作业指导。例如，在浇筑混凝土时可以通过视频画面观察现场的实际情况并及时调整浇筑方案，避免出现因操作不当导致的质量事故。

5. 多维数据实施智能运维

通过运用数字孪生技术和计算机视觉识别技术等，可快速准确地对坝体内部结构进行检查和诊断，进而制定合理的维修养护方案。同时还可结合其他先进的科学技术如大数据分析、人工智能等来提升水库的整体运行效率和安全性。

（二）基于数字孪生大坝智能建设的应用技术

基于数字孪生技术的智能大坝建设管理是通过对工程全生命周期的实时监控和管理来保障工程安全运行的管理系统。该全生命周期管理能够为工程的实施提供全面有效的支持服务，从而提高工程的整体质量及安全性、可靠性及耐久性等性能指标，数字化大坝工程的智能建造全流程应用有以下几个方面：

1. 轻量可视化技术

大坝建造过程中，结合数字孪生技术进行对模型的轻量化处理，用户无需再花费高价钱去采购高性能的图形工作站来支撑三维可视化系统。用户通过 PC、PAD 或是智能手机，只要打开浏览器可随时随地访问三维可视化系统，实现远程监视和管控。支持 VR、手持或固定触控终端等多种控制设备，轻松对显示内容集中控制，实现可视化对象浏览、点选、筛选、圈选、地图平移缩放等功能。数字孪生技术实现对大坝地形场景数据的三维展示，进一步助力水利大坝工程的可视化进程。

2. BIM + GIS 融合技术

GIS 通过叠加融合倾斜摄影数据、矢量数据、三维模型数据、BIM 数据等多源数据，提供了更多的地形、建筑、设施等信息。将 BIM 主流数据无损接入数据与三维实体模型无缝对接技术，借助三维实体数据模型，实现了数据在 GIS 平台中的分析及运算能力，如图 9-44 所示。

图 9-44　BIM + GIS 融合流程图

3. 智能温控技术

智能温控大坝和温度调控方法改变了仅在施工期通冷却水进行降温的温控模式，可对混凝土大坝全生命周期进行智能、分区、双向的温度调控，这些通过智能温控大坝特有的结构和先进的调控方法来共同实现。

用数字温度计、光纤测温或红外线测温等方法，获取混凝土入仓温度、浇筑温度、浇筑后大坝实时温度、通水水温、水管流量、环境温度等监测成果和边界条件信息，同时考虑现场客观实际条件，全程模拟大坝混凝土浇筑过程的温度分布和变化规律。

4. 三维可视化技术

三维场景高效可视化技术是基于数字孪生 3DGIS 技术、混合现实技术，多层次实时渲染复杂三维场景，从宏观的流域河湖场景到精细局部的微观细节，支持三维场景全域可远观、可漫游，实现对空间地理数据的可视化表达，对物理场景进行 1:1 还原，实现地上地下一体化、水里水外一体化、静态动态一体化，如图 9-45 所示。

图 9-45   智能大坝三维可视化模型

(三) 数字化大坝工程的智能建造全流程

基于数字孪生的智能建造技术的应用将深度挖掘现代信息技术、监测技术、互联网技术、大数据分析技术、仿真分析技术、虚拟可视化技术和人工智能控制技术与坝工建设的结合点，使得两个大坝建设期间更高效，更安全。

在乌东德、白鹤滩特高拱坝确定的设计结构、施工材料、施工装备下，实现大坝安全优质高效需要建设针对工程问题和目标，运用现代信息技术手段（BIM、5G、大数据、可视化等），通过自动采集、实时传输、专家分析、动态监控、评价预警、终端推送、数据挖掘等方法，开展智能化技术的研究，如图 9-46 所示。

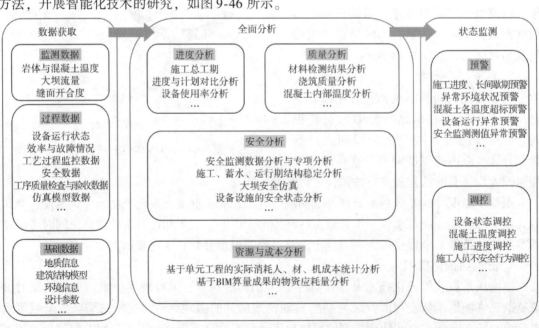

图 9-46   乌东德、白鹤滩大坝工程智能建造全流程

1. 数据获取

获取大坝建设的基础数据、环境数据、过程数据和监测数据，对各类数据的具体内容进行了明确，并选择或研发适合的数字感知采集设备和方法，确保获取的数据的准确性、真实性和及时性。乌东德和白鹤滩大坝建设数据都集成到了大坝智能建造管理平台。

2. 全面分析

大坝建设全过程全面分析包括安全分析、施工质量分析、资源与成本分析、建设进度分析，需要开展大坝建基岩体和混凝土结构真实参数反演分析、施工人员和设备的行为状态分析、大坝建设过程与蓄水挡水运行安全分析等。

3. 状态监测

大坝建设质量和安全状态的预警和实时调控，对预警内容和调控指标进行了分析。如将仿真计算结果与成果动态发布到平台，实现有限元云图、等值图、位移图等后处理展示。

三、基于数字孪生技术乌东德大坝的创新实践

（一）项目概述

乌东德水电站项目是金沙江下游河段四个水电梯级的最上游梯级水电站，坝址所处河段左岸隶属四川省会东县，右岸隶属云南省禄劝县，项目完工后将是继三峡、白鹤滩、溪洛渡水电站后的中国第四大水电站，同时也将是世界第七大水电站，水电站项目设计装机容量 1020 万 kW，如图 9-47所示。

图 9-47　乌东德水电站建设施工现场

当前乌东德特高拱坝正在建设中，与溪洛渡工程相比，工程地质条件复杂，客观施工边界条件、气象条件均更为不利，施工期温控防裂、蓄水过程中的变形协调问题、大坝及库区岸边坡稳定及蓄水长期安全运行等工程难点问题更为突出，为实现大坝真实工作性态的仿真、确保工程全生命周期安全，数字孪生技术的应用就十分重要。

（二）数字孪生技术在项目全生命周期管理应用

1. 混凝土温度实时感知及超限预警

运用热成像＋黑体的技术助力金沙江乌东德水电站智能建造，对混凝土从拌和楼的出机口到坝面入仓、浇筑全过程进行快速、精准的非接触测温实时感知混凝土温度并超限预警，降低人工监测存在的随机性和主观性，保证混凝土温度受控，提升合格率，有效防止裂缝产生，如图 9-48 所示。

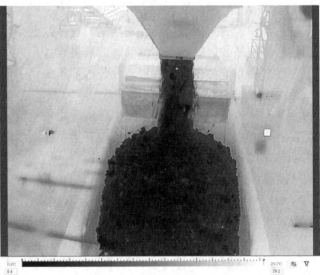

图9-48 混凝土拌和楼出机口温度检测

2. 实时数据采集智能化分析

依托视频感知、物联网技术实时采集坝体数据，通过对采集的数据进行智能化分析帮助决策者及时调整现场技术指标，推进大坝工程建设及长期安全可靠运行。深度学习的视觉分析技术，可对坝肩高陡边坡及仓面作业人员进行动态监测，管理人员可远程及时处理，如图9-49所示。

图9-49 乌东德水电站建设期间危险区域安全监测管控

3. 构建智能防汛抗旱指挥中心

运用云计算等技术对水雨情、工情等进行实时监测和分析处理，及时发布预警信息和应急措施。此外，还可根据实际需要随时调整防洪预案以应对突发情况。

4. 构建智能化调度管理系统

智能手机实时监控拌和楼、运输车、缆机、平仓机、振捣机等施工设备运转。通过对运输各环节、平仓振捣施工工艺的数据采集，综合物联网、复杂环境融合定位、大数据挖掘等前沿技术，对大坝2000余仓混凝土浇筑进行一条龙智能化监控与实时预警反馈。

采用先进的物联网通信技术和无线传感网络技术实现大坝远程自动化控制和管理；同时借助移动终端APP可实现远程操作和大数据分析等功能，有效提升工作效率和安全性。

（三）基于数字孪生技术在项目中的创新实践

1. 自动感知系统

大坝现场仿真分析所涉及的基本参数、气象水文等基本边界参数，大坝温度、应力和变形等特征参数均大部分实现了自动获取和更新，大坝重点部位的温度、应力、裂缝开度和变形方面的监测数据、实时的进度和未来的进度方案也都可自动获取，数字（监测）大坝的建设基本上已经实现。由于安全监测仪器设备的数量方面尚没有办法实现完全覆盖，坝体部分区域的安全状态还需要通过仿真反馈的手段来反映。

2. 动态仿真监测技术

基于自动感知系统中提供的各类参数，大坝能够实现对实时施工进度条件下的工作性态进行实时跟踪仿真，能实时展现大坝温度场、应力场、损伤场、屈服场和安全系数场，对大坝实时工作性态进行评价，并对下一阶段的工作性态和安全风险进行评估，同时也能对各类不同边界条件下的大坝的安全状态进行对比分析，能够较好地指导各类工程决策，目前借助这个系统已完成50余个专题、上千余个工况的仿真分析。

3. 数智化决策支持系统

目前工程实际应用时，已可以结合专家知识库、类似工程经验以及智能协同管控平台，对各类边界计算工况获得的仿真成果及建议参数进行查询与评判，比如出机口湿度、入仓温度、浇筑温度、浇筑进度、相邻高差、悬臂高度、灌浆进度、水管冷却、仓面环境温度等方面的指标参数。

当前决策支持系统存在的主要问题是专家知识库仍不够完善，需要获取更多的类似工程的实际经验及相关数据进行支撑，进一步的工作是强化各种专家知识库和评判准则的完善。

4. 人工智能系统控制

大坝建造过程将由一套中央人工智能系统控制，确保各项分工正常进行。运送坝料的货车以及组装大坝的起重机、挖掘机和压路机都几乎没有人工操作。每完成一步，机器都会将进展情况发送到记录一切的中央人工智能系统中。该项目决定使用机器而非工人是出于两方面的考虑：其一，这样做避免了人为失误；其二，免除了对工人安全的担忧。

第五节　数字孪生促进智能铁路建设的全生命周期管理

目前数字孪生技术已在多个领域得到了广泛应用，随着数字孪生技术在铁路领域的应用与发展，中国铁路部门将数字孪生技术引入智能化铁路建设中。

中共中央、国务院印发的《国家创新驱动发展战略纲要》要求，抓住"交通强国"的"十四五"科技创新规划的战略机遇，坚持聚焦科技创新支撑能力建设，通过科技创新赋能铁路发展，促进铁路建设提质增效，为构建安全、便捷、高效、绿色、经济的现代化综合交通体系贡献力量。

一、数字孪生技术与智能铁路建设的融合

我国作为世界上铁路基础设施建设规模最大、运营总里程最长的国家，正在由"建设为主"向"建养并重"发展。与设计及建造阶段相比，铁路基础设施服役时间跨度大，结构性能演变复杂，影响因素多。因此，建立科学化、智能化的运维技术体系将成为轨道交通运输工程领域未来发展方向。

（一）数字孪生技术与智能铁路融合过程

数字孪生为铁路运维技术智能化发展提供了新的契机，将数字孪生、New IT、人工智能、BIM 及 GIS 等技术交叉融合，实现结构检测智能化及管理决策智能化。数字孪生技术与智能铁路融合流程如图 9-50 所示。

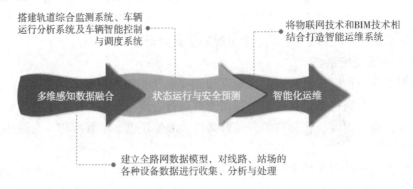

图 9-50　数字孪生技术与智能铁路融合流程

1. 多维感知数据融合

通过建立全路网数据模型，对线路、站场的各种设备数据进行收集、分析与处理，将采集的所有交通流和设施信息、设备运行状态等信息进行整合，并以此为基础建立数字孪生空间模型并进行动态仿真，形成统一的数据库，实现数据共享，激发数据新的价值。

2. 状态运行与安全预测

通过搭建轨道综合监测系统、车辆运行分析系统及车辆智能控制与调度系统，建立各子系统间的关联模型，实现列车运行情况监测分析和预测预警的一体化管控。通过对沿线各类安全风险进行采集与分析，以数据为基础建立数字孪生空间模型，进而对安全风险进行分析与研判。

3. 智能化运维

通过将物联网技术和 BIM 技术相结合的方式建立数据感知体系，以此为基础打造智能运维系统。将智能监测设备与 BIM 建模相结合，通过对轨道运营状态进行实时监控并进行多维动态仿真，形成列车运行轨迹等；将车站设备管理信息集成在数字孪生空间中并实现对数据的动态管理。

（二）数字驱动下智能铁路建设创新实践应用

基于数字孪生技术与高速铁路的快速融合发展，完成对铁路建设全生命周期内全业务、

全流程、全系统进行数字化升级，实现数据模型驱动的管理、控制、决策与运维。

1. 三维数字模型可视化

数字孪生是支撑高铁建设高标准高质量可持续建设与安全运营的变革性技术手段，构建真实的轨道交通孪生基地，将铁路建设呈现网络化，各建设阶段实现 3D 场景控制，如图 9-51 所示。

数字孪生技术打破了通过平面图整合建筑信息的传统模式，通过 3D 建模技术将物理现实世界的建筑模型进行映射。可真实呈现铁路建设所涉

图 9-51　某铁路车站 3D 模型

及的建筑结构、山体信息、隧道通风、安防报警系统等，同时涵盖所有几何、材料和状态信息。

2. 数字智能化铁路隧道建设

隧道建设往往存在诸多困难：施工条件复杂，岩体破碎，节理裂隙发育，施工难度大，安全风险高；隧道单向掘进距离长，施工组织复杂，整体进度制约性大，受环境影响因素大，交通运输不便等。因此，利用数字孪生技术可视化、信息集成的特点，可实现隧道设计方案的多方位展示与分析。

在隧道地质体模型、三维线路模型基础上，读取数据库中的隧道设计信息，在 GIS 平台中动态生成简化隧道模型，并根据选择设计信息类型对简化隧道模型进行类别区分，可实现隧道围岩等级、隧道风险分布、衬砌类型、施工方法、超期支护措施等多类设计信息的可视化表达，如图 9-52 所示。

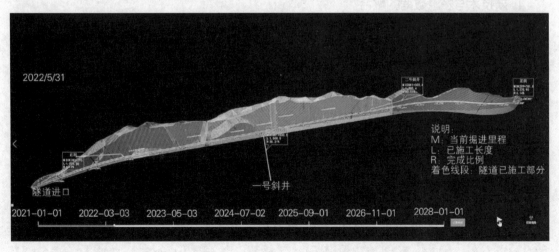

图 9-52　隧道施工组织动态模拟图

3. 铁路建设数字化交互平台

通过平台可对项目从前期到竣工验收全过程的工作开展进行信息化管理，同时在此过程中形成各类数据。包括基础数据、各类业务管理系统、质量安全控制系统与监控系统等。在基础数据建设的过程中，项目建设了工程档案管理系统和基于 BIM + GIS 技术应用工程变更管控平台。

利用数据模型形象直观、可计算分析的特性，为项目的进度管理、质量安全管理、资源管理、变更管理等提供数据支撑；融合应用 GIS 技术，在对区域空间进行管理和对空间地理信息数据进行分析方面，协助管理人员进行有效决策和精细管理，从而达到减少施工变更、缩短工期、控制成本、提升质量的目的。

通过搭建平台可以透过 GIS 地图掌握所建设铁路沿线的地理位置信息，实时查看建设人员在系统远程视频信息，实时监控各设备运行参数及告警状况，并且告警信息实时显示，透过实时采集与阈值趋势判断快速定位设备故障点，如图 9-53 所示。

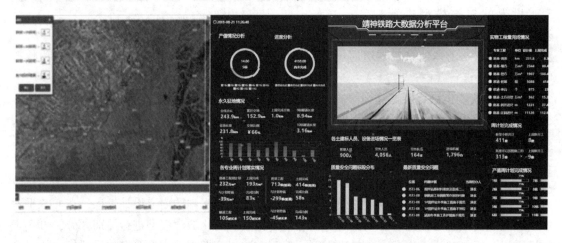

图 9-53　靖神铁路 – 长线工程 BIM 数字化建设运维平台

4. 新技术与多源数据的融合

通过建立数据集成与数据共享机制，充分利用海量信息资源及各类异构数据库。通过统一数据平台，实现项目相关数据在 BIM、GIS 技术基础上的集成共享，实现各类数据在 BIM、GIS 系统中的动态管理。

建立铁路建设全生命周期管理数据分析模型，为铁路建设各环节的人员提供高效决策支持。在模型搭建过程中，开发了项目管理、运营维护、设计优化等多个维度的模型工具；并根据不同维度的问题生成相应需求，开发了一系列工具。

二、数字孪生驱动下智能铁路建设全生命周期应用分析

（一）数字化铁路建设的全生命周期应用

铁路建设的全生命周期的智能化，就是随着物联网、云计算、大数据、人工智能和北斗系统等新一代技术的快速发展，信息技术与设计、建造、运维不断融合发展，逐渐向泛在感

知、自动适应、智能决策为主要特征的智能化方向发展。

勘察设计行业数字化是交通基础设施产业链技术发展的总牵引，从勘察设计源头出发，生产数据，统一标准，延伸至建造以及运维管理，触发智能建造、智能监测、智能维护等设备、材料市场的发展，如图9-54所示。

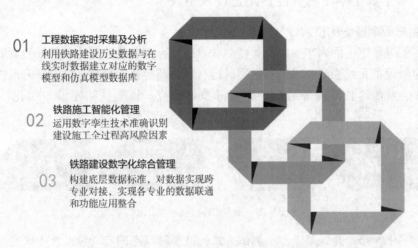

01 工程数据实时采集及分析
利用铁路建设历史数据与在线实时数据建立对应的数字模型和仿真模型数据库

02 铁路施工智能化管理
运用数字孪生技术准确识别建设施工全过程高风险因素

03 铁路建设数字化综合管理
构建底层数据标准，对数据实现跨专业对接，实现各专业的数据联通和功能应用整合

图 9-54 数字化铁路建设的全生命周期应用

1. 工程数据实时采集及分析

对建设项目数据自动采集，发现并制止不按标准和规章施工的行为。通过对原材料、安全、质量等方面真实数据监测，让过去的人为管理和干预变为让数据和机器说话，设备自动实时采集的数据更加真实可靠，基本消除了数据造假、以次充好等现象，有效防范了重大安全事故的发生和质量事故的出现。

利用铁路建设的历史数据与在线运维实时数据建立对应的数字模型和仿真模型数据库，与全生命周期数据结合建立精确度高、可自动更新的模型，提高设计质量。同时，合理保证全生命周期不同阶段和不同设计部门数据的统一管理，保证设计进度与效率。

2. 铁路施工智能化管理

基于数字孪生的技术与理念，运用数字孪生技术准确识别建设施工全过程高风险因素，以现有数据为基础，以数智化物联网为媒介实现双向交互与映射，实现物理与虚拟的实时监测与控制反馈。

采用 BIM 技术，在施工阶段按照可视化三维 BIM 模型进行施工细化，通过物联网 IoT 技术，将物料储备、物料配送、车辆生产线流转、车辆生产工具状态等信息进行实时推送。虚拟数据根据现场反馈信息，结合生产计划和仿真分析结果，进行资源智能调度，提高建设效率。

3. 铁路建设数字化综合管理

构建底层数据标准，对数据实现跨专业对接，打破了以往的信息"孤岛"状态，通过查看数据、现场视频，实现了对数据进行集中的管理、分析、处理，对各专业的数据联通和功能应用整合起到了桥梁作用，为数字化铁路的发展进程提供了方向指引。

建立全生命周期基础设施管理精准映射关系，通过映射转换算法或工具，建立完善的信息流转机制，在信息传递的同时进行数据筛选、转换、解析，以解决信息流失和信息转义等问题，使运维信息向上传递更加精准有效。

智能高速铁路在其全生命周期的各个阶段具有庞大的数据，在数字孪生技术的支持下，打破信息传递的界限以及各数据存在的孤岛问题，整合多源异构、多模态数据。

（二）基于数字孪生的智能铁路建设应用技术

1. 全生命周期智能化技术

开展基于卫星定位的列车实时位置监测技术研发，深化铁路路内和沿线异常监测技术创新，推进地面设备无线控制技术、车辆实时运行状态监控技术研究；同时，开展提高城市圈列车正点率、节能驾驶模式等运行控制关键技术研究。智能铁路建设"四化"如图9-55所示。

图9-55　智能铁路建设"四化"

实施数字化养修，开展基于车上测试方式的线桥隧状态的自动诊断技术研究，构建供电设施设备数据综合分析平台，推进基于电网监视的高阻抗接地故障等早期异常检测监测技术研究。

研究与外部电力协调控制技术，构建铁路用蓄电系统，开展高性能整流器等节能装置研发，推进列车节能驾驶模式研究，实现铁路电网低碳化。

利用虚拟铁路试验线，开展车辆运动等耦合动力学仿真研究，研发材料损耗状态评价仿真软件以及车辆安全性评价仿真软件，开展新材料显微结构仿真技术研究，构建以数值计算模拟大型数字化铁路系统。

2. 数据智能分析与决策融合技术

通过对海量数据的采集、处理、分析和利用，构建业务大数据分析模型，实现业务大数据智能化，为上层应用提供决策支持。

数据采集方面，项目依托 BIM 及 GIS 技术，实现铁路建设项目从设计、施工到运营维护全生命周期内各阶段的三维可视化。同时，通过空间数据和属性数据的统一管理、关联分析、智能分析，实现各类数据的融合和集成。

数据结构化方面，项目以面向铁路运营维护，通过数据采集、交换与共享以及可视化技术实现了三维模型数据向地理空间数据转变。其中，在三维空间的基础上，通过 BIM + GIS 结合地理信息技术，以三维场景的方式来实现项目管理中所有工作空间化布局。在平台建设方面，项目基于 BIM 技术搭建了统一数据平台。同时为进一步完善平台应用功能，构建了基于 BIM + GIS 的铁路运营维护大数据分析系统。

3. 数字化智能勘测及选线技术

传统的勘测是"一台计算机，两只巧手，三更无眠，四海为家"，通过智能勘测，综合使用激光雷达、倾斜摄影、北斗卫星导航等新兴测绘技术，不仅可以减少勘察人员户外工作的时间，同时可以快速获取数字化勘察数据，生成定制地形图、实景三维模型等高精度基础地理信息成果，如图9-56 所示。

图 9-56　铁路建设无人机勘测

智能选线则利用计算机自动完成三维空间线路搜索，生成满足各种约束条件且最优的线路方案。目前智能选线技术已在长沙至赣州高铁、武汉至荆门高铁等复杂建设环境下局部采用，选线设计效率提升 30% 以上。

（三）智能铁路建设数字化应用场景

1. 搭建铁路云平台网络

针对信息传输时效性、技术系统分散、技术资源闲置等问题，基于数字孪生技术搭建铁路云网络平台。应用云计算技术，提供数据交换与存储、分析计算、信息软件共享、网络资源共享，最终通过平台达到功能的协调统一。平台作为中心，背靠铁路数字化的发展，全方位实现铁路云平台应用。

可将铁路信息分为两个云系统：内部服务云和外部服务云。内部服务云：服务、生产与管理业务，其数据和产品支撑铁路网络运行。外部服务云：服务对外客户与公共类业务，涉及产品使用满意度，如图 9-57 所示。

2. 阻止信息与环境入侵

基于数字孪生技术不仅充分保证在出现入侵等不良行为时，信号系统和通信系统能快速做出反应；还可以通过建立安全的铁路通信网络，将安全信号与

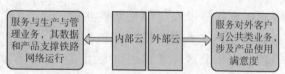

图 9-57　铁路云内外网络平台

网络通信技术全面覆盖铁路应用。同时采用物联网技术作为支持，使用全自动化检查、维护和基础设施的修建，提高判断精确度和反应速度。

通过数字孪生的驱动与物联网技术的结合，毫米波雷达与智能摄像机融合，借助 AI 识别算法分别对雷达数据及视频数据进行智能化分析后，再调用融合算法做进一步分析，就可对周界入侵事件进行准确判断。入侵事件发生后，前端设备将入侵告警上报到告警中心，触发声光报警器，将产生声光警告进行驱离。

监控中心人员通过告警中心平台，调用综合视频监控摄像机，可进行实况视频播放和轨迹跟踪，并可同步拍照、录像留取证据。同时，通过实时轨迹展示协助监控中心采取应对措施。

通过雷达和智能算法及环境建模技术，消除了铁路环境的各种干扰因素，实现了对人员翻越栅栏、横跨铁路和在路肩来回行走等场景的智能判断、实时监测、告警和轨迹跟踪等，在确保不漏报的前提下降低误报率。

3. 解决子场景方案

智能车站：通过数字孪生技术，同时利用 AI、5G 边缘计算等物联网技术，打造智能出行服务、智能生产管理、智能安全应急、智能绿色节能的数字化场景。通过视频 + AI 识别，可实时监测车站人群密度、排队长度、站台越黄线、人员逆行等多种场景，实现乘客行为监控，从而辅助加强铁路安全管理。智能车站不仅提升铁路车站运营效率和乘客出行体验，同时助力铁路部门构建基础设施完善的智能车站，实现更高效的可持续发展。

智能货场：将移动视频监控、门式起重机、集装箱运输车等多元化终端连接起来，并利用各种新型的 ICT 技术支持货场的智能化应用。可实现货场货物装卸、货区管理、货检作业、道路和车辆的实时监控，满足货场在智能运营中心综合安防、便捷通行等方面的管理和建设要求，并可降低作业人员劳动强度，提高生产效率。

三、基于数字孪生技术京张高铁建设的创新实践

（一）项目概述

京张高铁是 2022 年北京冬奥会的重要交通保障设施，是中国第一条采用自主研发的北斗卫星导航系统、设计速度 350km/h 的智能化高速铁路，也是世界第一条设计速度 350km/h 的高寒、大风沙高速铁路，路线图如图 9-58 所示。

京张高铁是国家《中长期铁路网规划》铁路网"八纵八横"京包兰通道及西北至华北区际通道的重要组成部分，是以承担西北、华北、东北等地区之间中长途客流为主的通道，全面满足沿线地区日益增长的运输需求等，具有重要意义。同时，本线与崇礼铁路构成了北京

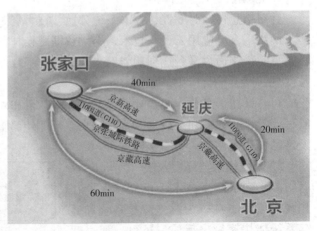

图 9-58　京张高铁路线图

市区至冬奥会崇礼赛区的重要交通通道，是冬奥工程的重要交通配套设施，是京津冀协同发展的重要基础工程。

（二）数字孪生技术在项目全生命周期管理应用

数字京张是实体京张的模拟仿真和数字表征，通过搭建数字京张的统一平台，实现参建各方的协同管理，主要包括工程实体数字化、过程管理数字化、参与要素数字化等 3 方面。其中，包括桥梁、隧道、路基、站房、四电等大型临时设施的数字化；过程管理数字化包括重点从安全、质量、进度、投资、环境等方面开展数字化工作；参与要素数字化包括分别从

人员、机械、材料、方法、环境等相关方面开展数字化工作。

1. 设计阶段

在工程建设前期就通过数字化数据采集分析手段制定智能化设计方案，京张高铁项目在工程设计中利用数字孪生建立模型技术实现三维实景模型，做到了设备从原材料到运营维护的全生命周期管理，提高了施工效率和工程质量。

基于 BIM 标准体系研发了一套多专业协同设计系统，利用统一数据框架协同设计。该数字化工程通过集成仿真分析手段，实现在虚拟空间中完成工程建造过程映射，提供一条动态可感知、易维护的虚拟铁路，提升方案可靠性与稳定性，降低工程勘察设计试错成本。

通过建设过程的协同管理实现设计模型的交付管理以及建设过程进度、质量、安全等信息的有效集成，实现宏观与微观、室内与室外一体化的信息集成平台，提高各参建单位的协同效率。

2. 施工阶段

京张高铁工程施工中自主研发了智能化接触网腕臂、吊弦生产线和智能接触网立杆车、隧道内自动打孔安装平台等专业化工具。施工部门研发、投用的智能检测系统随时对海量数据进行处理分析，使风险处于可控状态，实现全过程智能管控。

基于集成的地理、地质孪生模型进行铁路辅助选线设计，根据孪生模型可查看地形起伏、地层信息，精准计算土方填挖量，利用空间量测、分析绕开不良地质条件区域以及确定桥隧站等控制性工点，提升选线效率和质量。

基于数字孪生地理模型，可进行数字化、低碳无纸化勘察，获取工程周边环境信息，减少野外工作量，实现需要大量人工的外业工作内业化。

在清河站的应用，研发基于"BIM + IoT"的三维风险可视化管理系统，开展基于 BIM 技术的清河站施工安全监测风险管理应用，实现对深基坑、高支模、钢结构、试验检验、塔式起重机防碰撞、钢结构焊缝等关键安全质量数据的采集、分析和集成管理，并支持趋势变化分析和安全质量问题闭环管理，提高站房施工的安全质量管理水平，如图 9-59 所示。

图 9-59　清河站三维风险可视化管理系统

3. 成果数字化交付阶段

数字化竣工交付将建设单位移交的整个铁路建设过程中设计资料、过程资料、竣工验收资料等资料进行分类管理。通过数字化竣工交付系统，将 BIM 模型承载的建设管理过程信息无缝转移到基于 BIM 的铁路运维管理系统，同时集成运维期各类台账、生产作业记录、监测检测记录、缺陷库等信息，实现建设 BIM 模型向运维 BIM 模型的深化，生成基于 BIM 的供电设备全生命周期三维可视化数字化档案。

4. 运营维护阶段

数字化技术被用来监控设施故障实现预测性维护，最终提高设备使用寿命。同时，预测性维护通常比故障修复或计划维护更节省成本。京张高铁首次采用智能供电运行检修管理系统、应急处置的智能调度系统、牵引供电设备故障预测与健康管理系统等多种智能化设备故障预测与维修系统。

在高铁运营最重要的智能调度及安全保护方面，智能动车组的供电系统可实现智能故障诊断预警，形成供电系统的健康评估系统；高铁周界入侵报警系统、地震预警系统、自然灾害监测系统等组成动车组的智能调度指挥系统，可以自动检测雨雪、地震等恶劣条件并提前示警，确保安全行驶。

5. 盾构隧道管片生产全过程管理

将智能终端与管片生产的各工序充分结合，以二维码为管片身份标志，方便高效地采集各工序工艺信息，实现管片生产、运输、拼装、检验的全过程质量闭环管理，主要包含计划管理、质量管理、物资管理、资料管理等功能模块。根据隧道施工现场安装进度及库存量，指导安排管片生产计划及管片出厂运输计划；根据管片生产计划和实际管片生产统计综合分析，指导物资管理人员提前做好物资储备工作；通过资料管理系统赋予管片完整的施工生产信息，供隧道成形后检修查询使用。

（三）基于数字孪生技术在项目中的创新实践

基于数字孪生技术在京张高铁建设的全生命周期管理应用，实现了技术可靠性和经济可行性的综合优化：设计单位希望结构可靠，施工单位希望降低建设成本，运营部门希望降低维修成本，旅客和沿线居民希望安全可靠、环境影响低。

基于数字孪生技术在项目中的创新实践不仅为之后智能高速铁路建设提供了有益的参考，管理内容的扩展及建设运维技术的发展，进一步加强了对全生命周期各阶段多元信息分析整合及协调，在管理理论、方法、体系、实践领域取得突破，从而全面提高高铁建设运维管理水平，助力智能高铁可持续创新发展。

1. 列车运行安全

智能技术可以通过加强危害监测、提高重复错误预防能力、自动预测、对冲潜在风险等方式保障铁路运行安全，例如智能技术可以通过自动减速或停车减少人为失误导致的事故进而减少损失。

京张高铁在原有通信系统中增加完善北斗技术，实现了施工及维护上道作业人员监控、应急通信、铁塔倾斜检测等多种能力，并对关键设施设备、重点工程结构等进行了实时监测，完善铁路防灾体系，以保障铁路运行安全。

2. 灾害防护警报

智能技术可以通过高分辨率地图技术、数据模拟等多种方式为防灾、救灾赋能。京张高铁项目采取智能机器人巡检方式，引入了基于大数据的健康自诊断系统和自然灾害监测系统，提升了变电所的智能化程度。同时，建立了八达岭长城地下站防灾疏散救援系统，进一步保障了铁路运行安全。

3. 优化能源环境

智能技术支撑下的先进制动系统、能源管理工具等将有利于减少列车运行中资源消耗和环境污染。此外，数字技术还将帮助实现无人驾驶列车的能耗最小化。京张高铁采用的自动驾驶系统可以有效地提高运输能力、降低运行能耗，其站点之一清河站采用了垃圾分类运输的气力输送生态系统，极大地保护了环境。据估计，通过利用车辆或固定装置上的能源监控装置，可节省约20%的能源。

4. 智能运输组织

通过将数字技术应用于运营，铁路运输更加高效、经济。京张高铁构建了基于AI的高速铁路智能调度系统，实现进路和命令安全卡控、列车运行智能调整、搭建行车信息数据平台、行车调度综合仿真以及ATO系统需要的行车计划上车等功能。

5. 相关企业管理

京张高铁深度融合旅客服务、客运管理、车辆装备、应急指挥等众多业务，利用智慧技术建立了AI辅助决策、新一代旅服系统、智能管控服务等多功能平台。在数字化技术支撑下的系统数据实时监测系统能够及时收集充足的数据，再通过大数据分析系统对复杂信息的分析整合和数据建模处理，铁路公司可以更有效地监控运营和更及时地采取措施以促进铁路系统以更低的成本提供更高的运营效率和服务质量，以及更安全可靠的环境。

6. 运营维护阶段

综合运用动态检测、自动化监测、人工检查数据，通过大数据、智能分析手段，对基础设施关键部位故障、运用、检修、性能参数等数据进行全面的采集整理诊断与计算评估，预判设备健康状态，从而制定更合适的维修策略，保证基础设施可靠性、可用性水平满足要求，全面降低维保成本。

（四）智能铁路建设数字化未来发展趋势

智能铁路建设的BIM、大数据、物联网、人工智能、现代通信等先进技术与铁路基础设施、运输装备、调度指挥、运输服务、养护维修等各领域进行深度融合，实现工程建设数字化，运输装备的自动化、智能化，调度指挥的灵活化、综合化，运输服务的个性化、舒适化，以及安全监控的实时化、可视化，并在此基础上，将铁路各环节、各领域有机结合，实现资源配置的优化、综合效能最大化，如图9-60所示。

1. 先进的交通管理和控制系统

由新型通信系统、自动列车运行（ATO）、移动闭塞、列车安全定位、列车完整性、新型实验室测试等框架组成的先进控制系统将成为未来应用趋势。

图9-60　智能铁路建设数字化未来发展趋势

2. 低成本、可持续和可靠的高性能基建

利用数字化技术对铁路轨道系统进行优化，经过改良后在桥梁隧道的预防性评估以及维修上得到了较大的提升。同时，铁路建设的动态信息管理系统、轨道交通综合监测系统、智能资产管理策略、智能供电以及未来车站等技术将更符合未来的需求。

3. 有吸引力的铁路服务 IT 解决方案

致力于轨道交通 IT 服务解决方案的创新研究，由互操作性框架、旅行购物、预订及票务、行程追踪、旅行伴侣和业务分析等组成的数字化技术将成为吸引游客的个性化服务。

4. 智能铁路建设全过程的技术连接

使用 3D 打印、设备传感器、能源传感器、机器人、数字化测试等技术，实现机车车辆数字化、可维修零部件数字化、信息流数字化，将全生命周期所使用设备连接在一起。在运营列车上部署传感器进行数据采集，并对采集到的列车数据进行智能分析。网路的连接则是通过实时远程监测路网运行状态，开展智能评估与预测，提高基础设施检修维护现代化水平。

智能铁路发展方向是实现高铁的智能化、自动化、数字化，以提升列车运行速度、列车运行安全性以及旅客出行舒适度等，并在此基础上形成新的铁路运输模式，提高运输效率和经济效益。

第六节 本章小结

本章通过建筑、装配式建筑、智能大坝以及智能铁路的建设全生命周期分析，展示了基于数字孪生技术在四种项目中智能建造的应用以及由数字孪生技术衍生的创新应用。

在建筑项目中，数字孪生的发展为建筑工程实施方案优选的新途径和新发展方向，运用科学理论与数学模型相结合集成的人工智能建造技术也将对整个建筑业的发展产生关键的推进意义。

在装配式建筑项目中，临时性应急医院作为装配式建筑的代表，此类医院建造时，通常留给设计、施工、管理人员的时间非常有限，因此，如何有效地运用资料流，减少设计变更，减少设计错误，降低施工难度，加快施工进度，是工程施工中最大的难题。

在装配式医院建设中，项目团队运用数字孪生技术、流体模拟技术、智能化管理平台等技术，实现了医院快速建成、安全使用，进一步挖掘了数字孪生技术在医疗建筑项目和应急项目中的价值。

在智能大坝建筑项目中，复杂严峻的自然环境条件与新时代科技深刻变革的形势下，要求在确保质量和安全的基础上顺利按期建成，既需要建设者通过科学技术创新来研究更加先进科学的筑坝技术，也需要利用现代信息技术和数字技术提高工程建设的技术水平和管理能力，来消除人员、设备、环境、管理等可变因素带来的不确定性。

所应用的仿真大坝系统是工程性态实现实时仿真与安全评估的重要平台，对于进一步加强大坝安全状态、保障工程建设质量将起到非常重要的作用。但目前仿真大坝建设在智能化方面还有待进一步深入，尤其是各种知识库的搭建目前还需要更多的工程经验积累，大数据、人工智能算法等技术与大坝结构仿真的深度融合还需要进一步加强。

在智能铁路建设项目中，数字孪生为铁路运维技术智能化发展提供了新的契机，将数字孪生、NewIT、人工智能、BIM 及 GIS 等技术交叉融合，实现结构检测智能化及管理决策智能化。

结合数字孪生技术拥抱数字化转型成为满足铁路系统未来发展需求、解决其现存问题的最佳选择。充分利用 5G、物联网、AI、大数据、云计算等新 ICT，提升效率、优化成本，以迎接未来发展机遇。

第九章课后习题

一、单选题

1. BLM 是将工程建设过程中包括规划、设计、招标投标、竣工验收及物业管理等作为一个整体，形成衔接各个环节的_____。

    A. 综合管理平台   B. 智能运维平台

    C. 智能管理平台   D. 综合信息平台

2. 以下关于装配式建筑和 RFID 技术的描述，错误的是_____。

    A. 装配式建筑中应用 RFID 技术可以大大提高施工效率

    B. RFID 技术在装配式建筑中的应用还没有得到广泛应用

    C. 装配式建筑中使用的 RFID 标签通常只能识别一次

    D. RFID 技术可以实时监测装配式建筑的施工进度和构件状态

3. 构件追踪定位技术的核心功能是处理装配式建筑全生命周期各阶段构件的什么信息_____。

    A. 物理信息   B. 空间信息   C. 时间信息   D. 数字信息

4. 以下哪个选项是数字孪生技术在智能大坝建设中的应用优势_____。

    A. 提高大坝安全性   B. 降低大坝建设成本

    C. 提高大坝运营效率   D. 延长大坝使用寿命

5. 以下哪个不是数字化铁路建设的全生命周期应用_____。

    A. 工程数据实时采集及分析   B. 铁路施工智能化管理

    C. 铁路建设数字化综合管理   D. 数字化智能勘测及选线技术

二、多选题

1. 数字孪生在智能建造全生命周期中的应用价值有哪些_____。

    A. 预测   B. 预警   C. 监测   D. 运维

    E. 描述

2. BIM 技术在建筑项目不同阶段的应用有哪些_____。

    A. 规划设计   B. 设计出图   C. 建造施工   D. 运营管理

    E. 运营维护

3. 数字孪生实现建筑全生命周期管理的必要性有哪些_____。

    A. 提高工作效率   B. 降低沟通效率   C. 降低工程成本   D. 提高质量标准

    E. 促进创新发展

4. 请选出智能大坝建造的三个阶段_____。

    A. 数字化   B. 数字化网络化   C. 网络化   D. 智慧化

    E. 智能化

5. 基于数字孪生的智能铁路建设应用技术其中全生命周期智能化技术的智能铁路建设"四化"分别是_____。

    A. 列车运行自动化   B. 养护维修省力化

    C. 设备传输智能化   D. 试验仿真集成化

    E. 能源消耗低碳化

三、简答题

1. 请简述智能铁路建设数字化未来发展趋势。

2. 基于数字孪生技术的临时性应急医院智能建造有哪些应用？

3. 请简述数字孪生在智能建造全生命周期中的重要性。

第十章　总结与展望

第一节　全书总结

随着信息技术应用不断深化、数字技术与实体经济深度融合，以数字孪生为核心驱动的智能建造已成为建筑业转型升级的重要引擎。近年来随着我国建筑产业数字化、智能化发展战略不断深入和落地，智能建造在建筑业中所占比重越来越大。而数字孪生将建造实体抽象为虚拟数字空间，在虚拟空间中进行动态模拟仿真、协同管理、优化设计、远程控制，通过实时的信息交换与数据共享，模拟仿真实体，从而实现对现实世界的优化控制、科学决策。在数字孪生技术的应用中，数字孪生驱动的智能建造全生命周期管理与实践应用更是成了当前建筑行业内的热点。通过数字孪生技术，建筑企业可以实现从项目的规划与设计到建设、运营和维护，全生命周期的管理，并实现精细化管理与智能化控制。

本书主要讨论了数字孪生在建筑行业中的应用，以及数字孪生驱动智能建造全生命周期管理与实践应用的方法。针对建设工程项目从规划、设计、施工、运维四个阶段，融合 BIM、物联网、AI、云计算、大数据等技术，探索数字孪生技术在智能建造过程中的精益管理模式，从而实现多方协同、资源整合与动态跟踪，促进数字孪生技术在工程项目中落地实施。

本书的理论部分总结了数字孪生的发展历程、概念、特点等有关数字孪生的底层逻辑、基础知识，为读者明确了数字孪生的理论架构和技术架构，重点介绍实现数字孪生系统的各项技术以及技术之间的交互耦合，让读者对数字孪生的实现流程有进一步的了解，为后续数字孪生的各项技术与智能建造之间的联系和应用做铺垫，也为数字孪生平台建设提供技术参考；同时，介绍了智能建造的基础概念以及数字孪生与智能建造全生命周期的关系及应用。应用部分总结了 BIM 技术在智能建造中的应用研究、物联网技术在智能建造中的设计与实施，以及基于数字孪生技术面向 AI、大数据、云计算的信息平台建设。实践部分介绍了基于数字孪生智能化平台的建立并总结了建筑、装配式建筑、智能大坝、智能铁路四个方面的工程建设，详细介绍了相关领域基于数字孪生技术的四个工程建设以及所衍生出的智能建造全生命周期的应用。

第二节　创新成果

1. BIM 技术在智能建造中的应用

首先，通过分析传统建造模式管理机制的不足及问题，明确面向 BIM 的动态智能管理机制的优势，通过基于 BIM 技术质量、成本、进度的管控分析得到各管控流程及信息传递过程。然后，确立 BIM 技术用于投资管控中，可促进各阶段建筑信息集成及传递、实施提升投资管控流程以及实现各阶段造价管理的协调合作优势。最后，讲述了 BIM 技术在建筑项目中从设计、施工到运维的全生命周期的创新应用。

2. 物联网技术与智能建造的结合

智能建造中的物联网技术应用主要集中于建设工程项目全生命周期的施工阶段及运维阶段。首先，对物联网技术应用场景分类及价值进行分析，物联网技术的应用场景涉及诸多领域，但在智能建造中的应用场景主要包括智能安防、智慧能源、智慧建筑及智能家居四个方面。其次，通过在施工阶段和运维阶段各三个应用详细案例的现存问题而判断出引入 IoT 应用的优势。施工阶段分别为：实现施工安全智慧管理、实现施工进度管理新模式、实现施工质量智慧管控。运维阶段分别为：中国建筑"农污治理智能运营系统"、中国三峡集团"跨流域巨型电站群管理云平台"、上海建工集团"基于 BIM 的公共建筑智慧运维管理"。最后，通过对智能建造全生命周期应用概述的运用以及 IoT 的作用，结合案例讲述了物联网技术赋能智能建造全生命周期管理。

3. 智能化与智能决策平台的建设

首先，建设基于 BIM、IoT、大数据等技术的智能化平台，建立应用服务层、功能实现层以及基础设施层。应用服务层面向项目全过程参与方，提供覆盖勘察、规划、设计、施工、运维等建筑全生命周期应用软件，以及提供面向协同设计、智能生产、智慧工地、智慧运维、智能审查等典型应用场景的数字化应用方案。

功能实现层利用基础设施层中提供的基础设施构建数字化管理系统，实现建筑全生命周期管理业务流程。基础设施层依托数字孪生技术实现数据采集、大数据分析、云计算、仿真模拟等功能，为上层功能实现层提供技术保障。其次，建设项目全生命周期基于数字孪生平台的精益管理建设分别从协同设计、智慧生产、智慧工地、智慧运维四个方面分别展开。建筑工程设计阶段具有高度跨学科的特点，涉及建筑、结构、机电等不同专业背景、不同专业视角的协同设计和建筑模型数据集的共享交换。新型建筑工业化生产带动传统建筑生产模式向自动化、数字化方向发展，利用数字建筑无缝连接 BIM 设计、工厂生产阶段，使 BIM 设计模型通过数据转换直接驱动各类数控加工设备，实现数据驱动设备自动化生产，推进构件生产管理的标准化和精细化，促进工厂生产线的智慧化升级。智慧工地运用数字建筑相关技术，对施工现场全生产要素进行实时的一体化管控，辅助施工企业的科学分析和决策，全面提升建设施工的效率、质量和安全，助推工程建设管理的精细化、智慧化、高效化。智能物联时代运用数字建筑中 BIM、云计算、大数据、智能控制等技术，赋能传统设备实现物联网化统一管理运维，实现设备与终端等建筑资产的可视化、精细化、动态化运维管理，提升建筑生态化、绿色化管理和运营水平。最后，基于数字孪生技术的智能化平台整合各类数据资源，构建三维地图引擎框架，并运用计算机技术实现三维数据可视化和各类数据查询功能，实现地上地下三维模型一体化展示。在基于三维可视化技术的基础上，利用决策支持系统进行全生命周期管理的多维分析管理。通过平台可以实现分析海量数据、识别相关知识，并根据不同的实际情况快速做出决策部署。

第三节　未来展望

数字孪生技术是多种技术的融合，能够有效提升建筑行业的竞争力。建筑行业现有BIM、大数据、物联网、人工智能、VR、区块链等技术，未来可能会出现新技术与建筑行业的管理和建筑技术充分融合，能够提升建筑行业的整体管理水平和竞争力。因此，无论未来是否以数字孪生技术为主，其相关应用已经融入建筑行业管理的每个细节。未来数字化的大趋势不是站在企业数字化的远端，更多的是真正跟企业、行业融合发展。

今天包括数字孪生在内的所有数字化技术集成起来，创造了一种认识和改造世界的新的方法论——基于数字孪生仿真、模拟、优化认识世界的方法。无论是汽车、飞机、城市建设，还是药物、疫苗和人体，都可以在虚拟世界里做仿真模拟，然后给出各种选择，进而选出最优方案。

数字孪生驱动的智能建造全生命周期管理与实践应用还可以为建筑行业提高安全性、提高效益、减少浪费等方面带来贡献，进而实现建筑产业的绿色低碳与可持续发展。此外，数字孪生驱动的智能建造全生命周期管理与实践应用还可以实现建筑工艺的标准化和优化的运维全生命周期，促进多建筑体系建设优化。它还可以为政府提供相关的建筑监管数据，优化规划与监管部门的决策，提升城市的整体发展水平。长期来看，也许未来人类的计算范式将突破当前基于图灵机原理的冯·诺依曼架构，而伴随软硬件性能的指数级提升，人类社会的智能奇点可能不期而至，届时可能出现的超级智能将为人类社会的生产、生活带来重大变革，人类将追求更有创造力的自我价值实现，人类的单体价值创造将达到前所未有的高度。

未来国家的运行管理也可能将实现数字孪生，数字孪生城市群的未来将走向数字孪生国家。整个国家的经济、政治、社会、文化、生态等运行管理的全部活动，都将在数字世界实时展现，形成数字孪生国家。国家之间的外交、军事等活动也将在数字世界全部留痕，世界变成了"鸡犬之声相闻"的地球村，相隔万里的人们不再"老死不相往来"。

数字孪生不仅引领社会生产新变革，创造了人类的生活新空间，而且拓展了国家治理新领域，极大地提高了人类的认识水平以及认识世界、改造世界的能力。世界各国共同搭乘互联网和数字经济发展的快车，共建网络空间命运共同体，实现数字孪生世界。由于数字孪生驱动的智能建造全生命周期管理与实践应用对建筑企业的管理与控制能力具有较大的提升效益，因此其在工程建设、运营与维护等领域得到广泛的应用。尽管数字孪生技术在建筑行业中还存在某些困难和挑战，如数据安全和共享等问题，但是随着技术的不断发展和革新，这些问题也将逐步得到解决。

总之，数字孪生驱动的智能建造全生命周期管理与实践应用，是建筑企业实现数字化转型的重要方向。数字孪生技术的应用将进一步提升建筑行业的管理和控制能力，使建筑企业更好地满足客户的需求，同时提高企业的竞争力和市场占有率，使得物理世界、人的意识世界、数字世界这三个世界的数据、信息在不断交互，使得改造和认识世界的工具、方法、手段、模式更加多元、更加高效。我们能够基于物理世界的数据，在数字孪生的世界里去模拟、优化再反馈，期待新的技术、新的产品，能够创造一个更加美好的世界。

参 考 文 献

[1] 陶飞，张辰源，刘蔚然，等．数字工程及十个领域应用展望 [J]．机械工程学报，2023，34（2）：1-19.

[2] BROO D G, BRAVO-HARO M, SCHOOLING J. Design and implementation of a smart infrastructure digital twin [J]. Automation in Construction, 2022, 136: 104-171.

[3] 陶飞，刘蔚然，张萌，等．数字孪生五维模型及十大领域应用 [J]．计算机集成制造系统，2019，25（1）：1-18.

[4] 刘占省，史国梁，孙佳佳．数字孪生技术及其在智能建造中的应用 [J]．工业建筑，2021，51（3）：184-192.

[5] EASTMAN C. General purpose building description systems [J]. Computer-Aided Design, 1976, 8 (1): 17-26.

[6] 钟炜，张凯乐，乜凤亚．海南酒店项目 BIM-5D 精细化管理研究 [J]．土木建筑工程信息技术，2017，9（2）：24-29.

[7] 周晨光．智慧建造：物联网在建筑设计与管理中的实践 [M]．段晨东，柯吉，译．北京：清华大学出版社，2020.

[8] 张云翼，林佳瑞，张建平．BIM 与云、大数据、物联网等技术的集成应用现状与未来 [J]．图学学报，2018，39（5）：806-816.

[9] 权瑞．基于云架构的智慧社区信息化平台模型的研究与实现 [D]．北京：北京邮电大学，2014.

[10] 杨昊，余芳强，高尚，等．基于数字孪生的建筑运维系统数据融合研究和应用 [J]．工业建筑，2022，52（10）：204-210，235.

[11] 马亮，陈立栋，刘思恺，等．装备预研管理数字化转型研究：数字孪生装备预研 [J]．国防科技大学学报，2022，44（5）：220-230.

[12] 贺振霞，胡所亭，班新林，等．基于质量链的高速铁路工程技术接口数字化管理研究 [J]．铁道科学与工程学报，2021，18（10）：2532-2543.

[13] 刘占省，邢泽众，黄春，等．装配式建筑施工过程数字孪生建模方法 [J]．建筑结构学报，2021，42（7）：213-222.

[14] 刘占省，张安山，王文思，等．数字孪生驱动的冬奥场馆消防安全动态疏散方法 [J]．同济大学学报（自然科学版），2020，48（7）：962-971.

[15] 卫星，邹建豪，肖林，等．基于 BIM 的钢桁梁桥裂纹病害信息数字化管理 [J]．西南交通大学学报，2021，56（3）：461-468，492.

[16] 申琼，杨洁，侯萍，等．建筑生命周期环境管理集成解决方案 [J]．土木建筑与环境工程，2013，35（S1）：215-218，237.

[17] 刘占省，邢泽众，黄春，等．装配式建筑施工过程数字孪生建模方法 [J]．建筑结构学报，2021，42（7）：213-222.

[18] 丁国富，何旭，张海柱，等．数字孪生在高速列车生命周期中的应用与挑战 [J]．西南交通大学学报，2023，58（1）：58-73.